高等学校教材

网 络 安 全

陈 昕 刘家佳 编著

西北工業大學出版社
西 安

【内容简介】 本书系统地介绍了网络安全的基本原理和实践技术。全书分为四部分，共10章。第一部分主要介绍网络安全的基本概念和基本方法。第二部分主要围绕保护网络中传输信息的安全，介绍一些面向特定需求的网络安全协议和网络安全工具。第三部分主要介绍主流的网络安全工具。第四部分主要介绍网络安全技术在新兴领域的应用。

本书注重知识的实用性，理论与实际相结合，在全面介绍计算机网络安全理论的基础上，从安全需求出发，选取典型网络安全问题进行讲解，使读者能够在系统把握网络安全技术的基础上，正确、有效地运用网络安全技术解决实际问题。

本书兼顾不同层次学生选修网络安全课程的需要，可作为网络空间安全专业的本科生教材以及高职高专的提高教材，也可供安全、网络与信息系统管理人员以及从事信息技术（IT）相关工作人员阅读、参考。

图书在版编目（CIP）数据

网络安全 / 陈晔，刘家佳编著. — 西安 : 西北工业大学出版社,2021.11

ISBN 978-7-5612-7970-0

Ⅰ. ①网… Ⅱ. ①陈… ②刘… Ⅲ. ①计算机网络-安全技术 Ⅳ. ①TP393.08

中国版本图书馆CIP数据核字（2021）第234949号

WANGLUO ANQUAN

网 络 安 全

责任编辑：	张　友	**策划编辑**：	杨　军
责任校对：	朱晓娟	**装帧设计**：	李　飞
出版发行：	西北工业大学出版社		
通信地址：	西安市友谊西路127号	**邮编**：	710072
电　　话：	(029) 88491757，88493844		
网　　址：	www.nwpup.com		
印 刷 者：	兴平市博闻印务有限公司		
开　　本：	787 mm×1 092 mm		1/16
印　　张：	16.125		
字　　数：	372千字		
版　　次：	2021年11月第1版		2021年11月第1次印刷
定　　价：	56.00元		

如有印装问题请与出版社联系调换

前 言

网络安全是国家安全的重要组成部分，这一点已经成为了全社会的共识。近年来，随着信息技术的快速发展，网络安全问题不但在宏观、国家层面的军事、政治、经济领域日益突出，而且开始向社会生活各微观层面全面渗透，与人民群众的日常生活密切相关。在此背景下，大量网络系统和网络设备需要得到高水平的安全管理和维护，形成了对网络安全人才的巨大市场需求，同时也对网络安全的人才培养提出了更高的要求。

合格的网络安全教材是培养合格的网络安全人才的重要一环。2016年6月，中共中央网络安全和信息化委员会办公室、中华人民共和国教育部等6部委联合发布了《关于加强网络安全学科建设和人才培养的意见》（中网办发文[2016]4号），对网络安全教材提出了明确的要求：网络安全教材要体现党和国家意志，体现网络强国战略思想，体现中国特色治网主张，适应我国网络空间发展需要。笔者本着贯彻、落实这一指导意见的原则，编写了本书。本书主要有下述特点：

（1）由于要应对不同的网络安全事件，网络安全协议或算法通常设计得非常缜密和复杂，因此在本书的编写过程中，笔者尽量避免对协议或算法过于细节的描述和讲解，努力做到通俗易懂，目的是希望能够使读者快速掌握网络安全的基本概念、基本原理，从而提高读者对网络安全的学习兴趣，同时也可兼顾不同层次读者的需求，扩大本书的适用范围。

（2）网络安全是一门实践性很强的学科，这一特点决定了网络安全教材的知识内容缺乏明确的理论体系或逻辑主线，不便于读者的深入理解和记忆，因此笔者在本书内容的组织上注意克服这一缺点，以网络安全的CIA（保密性、完整性和可用性）模型和PDR（保护、检测和响应）模型来组织本书知识点，力图使本书内容便于理解和记忆，也让读者对网络安全协议及网络产品有一个整体的理解和认知。

（3）由于信息技术起源于西方，目前网络安全的技术体系主要以西方的知识体系为主体，因此，笔者在书中尽量融入中国传统文化中能够应用在网络安全中的哲学方法和文化元素，以期使读者树立文化自信。

本书分为四部分，共10章。第一部分包括第一至第三章。其中第一章首先介绍网络安全的基本概念、网络中的主要攻击方式、经典网络安全模型、网络安全体系框架及主要网络安全标准。第二章介绍网络安全的基础——密码学。本书不涉及加密算法的具体实现过程，而以密码算法基本概念、不同加密算法如何应用为主进行阐述。第三章介绍身份认证和访问控制技术。第二部分包括第四至第六章。其中第四章为安全电子邮件，介绍PGP和S/MIME两种主流的安全电子邮件工具。第五章面向Web安全，详细介绍SSL协议，并对HTTPS和SET协议进行分析和介绍。第六章以保护两个主机间所有的信息流为背景，主要介绍IPSec协议和VPN。第三部分包括第七至第九章。其中第七章为PDR模型中的"P"，即保护，介绍防火墙和网络隔离设备两种网络安全产品。第八章为PDR模型中的"D"，即检测，介绍入侵检测系统、入侵防御系统、防病毒软件和安全扫描工具。第九章为PDR模型中的"R"，即响应，介绍灾难恢复、网络取证和蜜罐系统。第四部分包括第十章，介绍云计算、物联网、工业互联网以及无人系统领域所面临的安全威胁和相应的安全措施。

本书由陈昕和刘家佳共同编著，其中第一至第九章由陈昕执笔，第十章由刘家佳执笔。

写作本书曾参阅了相关文献、资料，在此，谨向其作者深表谢意。

网络安全是一门发展迅速、内容广泛的学科，囿于笔者的知识水平，书中难免有疏漏和不足之处，恳请读者与同行批评指正。

编著者

2021年1月

目　录

第一章　网络安全概述

1.1　网络安全的基本概念

1.1.1　网络与安全

要讲网络安全，我们必须先要给网络安全下一个明确的定义。网络安全由两个词组成："网络"和"安全"。因此，我们首先明确一下"网络"的概念。

"网络"这个词大家耳熟能详，已经融入我们日常生活的方方面面，但是在汉语言文字领域最权威的《汉语大词典》中却没有这个词条，那么我们就从"网"和"络"这两个字开始。网，繁体字写作"網"。《汉语大字典》第四卷第2913页的解释是："网，庖犧氏所结绳以渔也。"也就是说"网"最初的含义是用绳子编织的捕鱼工具。"络"，繁体字写作"絡"，《汉语大字典》第五卷第3396页的解释中，络的词义比较多，与网络这个词相关的解释条目是第11条：络，网也。第12条：泛指网状的物品。如《红楼梦》第三十五回目录："黄金莺巧结梅花络"。所以我们可以从这两个词的含义合理地推导出所谓"网络"，就是指像渔网那样的东西，或者指组织结构类似于渔网的系统。

网络的英文是network。不同的词典对network的解释各不相同。笔者认为最合理的解释是《朗文现代英汉双解词典》中的解释："A group or system whose members are connected in some way."

综合"网络"的中英文解释，加深了我们对"网络"这个概念的理解。所谓网络就是以网状连接起来的系统，系统成员之间通过网状的连接建立关系，进行交互。网络不仅仅是计算机网络，还有人际关系网络、电力网络、公路网络等等。笔者认为，网络是由三个关键元素构成的：节点、节点之间的联系、节点之间交互的实体。在计算机网络中，节点就是网络中的计算机，节点之间的联系就是联网计算机之间的链路，节点之间交互的实体就是计算机之间通过网络传输的信息资源。

"安全"，《汉语大词典》第三卷第316页的解释是：①平安，无危险；②保护，保全。英文"security"的释义与汉语类似。《朗文现代英汉双解词典》对"security"的解释是：①the state of secure; ②something which protects or makes secure。中英文对"安全"的理解都是一样的。"安全"包括两方面的内容：①处于安全状态；②保护安全的手段。

在明确了“网络”和“安全”的概念后，我们也就明确了“网络安全”的概念。“网络安全”就是保护网络中的三个关键元素处于安全状态，即要保护网络中的节点正常工作、节点之间的连接不中断、节点之间交互的实体不被破坏。比如解放前我党在国统区的地下交通网络，其对安全的要求包括：地下交通网络中各成员的人身是安全的，不会受到国民党反动派的抓捕和打击；地下交通线是通畅的，交通线上运送的秘密情报、战略物资是安全的，不会被敌方查获。当然，我们所讲的网络安全特指的是计算机网络的安全，而不是地下交通网络的安全。计算机网络的安全涉及三方面：网络中的计算机及运行于计算机上的信息系统是安全的，能够为用户提供正常的服务；计算机之间的通信连接是安全的，计算机之间的传输是连续的，信道是不会被窃听、不会被干扰的；网络中传输的信息是安全的，是不会丢失、不会被窃听、不会被篡改、不会被越权访问的。

抛开具体的应用背景来谈安全是没有意义的。讨论一个系统或物体的安全性一定是针对特定应用的安全需求。讨论安全性必须首先要明确系统是要保护什么对象处于平安无危险的状态。比如门锁的作用是保护一个家庭的财产安全，其安全性就体现在门锁被恶意打开的难度。难度越高，门锁的安全性就越高。汽车的安全性主要是指当发生意外事故时，对乘员和行人的保护能力。保护能力越强，汽车的安全性就越高。虽然汽车门锁也要注意提高其防盗性能，但我们讨论汽车的安全性时，基本不会考虑其门锁的防盗性能，而主要强调其对乘员和行人的保护能力。所以说系统的安全属性是相对其所提供的服务或功能而言的。根据我们的生活经验，可以总结出一个系统的安全性体现在两方面：①提供服务的主体本身是安全的；②服务对于使用该服务的主体也是安全的。计算机网络是为人类提供服务的，讨论其安全性也必须在其特定的应用背景下展开。例如汽车的安全性：首先，汽车本身不应该发生自燃、失控等情况；其次，汽车必须保护其乘员在使用时的安全。

因此，讨论网络安全也应该从两个层面展开：一层是计算机网络上运行的信息系统和信息流是安全的；另一层是由计算机网络上运行的信息系统所提供的服务是安全的，不能对使用者的人身及财产安全造成损害。

1.1.2 网络安全的基本安全属性

让我们从一个大家熟知的网络应用系统开始网络安全的讨论吧。现在大家出行购火车票大多是上12306网络购票系统进行网购。去火车站售票窗口或代理售票点购票的人已经不多了。12306网络购票系统是一个典型的网络应用系统，基本所有的业务流程，从票源查询，到下订单，到取票，都可通过网络完成。让我们以12306网络购票系统为例，分析一下网络安全都有哪些最基本的安全属性。

（1）我们认为12306网络购票系统最为重要的一个安全属性是系统可以持续无故障运行。如果系统崩溃，无法运行，正常的购票过程无法完成，12306网络购票系统就失去了存在的意义。因此。12306网络购票系统首要的安全属性是系统可提供持续的、无故障的运行能力。我们把这种安全属性称为可用性。

（2）我们通过12306网络购票系统进行购票肯定不希望金额、车次、席别出现差错，不能我们下单买了一张从西安到北京的动车一等座，结果取票时拿到了一张站票。也就是说购票的信息在网络传输的过程中不能发生更改。我们把这种安全属性称为完整性。

（3）我们肯定会要求我们下单时的账号和密码为保密的，不能被其他人获取。我们把这种安全属性称为保密性。

保密性、完整性、可用性（Confidentiality，Integrity，Availability，CIA）是网络安全的最基本的三个属性。

对于保密性、完整性、可用性较为严谨的定义如下：

（1）保密性（Confidentiality）：也称机密性，是不将有用信息泄漏给非授权用户的特性。保密性可以通过信息加密、身份认证、访问控制、安全通信协议等技术实现。信息加密是防止信息非法泄露的最基本手段，主要强调有用信息只被授权对象使用的特征。

（2）完整性（Integrity）：是指信息在传输、交换、存储和处理过程中，保持信息不被破坏或修改、不丢失和信息未经授权不能改变的特性，也是最基本的安全特征。

（3）可用性（Availability）：也称有效性，指信息资源可被授权实体按要求访问、正常使用或在非正常情况下能恢复使用的特性（系统面向用户服务的安全特性）。在系统运行时正确存取所需信息，当系统遭受意外攻击或破坏时，可以迅速恢复并能投入使用。可用性是衡量网络信息系统面向用户需求的一种安全性能，确保为用户提供服务。

下面再来分析一下，除了上述三个安全属性外，我们对12306网络购票系统还有什么安全需求。

12306网络购票系统是一个庞大的系统，必须涉及对系统的维护和管理。不同权限的管理维护人员只能对其对应权限部分的子系统进行操作。超越其权限的操作肯定是被绝对禁止的。例如对网络设备的维护人员，绝对不允许对数据库进行操作。这种将信息和信息系统时刻处于合法所有者或使用者的有效掌握与控制之下的安全属性被称为可控性。

在春运、暑运、国庆节这些高峰出行时段，票源比较紧张，造成用户在抢票时高度紧张。下单时买错时间、买错车次、买错方向、买错席别的情况时有发生。当发生这种情况时，有的用户不会认为自己操作出现错误，反而固执地认为是购票系统出了问题，打电话进行投诉。对于这种情况，12306网络购票系统必须提供一种机制，能够证明是用户自己完成的操作，而不是系统出了故障。这种安全属性称为不可否认性，是指通信的双方在通信过程中，对于自己所发送或接收的消息不可抵赖，即发送者不能否认他发送过消息的事实和消息内容，而接收者也不能否认其接收到消息的事实和消息内容。在实现不可否认性的过程中，系统的日志起着至关重要的作用，它详细记录了12306网络购票系统中发生的各种操作，不仅用于实现不可否认性，还用于系统的管理、维护，当系统受到攻击时，也可对攻击者的操作过程进行记录。这个属性叫作可审查性。

上述讨论的保密性、完整性、可用性、可控性、不可否认性、可审查性是网络安全的六个基本属性。为了便于理解和记忆，除可用性外，网络安全的其他五个基本属性也被通俗地总结为进不来，拿不走，看不懂，改不了，跑不掉。“进不来”和“拿不走”

对应的是可控性，指的是非授权的用户无法进入信息系统，或者是无法获取非授权的信息。“看不懂”对应的是保密性，无关人员无法读懂涉密信息内容。“改不了”对应的是完整性，信息在存储和传输过程中不能被篡改。“跑不掉”对应的是可审查性和不可否认性，恶意攻击行为均有日志可查，攻击者无法抵赖。

不同的网络应用系统根据其特性的不同，对这六个基本安全属性的要求也不相同。例如，股票交易系统最重要的是交易可以正常进行，每一笔买单卖单信息不能出错，所以其对可用性、完整性的要求最高，而交易的详细信息则是对市场公开的，其对保密性的要求相比较而言较低。而安全电子邮件系统PGP，由于需要传送私密信息，它对保密性的要求显然要高于可用性的需求。相比于其他领域，金融领域对不可否认性的要求则会比较高。比如股票交易系统，大部分炒股票的人喜欢追涨杀跌，结果很有可能追涨，站到了高岗上，杀跌，大盘来了个V形反转。这时，有些不理智的投资者会以股票账户被证券公司内部人员控制，发生了非本人操作的交易为由，申请撤销交易。如果股票交易系统没有不可否认性支持，则会给证券公司正常的业务造成极大的损害。信用卡交易系统也存在同样的问题。

在传统的网络安全教材中，将保密性排在了网络安全属性的第一位。笔者对此有不同的看法。笔者认为可用性是网络安全的最为重要的安全属性。人们之所以使用基于网络的信息系统代替传统的信息系统，就是因为计算机网络极大地提高了工作效率。基于计算机网络的信息系统必须是业务持续可用的，甚至是易用的。就比如前面讲的12306网络购票系统，在20世纪80年代，还没有网络售票系统，买火车票需要到火车站的售票窗口排队，经常是全家出动，一人排一个窗口。因为有可能一个窗口已经把要买车次的车票卖完了，但另一个窗口还有余票。现在采用12306网络购票系统，信息共享，就不会出现这种情况，极大地方便了群众，提高了工作效率。我们都知道，最好的保密措施就是将网络与外界隔离。显然，我们是不会为了达到这种保密效果而将12306网络购票系统隔离为一个大局域网的。不仅是12306网络购票系统，现实生活中还有许多将可用性要求放在首位的信息系统。比如股票交易系统，股民会根据市场的波动，希望在出现买卖点时迅速下单交易。一般不会有人为了账号和密码的保密性，专门跑到营业厅去下单。这样做的话，买卖点就错过了。2018年、2019年发生的美国对中兴和华为的断供事件更是说明了，对于一个信息系统、一个企业，业务流的可持续性才是至关重要的。如果信息系统或企业的业务流不能正常有效运行，其安全性也就是无源之水，无本之木了。

在讨论网络安全性的时候，我们要了解这样一个事实：世界上没有百分之百安全的网络信息系统，我们必须根据网络信息系统所提供的服务类型进行适当的权衡。过分强调某一个方面的安全属性，或要求过高的安全性能均是不恰当的。笔者曾经接触过一家IT企业，该企业对网络安全非常重视，要求非常严格。在公司的一系列安全规范中，有一条是要求员工每14天更换计算机口令，更换的口令有复杂性要求，必须至少14个字符，而且要包括大小写字母、数字和特殊字符。这个要求看似很合理，但是由于这个规定要求过高，员工找不到这么多既符合要求，又便于记忆的口令，结果在许多员工的桌子上都可以找到写下了口令的便签。这就与制定这项规定的初衷相违背了。因此，我们在进行网络安全规划时，一定要牢记：没有百分之百的安全，只有合适的安全。在实施网络安全措施时一定要注意适度。这点倒很有中庸之道的感觉。网络安全也要讲究无过无不及，恰到好处。“无不及”就是在建设网络信息系统时要有充分的网络安全措施，以保障系统的保密性、完整性、可用性。“无过”就是在建设网络信息系统时避免实施过于复杂、严格的网络安全措施。首先，实施过于复杂的网络安全措施必然造成成本的上升和系统易用性的降低。如果实施网络安全措施的成本超过了被保护对象的价值，系统易用性的降低影响了企业业务开展的效率，那么这种网络安全措施显然是不合适的。其次，建设过于严格的网络安全系统，也会引起攻击者的兴趣，反而会招致更多的攻击。比如，笔者儿子平常写日记时随便用个本子就行了，笔者也懒得去看。最近，他用了个带锁的本子写日记，笔者就非常想看看这小子到底在日记上记了些什么。网络信息系统也是同样的道理。最后，再补充一点：网络安全就是保护网络中的信息系统处于安全状态，使之免于受到有意或无意的损害。我们讲网络安全，一般特指的是其处于工作状态下的安全。处于非工作状态的网络由于没有信息流动，不与外部实体发生关系，成员之间互不通信，如果没有受到物理损害，本身是无所谓安全不安全的。

1.2　网络攻击

有矛必有盾，有盾必有矛。如果说网络安全是盾的话，网络攻击就是矛。网络安全和网络攻击是矛盾的对立统一体，互相依赖于对方而存在。在了解了网络安全后，我们必须要了解一下网络中的攻击行为。

X.800和RFC2828将网络中的攻击行为划分为被动攻击和主动攻击两类。所谓被动攻击，是指不改变网络中信息的内容，不影响信息的流动方向，不对网络中的业务造成破坏的攻击形式。主动攻击则是试图改变信息内容、改变信息的流向、产生虚拟的信息或错误的信息流向、影响系统正常工作的攻击形式。被动攻击与主动攻击相比较，被动攻击不会改变正常的信息流或工作流，而主动攻击改变了信息流或工作流。可以说被动攻击是隐性的攻击形式，主动攻击是显性的攻击形式。

1.2.1　被动攻击

被动攻击包括两种攻击方式，一种是窃听数据，一种是监听数据。窃听数据比较好理解，就是攻击者获得了敏感信息的内容。在2015年的央视315晚会上，一个假面黑客就成功展示了一次窃听数据攻击。在节目现场，主持人邀请大家连接场内的公共WIFI进行自拍并且上传到朋友圈，仅仅几分钟的时间，连接场内WIFI的观众就看到了自己的照片及邮箱显示在大屏幕上。不仅如此，现场观众的邮箱密码也显示在大屏幕上。

监听数据相比于窃听数据，难度相对较低，指在无法获得信息内容时，对信息的流向、流量进行抓取、统计和分析。从流量的多少也可以分析出一些敏感信息。比如你最近发现某男生和某女生之间传纸条的频率明显，虽然你不知道纸条里都写了什么，但你完全可以猜出最近他俩之间的关系不简单。流量分析可以对信息的通信格式、通信双方的位置、通信的次数、信息的长度进行分析。这些消息对于通信双方是敏感的。比如一个企业可能不希望别人知道自己的合作伙伴是谁，支付宝的用户不希望别人知道自己和谁进行交易，上网用户不希望别人了解自己浏览的站点是什么，等等。

1.2.2 主动攻击

主动攻击涉及对信息内容的改写和信息流的改变，或生成虚假的信息和信息流，涉及的操作包括中断、篡改和假冒。对应的攻击方式包括假冒、重放、改写消息和拒绝服务。

假冒是指一个实体伪装成另一个实体，向被攻击者发送一些虚假的消息。钓鱼式攻击就是一种典型的假冒攻击。某日，市民X先生收到了中国工商银行（简称工行）发来的一个短信，如图1-1的上部所示，提醒X先生进行网银信息更新。X先生正好是工行的用户，而且短信也是工行的客服号发来的，因此，X先生没有怀疑，就点击了短信里的链接地址，进入了如图1-2所示的网站，进行了个人信息的维护，填写了卡号、密码、手机号、身份证号等信息。很快X先生就收到了一个付款确认短信，已经有一万元被恶意消费了。

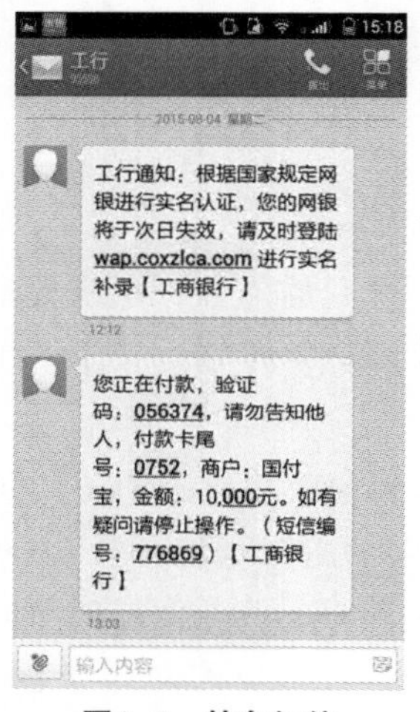

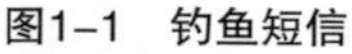
图1-1 钓鱼短信

图1-2 钓鱼网站

图1-1所示的钓鱼短信是伪基站发出的，其中的链接地址指向了钓鱼网站，也就是假冒的工商银行网站。短信显示的服务号码和假冒工商银行网站都与真实工商银行的服务号码和网站一样，一般用户很难防范。

重放攻击是指攻击者发送一个目标主机已经接收过的消息，来达到欺骗的目的。该攻击形式常用于破坏认证机制。让我们来看一个通过重放攻击破坏认证机制的例子。我们在使用微博、论坛时，均需要在Web页面输入用户名和口令信息，再向服务器端提交用户名和口令。为了保证口令的安全，Web端的脚本会对口令进行加密，然后再向服务器提交用户名和加密了的口令。这个过程看似很安全，因为即使口令被截取，也是加密了的，攻击者无法获知口令的具体内容。其实不然，在重放攻击下，攻击者无须解密出密码明文即可登录！他只需将获取到的POST消息（即http://****/login.do?method=login&password=md5加密之后的密码&userid=登录账号）重放一下，即可冒充被攻击者的身份登录系统。

改写消息则是指修改真实消息的部分内容，将消息延迟或重新排序，导致未授权的操作；也可以是替换某一程序使其执行不同的功能。比如大家熟知的网页挂马就是一种改写消息的攻击方式。网页挂马就是通过修改正常网页中的iframe语句、js脚本、CSS语句，在正常网页中嵌入木马执行程序。当用户打开这些网页时，所在的主机就有可能被木马程序控制。

拒绝服务攻击则是通过耗尽服务器的资源或网络带宽，使服务器无法提供正常服务。根据其攻击原理的不同，拒绝服务攻击可分为语义攻击和暴力攻击两类。语义攻击利用了系统或协议的漏洞，往往只需要少量的数据包就可以达到攻击效果。对于这种攻击的防范，只需要修补系统的漏洞即可。暴力攻击不依赖被攻击的目标系统是否有漏洞，而是通过发送超过目标系统处理能力的服务请求来达到拒绝服务的目的。防御此类攻击必须在路由器上实施良好的访问控制策略，对攻击数据进行过滤或分流。

无论是被动攻击还是主动攻击，都破坏了系统的安全属性。网络攻击与所破坏的安全属性之间的对应关系见表1-1。

表1-1　网络攻击与所破坏的安全属性之间的对应关系

攻击形式	窃听	监听	假冒	重放	改写	拒绝服务
破坏的安全属性	保密性	保密性	完整性	完整性	完整性	可用性

需要说明的一点是，虽然网络攻击被分为了被动攻击、主动攻击两大类，六种攻击形式，但实际的网络攻击往往是上述攻击形式的组合。比如前面讲的窃取用户密码攻击就是一种组合攻击。攻击方式可以有很多种，比如最简单的就是假冒WIFI热点。找一些比较有特色的、能提供免费WIFI的地点，比如星巴克咖啡店。攻击者可以把自己的笔记本电脑设置为热点，并起个容易被其他用户误以为是店方提供的免费WIFI的名字，像是Starbucks5，密码也设成店方的密码。然后攻击者就开启WireShark软件，点杯咖啡，坐等别人连接他的WIFI，过段时间后停止抓包，分析请求数据，可以看到如图1-3所示的结果。

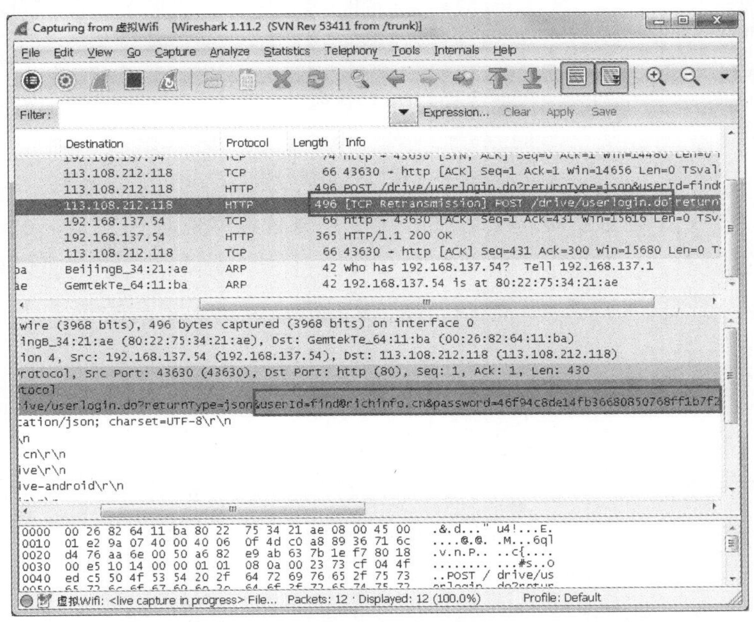

图1-3　截取用户密码

图1-3中方框部分就是抓取到的用户密码。这种攻击结合了假冒攻击和窃听攻击。这个窃取密码的做法比较被动，如果用户不选择攻击者的伪WIFI热点，这个攻击就不会奏效。我们可以实现一个更为主动的攻击。这种攻击形式被称之为星巴克无线问题（Evil Twin Wireless）。它的工作原理如图1-4所示。

图1-4中，用户原来通过真实的WIFI热点建立网络连接。攻击者首先建立一个虚假的WIFI热点，名称和密码均和真实的热点一样，只是占用的信道不一样。在图1-4中，真实热点占用的是6号信道，虚假热点占用的是11号信道。攻击者通过阻塞攻击，使用户断开与真实热点的连接，漫游到虚假热点。虚假热点通过DHCP协议为用户分配IP地址、网关和DNS等网络参数，后续用户与Internet的通信均通过虚假热点完成。这样，攻击者就可能对用户的敏感信息进行截取和分析。攻击者通过为用户分配虚假的DNS信息，甚至可以直接将用户导引至钓鱼网站，获取用户的银行账号等敏感信息。

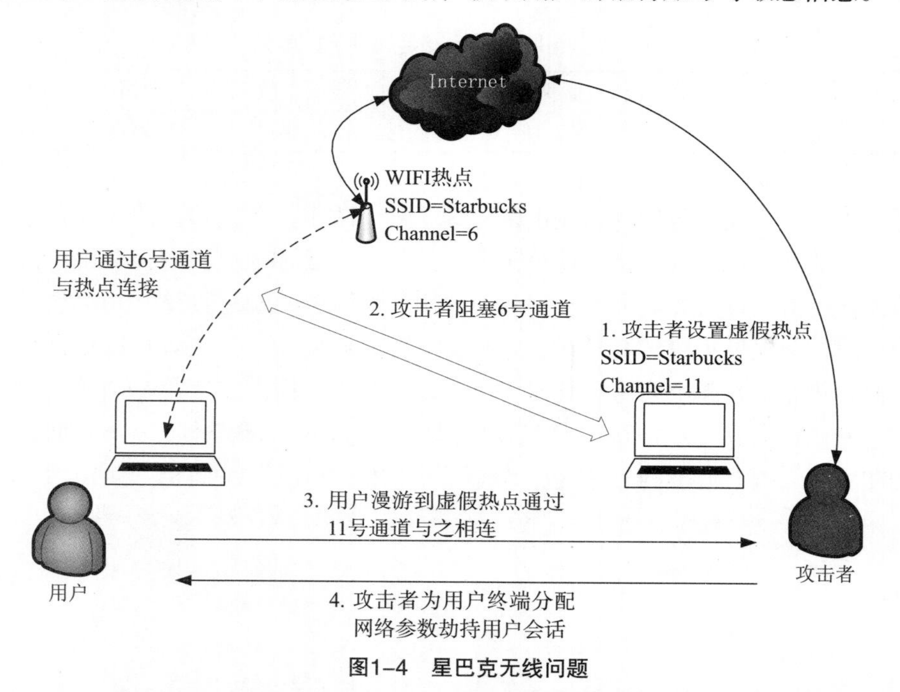

图1–4　星巴克无线问题

由上述两个攻击实例可知，网络攻击往往会综合不同的攻击方式，利用多种协议、系统和流程的漏洞，达到破坏信息系统安全性的目的。对网络攻击防范的难度也随其技术的进步而不断升高，这对网络安全技术的发展进步提出了更高的要求。

1.3　网络安全模型

网络攻击的手段日新月异，系统的漏洞层出不穷，如果头痛医头，脚痛医脚，就会造成系统安全员疲于应付的情况。网络安全的解决方案不能随着攻击者的节奏进行。网络安全的首要工作是建立起一个完善的安全体系。《孙子兵法·军形篇》中有这么一句话："昔之善战者，先为不可胜，以待敌之可胜。不可胜在己，可胜在敌。故善战者，能为不可胜，不能使敌之可胜。"网络安全也是一场攻防战，作为防守一方，我们无法预知攻击者使用什么攻击手段、利用什么漏洞。我们只能通过建立完善的网络安全体系来防范可能的网络攻击。就像《孙子兵法·军形篇》里所讲的，先让自己处于无法被战胜的状态下。在网络安全领域，“为不可胜”就是在合理的网络安全模型的指导下，建立完善的网络安全机制。也就是孙子说的：“修道而保法，故能为胜败之政。”

1.3.1　PDR模型

PDR模型是由美国国际互联网安全系统公司（ISS）提出的，是最早体现主动防御思想的一种网络安全模型。该模型认为，一个完整的网络安全模型应该包括Protection（保护）、Detection（检测）、Response（响应）三部分。

保护就是采用必要的防护措施保护网络系统及运行于网络系统之上的应用和信息的安全。常见的保护措施有加密、身份认证、防火墙等等。

检测是指运用一切可能的技术手段对网络中的行为和系统运行状态进行评估，为安全防护和安全响应提供依据。常见的安全检测工具有入侵检测系统、漏洞扫描工具和网络扫描工具等。

响应就是对破坏行为或系统漏洞的处理，包括应急策略、应急机制、应急手段、入侵过程分析、安全状态评估等。

在PDR模型提出不久，也就是在2000年12月，国际标准化组织（ISO）正式发布了有关信息安全的国际标准ISO 17799。这个标准强调了安全管理的重要性，也带来了一句口头禅“三分技术七分管理”。于是，安全策略（Policy）这个元素就被引入进来，PDR模型就发展成了P2DR模型。

1.3.2　P2DR模型

目前最为著名的网络安全模型是在PDR模型基础上提出的P2DR模型。这个模型来源于美国国际互联网安全系统公司（ISS）提出的自适应网络安全模型ANSM（Adaptive Network Security Model）。P2DR的含义分别是Policy（策略）、Protection（防护）、Detection（检测）和Response（响应）。

如图1-5所示，P2DR模型是在整体安全策略的指导下，采取防护措施，如防火墙、网络隔离、防病毒、访问控制，实现对网络中的不安全行为的拦截；运用检测工具，如入侵检测系统、漏洞扫描工具，实现对系统安全状态的评估；运用响应工具，如蜜罐系统、灾难恢复系统，实现系统受攻击后的恢复、报警、更新安全策略和取证工作。

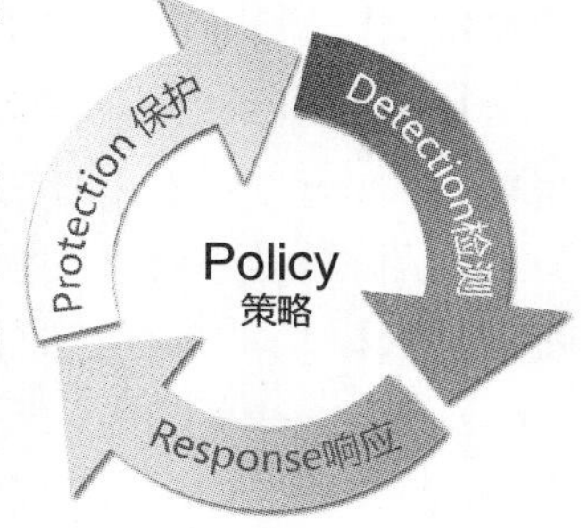

图1-5　P2DR模型

P2DR模型的核心思想是，一个良好的安全模型应该是动态的，不仅需要严密的防护手段，也需要精确的动态检测工具，还需要快速的响应机制。这样的一个安全模型是在统一的安全策略指导下实施的，由此形成了一个完备的、闭环动态自适应安全防护体系。

根据P2DR模型，我们知道，建立一个完善的网络体系需要建立一套完备的安全策略，并在此安全策略的指导下选择部署的网络安全防护工具、检测工具和响应工具。但这只是一个方向性的指导意见，难以形成具体的指导方针。比如在部署网络边界时，应该选择哪种安全级别的防火墙；加密时应该选择何种加密强度的加密算法或多长的密钥；等等。到底应该怎样部署防护、检测和响应工具才能满足系统的安全需求呢？

PDR模型和P2DR模型采用Winn Schwartau在*Time-Based Security*一书中提出的时间安全性理论来回答这个问题。该理论的基本思想是：网络中与安全相关的所有活动，无论是攻击行为、防护行为、检测行为还是响应行为，在其执行过程中都会消耗时间，可以用时间尺度来衡量一个体系的能力和安全性。

我们先给出如下定义：设一个网络入侵行为从发起到攻破系统的防护所消耗的时间是P_t，P_t也就是安全系统提供的防护时间。在入侵行为发生的同时，安全系统的检测工具也在工作，检测系统检测到入侵行为的检测时间为D_t。检测到入侵后，安全系统作出响应所消耗的时间为响应时间R_t。显然，安全系统必须在入侵行为攻破系统防护前就检测到入侵行为，并进行响应，切断攻击行为。也就是防护时间P_t、检测时间D_t和响应时间R_t之间的关系应该满足：

$$P_t > D_t + R_t \tag{1-1}$$

式（1-1）的含义就是一个入侵行为在危害安全目标之前就能被检测到并及时处理。

是否存在一个入侵行为在没有被检测到之前就攻破了系统的防线呢？这种情况是可能存在的。我们重新定义入侵行为破坏了安全系统到检测系统检测到入侵的检测时间为D_t。系统遭到破坏并检测到破坏行为，安全系统作出响应，到系统恢复正常工作所消耗的时间为响应时间R_t。D_t和R_t之和为目标系统的暴露时间E_t，即

$$E_t = D_t + R_t \tag{1-2}$$

显然，E_t越小越好。

式（1-1）和式（1-2）实际上给出了P2DR模型对安全的定义：安全就是能够及时地检测出攻击并作出响应。

1.3.3 WPDRRC模型

由于PDR模型非常精简，后来有学者对其进行扩充，除了P2DR模型外，还提出了一些其他安全模型，如在PDR模型基础上，把R分解成响应（Response）和恢复（Recovery），形成了PDRR模型，再增加管理（Management）因素，形成了MPDRR模型。

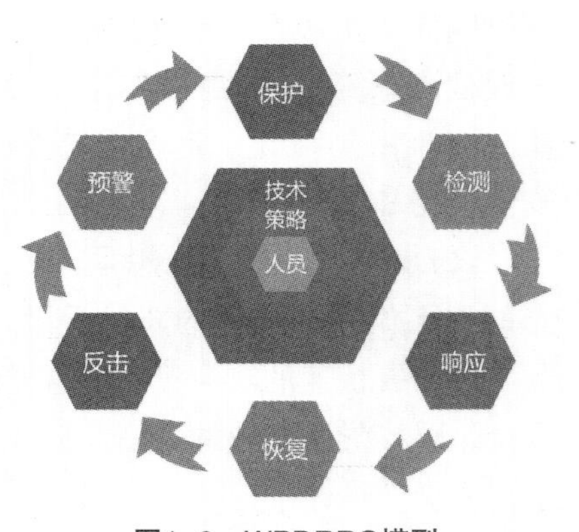

图1-6 WPDRRC模型

我国“863”信息安全专家组针对我国的国情，在PDRR模型的前后增加了预警（Warn）和反击（Counterattack）功能，提出了WPDRRC模型，如图1-6所示。WPDRRC模型全面涵盖了各个安全因素，突出了人、策略、技术的重要性，反映了各个安全组

件之间的内在联系。人、策略、技术是WPDRRC模型的三大要素，预警、保护、检测、响应、恢复和反击是其6个技术环节。人是核心，策略是桥梁，技术是保证，落实在WPDRRC模型6个环节的各方面，将安全策略变为安全实现。

WPDRRC中6个技术环节具体包括以下内容：

预警：根据以前掌握系统的脆弱性和了解当前的犯罪趋势，预测未来可能受到的攻击和危害。

保护：采用一切手段保护信息系统的保密性、完整性、可用性、可控性和不可否认性。

检测：利用高技术工具来检查系统存在的，可能供黑客利用、病毒传播等的脆弱性。

响应：对于危及安全的事件、行为、过程，及时做出相应的处理，防止危害进一步扩大。

恢复：对所有数据进行备份，并采用容错、冗余、替换、修复和一致性保证等相应技术迅速恢复系统运转。

反击：利用高技术工具，搜集犯罪分子犯罪的线索、依据，依法侦查犯罪活动、处理犯罪案件，要求形成取证能力和打击手段，依法打击网络犯罪和网络恐怖主义分子。

1.3.4　基于信息流的网络安全模型

1.3.1~1.3.3小节所阐述的信息安全模型均是基于时间安全理论的，也就是说是基于时间流建立的网络安全模型。我们还可以从信息流的角度建立网络安全模型。

基于信息流的网络安全模型来源于通信系统模型。通信系统模型如图1-7所示。在这个模型中，信源通过变换器将信息转换为便于在信道中传输的信号，如电信号、光信号。反变换器接收信道传送来的信号，再转换为便于理解的信息形式，最后再由信道传送到信宿。

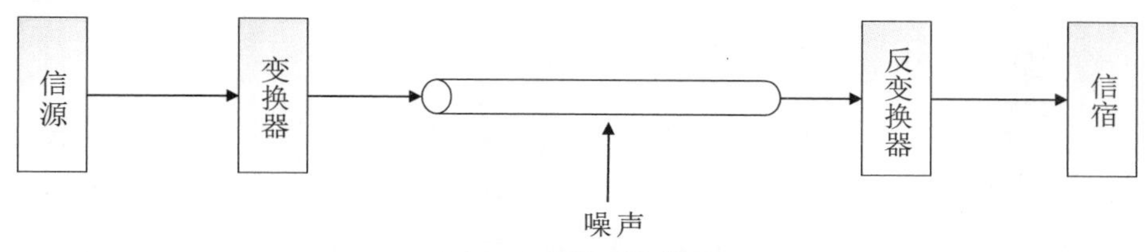

图1-7　通信系统模型

通信系统完成的是将信息无差错地从信源传送到信宿，而网络安全系统需要将信息安全地从发送者传送到接收者。根据这个基本要求，建立网络安全模型，如图1-8所示。

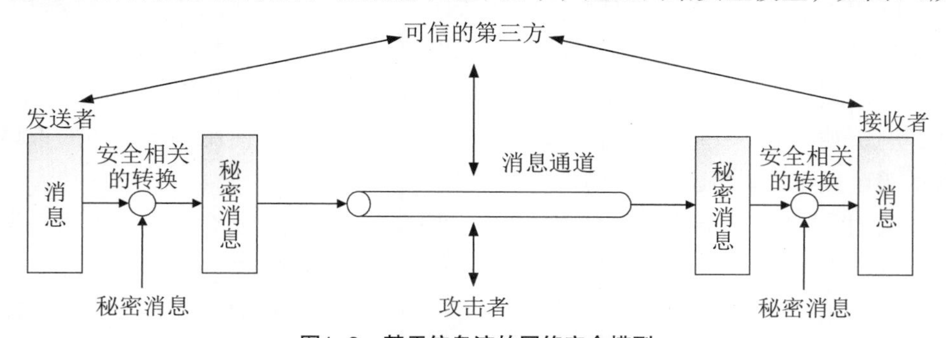

图1-8　基于信息流的网络安全模型

在这个模型中，消息的发送者和接收者希望建立一条安全的通信通道。用到的安全技术包括以下两种：

（1）对发送的消息进行必要的安全转换，比如对消息进行加密，或者对消息附加一些用于验证发送者身份的识别码。

（2）通信双方共享一些不希望被攻击者获取的秘密消息，比如加密消息用到的算法和密钥。

为了达到更安全的通信，可能需要引入可信的第三方。第三方可以负责为通信双方分发秘密消息，并对攻击者保密；或者为双方提供身份识别标识。

图1-8所示的网络安全模型表明，在设计特定的安全应用时，需要完成三个基本任务。首先，要设计或选用与安全相关的转换算法，算法应该具备足够的强度，不能被攻击者轻易攻破；其次，生成用于安全转换的秘密消息；最后，这个秘密消息必须能够可靠、安全地分发。

1.4 网络安全体系框架

1.3节中，我们给出了网络安全模型。网络安全模型为我们建设网络安全系统提供了方向性的指导。但是，建立网络安全系统需要更为具体的指导方针，需要明确采用什么样的安全产品、提供什么样的安全服务来保护什么样的安全对象。OSI（开放系统互连模型）安全体系框架为上述问题提供了指导。

OSI安全体系框架（ITU-T X.800标准）是在OSI网络协议体系结构的基础上发展而来的。它定义了安全机制、安全服务、安全管理及有关安全的其他问题，并定义了各种安全机制和安全服务在OSI中各层的位置。

1.4.1 安全服务

OSI安全体系定义了五种基本的安全服务。这些安全服务在特定的网络协议层、以某种适当的组合方式被调用，以满足不同安全策略或不同用户的需求。安全服务又由特定的安全机制来实现。也就是说，在用户明确了其安全需求后，OSI安全体系框架给出了满足这些需求的安全服务，并说明了如何在适当的层调用适当的安全机制，来实现这些安全服务。

OSI安全体系框架定义的安全服务包括以下5种：

（1）身份认证：为通信的对等实体和数据来源提供身份认证。身份认证服务用于确保一个实体不会冒充其他实体、不能通过重放来获得连接，数据的来源能够被鉴别并确认。OSI安全体系框架规定，第N+1层实体由第N层实体提供身份认证服务。

（2）访问控制：用于防止用户未授权使用系统资源。可使用基于规则的策略、基于身份的策略以及二者的混合来实现访问控制。

（3）数据机密性：旨在防止数据泄露。OSI安全体系框架将数据机密性服务细分为连接机密性、无连接机密性、选择字段机密性和流量流机密性。

（4）数据完整性：保护接收的消息与发送的消息是一致的，没有被修改、插入、删除和重放。数据完整性服务又被细分为5种子服务：

1）带恢复功能的连接完整性：要求能够检测并尝试修复所传送消息内所有的修改、插入、删除和重放。

2）不带恢复功能的连接完整性：与带恢复功能的连接完整性相比，只是不尝试修复。

3）选择性字段连接完整性：保护面向连接会话中一段消息的完整性，确定收到的消息是否被修改、插入、删除过。此外，可以对发生的重放行为做出检测。

4）无连接完整性：保护单个无连接消息段的完整性，确定所选字段是否被修改、插入、删除过，并提供有限形式的重放检测。

5）选择字段无连接完整性：保护无连接消息段内某个域的完整性，确定所选字段是否被修改。

（5）不可否认性：消息发送后，接收者能够证明发送者的确发送了该消息；消息接收后，发送者也能够证明接收者的确接收了该消息。

1.4.2　安全机制

OSI安全体系框架所说的安全机制，其实就是实现安全服务的技术手段。OSI安全体系框架中的安全机制分成两类：一类是在特定协议层上执行的安全机制，被称为特定的安全机制；一类是没有指定特定协议层或对应安全服务的安全机制，被称为普遍的安全机制（也有文献翻译为普适的安全机制）。

普遍的安全机制包括可信功能、安全标签、事件检测、安全审计跟踪、安全恢复，主要应用于安全管理。

特定的安全机制包括加密、数字签名、访问控制、数据完整性、身份验证交换、流量填充、路由控制和公证机制。上述安全机制和安全服务的关系见表1-2。

表1-2　安全机制和安全服务之间的关系

服　务	机　制							
	加密	数字签名	访问控制	数据完整性	身份认证交换	流量填充	路由控制	公证
对等实体认证	Y	Y	X	X	Y	X	X	X
数据源认证	Y	Y	X	X	Y	X	X	X
访问控制	X	X	Y	X	X	X	X	X
连接机密性	Y	X	X	X	X	X	Y	X
无连接机密性	Y	X	X	X	x	X	X	X
选择性字段机密性	Y	X	X	X	X	X	X	X
流量流机密性	Y	X	X	X	X	Y	Y	X
带恢复功能的连接完整性	Y	X	X	Y	X	X	X	X
不带恢复功能的连接完整性	Y	X	X	Y	X	X	X	X
选择性字段连接完整性	Y	Y	X	Y	X	X	X	X
选择性字段无连接完整性	Y	Y	X	Y	X	X	X	X
无连接完整性	Y	Y	X	Y	X	X	X	X
不可否认发送	X	Y	X	Y	X	X	X	Y
不可否认接收	X	Y	X	Y	X	X	X	Y

注：表中，Y表示机制是恰当的，X表示机制是不恰当的。

在表1-2中，安全服务和安全机制之间不是简单的映射关系。有些安全服务只需要一种安全机制的支持即可实现，有些安全服务需要多种安全机制的组合才能实现，有些安全服务可以采用不同的安全机制来实现，也有一些安全机制可以实现多种安全服务。比如表1-1中的所有机密性服务均可以通过加密来实现。对消息进行加密，不但实现了机密性安全服务，同时也实现了实体认证服务。因为加密消息时，必须用到密钥，而密钥是保密的。如果接收到的消息能够用对应的密钥解密，那么发送者必然是密钥的持有者。这也就实现了实体认证。对于流量流机密性，仅仅使用加密机制是不够的，需要对原始消息进行流量填充后再进行加密，并结合路由控制机制，才能实现有效的流量流机密性。

在明确了安全服务和安全机制的对应关系后，我们还需要把这些安全服务落实到网络协议层的实体来实现。OSI安全体系框架给出了安全服务和网络协议层的对应关系，见表1-3。

表1-3　安全服务和网络协议层之间的对应关系

安全服务	网络协议层						
	物理层	数据链路层	网络层	传输层	会话层	表示层	应用层
对等实体认证	X	X	Y	Y	X	X	Y
数据源认证	X	X	Y	Y	X	X	Y
访问控制	X	X	Y	Y	X	X	Y
连接机密性	Y	Y	Y	Y	X	Y	Y
无连接机密性	X	Y	Y	Y	X	Y	Y
选择性字段机密性	X	X	X	X	X	Y	Y
流量流机密性	Y	X	Y	X	X	X	Y
带恢复功能的连接完整性	X	X	X	Y	X	X	Y
不带恢复功能的连接完整性	X	X	Y	Y	X	X	Y
选择性字段连接完整性	X	X	X	X	X	X	Y
无连接完整性	X	X	Y	Y	X	X	Y
选择性字段无连接完整性	X	X	Y	Y	X	X	Y
不可否认发送	X	X	X	X	X	X	Y
不可否认接收	X	X	x	X	X	X	Y

注：表中，Y表示服务可实现，X表示服务不可实现。

观察表1-3，我们会发现同一个安全服务可以在不同层实现。如连接机密性，可以在物理层、数据链路层、网络层、传输层、表示层和应用层实现。这并不是说实现机密性服务，需要在上述各层均实施加密机制，而是选择其中一层即可。具体选择哪一层，则需要根据实际情况来分析。比如对两个主机上应用进程之间的通信进行加密，应当在传输层或表示层上实施。若对两个主机间所有的通信流量加密，则在网络层实施比较合适。若是希望保护通信链路的机密性，则在数据链路层和物理层实施比较合适。

1.4.3 安全管理

OSI安全体系框架中的安全管理是指对安全服务和安全机制的管理。这类管理分发管理信息给安全服务和安全机制，并收集安全服务和安全机制运行中的信息。例如，确定被保护的目标、为特定的保护目标分配特定的安全机制、商定安全机制的安全参数、提供并分发密钥等。

OSI安全体系框架在简单网络管理协议（Simple Network Management Protocol，SNMP）的管理信息库（Management Information Base，MIB）基础上提出了安全管理信息库（Security Management Information Base，SMIB）。SMIB 是一个分布式信息库，用于端系统存储必要的本地安全信息，以执行适当的安全策略。在每个通信开始之前，*N*层实体需先访问SMIB，以获得通信所需的安全参数。SMIB 将包含*N*+1层实体相关的、管理部门提出的保护要求方面的信息。例如在通信之前，通信实体从SMIB中检索到目的地的实体需要进行对等实体认证，那么就必须进行身份验证交换，并根据SMIB中的信息，确定采用两次或三次握手的方式进行身份认证。

安全管理要求在各系统管理部门之间交换与安全相关的信息，以建立或扩展SMIB。交换方式可以是在线的，也可以是离线的。OSI安全体系框架没有给出SMIB的具体实施方案，它可以是一个数据表、一个文件或嵌入软件、硬件中的规则，可以与MIB集成，也可以不与MIB集成。

1.5 网络安全标准

在1.4节的内容阐述中，我们知道，可以在安全策略的指导下，通过实施适当的安全机制来提供安全服务，以达到保证网络安全的目的。这时有两个问题需要解决：一是安全策略应该怎么定，才能满足用户的安全需求；二是安全产品应该怎么选，才能使安全产品提供的安全机制满足安全服务的要求。

解决这两个问题的关键是标准化。要保证信息系统安全的一致性，必须遵循可重复的管理流程和安全标准。所谓不以规矩，无以成方圆。如果管理流程是随意的，或者采用网络安全标准的方法是随意的，那么最终系统安全性也会是随意的。因此，国内外相关机构制定了大量的网络安全标准。这些网络安全标准大致分为两类：一类是安全管理的标准，一类是安全产品的标准。

1.5.1 ISO 17799/ISO 27001/BS 7799

目前，在信息安全管理体系方面，英国标准BS 7799已经成为世界上应用最广泛与典型的信息安全管理标准。BS 7799标准于1993年由英国贸易工业部立项。1995年，英国出版了BS 7799-1：1995《信息安全管理实施细则》，它提供了一套综合的、由信息安全最佳惯例组成的实施规则，其目的是作为确定工商业信息系统在大多数情况下所需控制范围的参考基准，并且适用于大、中、小组织。1998年，英国公布标准的第二部分BS 7799-2《信息安全管理体系规范》，它规定信息安全管理体系要求与信息安全控制要求，它是一个组织的全面或部分信息安全管理体系评估的基础，可以作为一个正式认证方案的根据。BS 7799-1与BS 7799-2经过修订，于1999年重新发布。1999版标准考虑了信息处理技术在网络和通信领域的应用，同时还强调了商务涉及的信息安全及信息安全的责任。2000年12月1日，国际标准化组织（ISO）将BS 7799-1修改为国际标准，即ISO/IEC 17799-1《信息安全管理实施细则》，该标准被信息界喻为"滴水不漏的信息安全管理标准"。2005年6月，ISO/IEC 17799-1《信息安全管理实施细则》再次修改，成为最新的国际标准，即ISO 17799：2005《信息技术–安全技术–信息安全管理体系实施细则》。2005年10月，ISO将BS 7799-2修改为国际标准，即ISO 27001。该标准详细说明了建立、实施和维护信息安全管理体系的要求，可用来指导相关人员去应用ISO 17799，其最终目的在于建立适合企业需要的信息安全管理体系（ISMS）。

ISO 17799包含了133个安全控制措施，以帮助组织识别在运作过程中对信息安全有影响的元素。这133个控制措施被分成11项，成为组织实施信息安全管理的实用指南。

（1）安全策略（Security Policy）：为信息安全提供管理指导和支持，并与业务要求和相关法律保持一致。

（2）安全组织（Security Organization）：管理组织内部的安全，保持组织信息及信息处理设备的安全。

（3）资产管理（Asset Management）：对组织资产进行适当保护。

（4）人员安全（Personnel Security）：确保员工、合作方和第三方用户了解他们的责任，做好用户培训，减少盗窃、滥用或设备误用的风险。

（5）物理与环境安全（Physical and Environmental Security）：防止对组织办公场所的破坏和办公环境的干扰。

（6）通信与运营管理（Communications and Operations Management）：确保信息处理设施的正确和安全操作。

（7）访问控制（Access Control）：控制对信息的访问。

（8）系统开发与维护（Systems Development and Maintenance）：确保安全成为信息系统的内置成分。

（9）信息安全事故管理（Infomation Incident Management）：确保与信息系统相关的安全事件能够得到及时处理。

（10）业务连续性管理（Business Continuity Management）：防止业务活动的中断，保护关键业务流程不受信息系统重大失效或自然灾害的影响，并确保它们的及时恢复。

（11）符合性（Compliance）：避免违反法律、法规、规章、合同要求或其他的安全要求。

这11项的关系如图1-9所示。

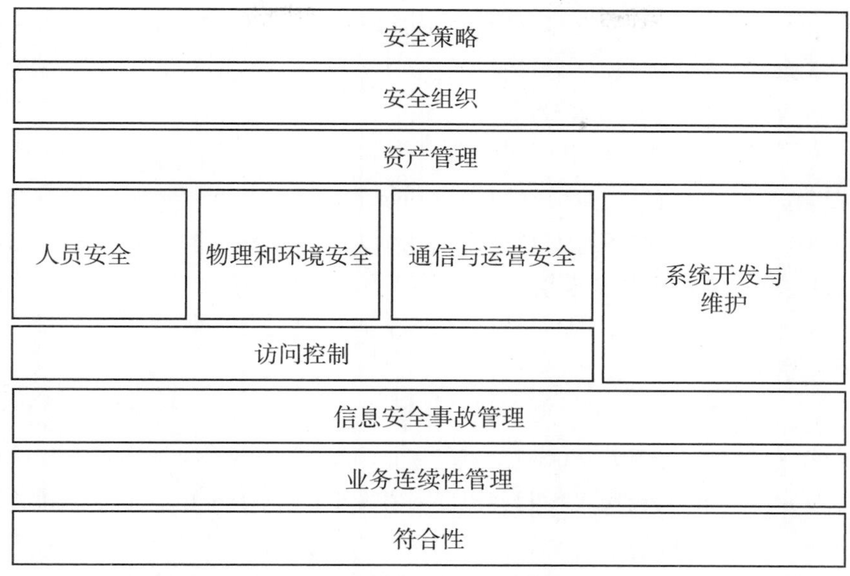

图1–9　ISO 17799结构

现在我们对上述11个方面进行详细介绍。

1. 安全策略

ISO 17799明确提出：管理层应当根据业务目标，提出一套清晰的政策来指导信息安全实践，并且通过在组织内发布和维护信息安全政策来表明对信息安全的支持和承诺。

信息安全策略文档应当包括以下内容：

（1）信息安全的定义、总体目标、范围，安全对信息共享的重要性。

（2）管理层意图、支持目标和信息安全原则的阐述。

（3）信息安全控制的简要说明，以及遵守法律、法规对组织的重要性。

（4）信息安全管理的一般和具体责任定义。

ISO 17799同时规定，应当按照计划对信息安全策略进行评审，以保证信息安全策略的适应性、充分性和有效性。必须有专人负责信息安全策略的制定、评审和评估。

2. 安全组织

该项措施包括内部信息安全组织管理和外部信息安全组织管理两部分。内部信息安全组织管理的内容是建立管理框架，对组织范围内的信息安全进行管理和控制，具体措施包括对不同部门的相关信息安全工作人员的工作职责进行协调、对信息安全人员的职责予以清晰的定义、管理信息处理设备和授权、签署必要的保密协议等等。外部信息安全组织管理的目标在于保持组织信息或信息处理设备的安全。

3. 资产管理

组织根据业务运作流程和信息系统基础架构识别出信息资产，按照信息资产所属系统或所在部门列出资产清单，将每项资产的名称、所处位置、价值、资产负责人等相关信息记录在资产清单上。根据资产的相对价值大小来确定关键信息资产，并对其进行风险评估以确定适当的控制措施。对每一项信息资产，组织的管理者应指定专人负责其使用和保护，防止资产被盗、丢失与滥用。定期对信息资产进行清查盘点，确保资产账物相符和完好无损。

4. 人员安全

该项措施规定了员工在雇用前、日常工作中、选拔及离职时的安全责任。在雇用前，明确安全责任，把信息安全要求写入合同条款，并对被雇用员工的背景进行调查。在日常工作中，支持组织的信息安全策略，减少人为错误的风险，并明确员工违反安全规定的惩戒措施。建立日常安全培训制度，所有员工定期进行安全培训。在员工离职时，明确安全要求和法律责任。

5. 物理与环境安全

该项措施是为了保护信息系统基础设施、设备、存储介质免受非法的物理访问、自然灾害和环境危害。设置安全区域，把关键的和敏感的业务信息处理设备放在安全区域，并有适当的安全屏障和接入控制，以防止未经授权的访问并免于干扰和破坏。设置物理进出控制，安全区域的来访者应接受监督或办理出入手续；对敏感信息及信息处理设施的访问应进行控制。设计实现安全措施保护办公室、房间和设施的物理安全。设计并实施针对火灾、水灾、地震、爆炸、骚乱和其他形式的自然或人为灾难的物理保护措施。

设备安全的目标则是防止设备资产的丢失、损坏和被盗。通过合理地选择设备安装地点，配置恰当的支持设施，保障电缆传输安全、外部设备安全及正确的设备维护来实现设备的安全性。

6. 通信与运营管理

该项措施涉及对信息设施的操作、第三方服务、系统策划与验收、防范恶意和移动代码、信息备份、网络安全管理、介质处理、信息交换、电子商务服务、监视共10个方面，是ISO 17799中分类最细致的子专题。操作管理是确保信息处理设施的正确安全操作，要求建立所有信息处理设施的管理和操作的职责和程序。例如，对信息处理设施的操作，包括开关机、备份、设备维护以及形成文件化的程序。操作系统和应用软件必须有严格的变更管理控制。设备的开发、测试和维护应该分离。第三方的服务，要求对协议及第三方提供的服务进行监视和评审。系统策划与验收则是要求组织根据业务需求，预先对信息系统的容量和资源进行规划和准备。实施能够对恶意代码进行检测、预防和恢复的安全程序。当使用移动代码时，要确保授权的移动代码按照明确定义的安全策略运行。要建立例行程序来执行数据备份和及时恢复。网络安全管理要求确保信息及基础设施得到保护，所有的网络服务必须满足安全性、服务等级和管理的要求。应当建立移动介质的管理程序，当移动介质不再需要时，就按照正式的程序进行销毁。要设置安全策略，保证组织内部或组织与外部组织交互信息的安全性。要保证信息在组织外传输时，传输介质不受未授权的访问、误用或破坏。电子商务服务要求保护公网中传输的信息，防止欺诈、合同争议、未授权的泄漏和修改。监视则要求使用操作员日志和故障日志识别出信息系统中的安全问题。

7. 访问控制

访问控制一般分为逻辑访问控制和物理访问控制。逻辑访问控制是指对数据资源的使用行为进行控制；物理访问控制是指在存放有信息处理设施的重要区域，对进出人员进行限制。ISO 17799所说的访问控制主要是指逻辑访问控制。物理访问控制在前面的安全区域中做了规定。对逻辑访问控制的要求是，在满足业务和安全需求的基础上，控制对信息和业务应用系统的访问。具体的措施有：建立并实施适当的访问控制策略；建立正式的程序对用户进行访问控制；设置用户注册及注销程序；对用户访问信息系统和服务的权限进行控制；严格限制系统特权的分配和使用；通过正式的管理流程对用户口令加以控制；管理层应定期对用户的访问权限进行评审；明确用户的责任；要求用户在选择及使用良好的安全口令时，采取适当的措施保护无人看管的设备；严格控制对内部和外部网络服务的访问，制定明确的访问控制策略；必须对远程用户的访问进行身份认证；必须对网络设备进行自动身份识别；控制对诊断和配置端口的物理访问和逻辑访问；采取适当方式对信息服务、用户及信息系统进行隔离，以减少非授权访问的风险、限制用户连接共享网络的能力，并与业务应用系统的访问控制策略和要求一致；对网络进行路由控制，以确保信息连接和信息流不违反业务应用系统的访问控制策略。

对操作系统的访问控制措施有：使用安全登录程序访问信息服务；所有用户应有唯一的标识码专供其个人使用；口令管理系统应提供有效的、交互式的设施以确保使用优质的口令码；限制系统实用工具的使用；不活动的会话应在一个设定的不活动周期后关闭；对连接时间进行限制。ISO 17799同时对应用系统和移动计算与远程工作访问控制措施进行了说明。

8. 系统开发与维护

ISO 17799对系统开发维护活动有关的安全控制方法包括系统安全要求、应用软件系统中的安全、密码管理措施、系统文件安全、开发与支持过程中的安全五个方面。信息系统所有的安全需求都需要在项目需求分析阶段被确认， 作为一个信息系统的总体构架的重要组成部分。应用系统软件应在使用过程中防止用户数据的丢失、改动或者滥用。应建立并实施密码策略来保护信息的保密性、真实性和完整性。要严格控制访问系统文件和源程序代码。按照安全方式管理IT项目和支持活动，在测试环境中不能泄漏敏感数据。应当对项目和支持环境进行严格控制，即对应用系统、操作系统及软件包的更改及软件外包活动进行安全控制。

9. 信息安全事故管理

确保所有的安全事件和系统漏洞能够及时被纠正。要求所有的员工、合同方和第三方用户以适当的管理途径及时报告安全事件和漏洞。一旦安全事件和漏洞报告上来，必须立即明确责任，按照规程进行有效处理。使用持续有效的方法管理信息安全事故。除了对安全事件进行报告，还应当充分利用系统的各种功能来检测安全事件，以快速、有效地进行响应。安全事件发生后，还应当根据相关法律的规定收集、保留证据，并以符合法律规定的形式提交，同时要对安全事件进行评估，以识别再次发生的安全事件。

10. 业务连续性管理

ISO 17799要求将业务连续性的信息安全管理需求与其他可连续性需求，如员工、材料、运输和设备结合起来。要求制订和实施业务连续计划，以确保基本操作能够及时恢复。应识别可能导致业务过程中断的事件，以及这类事件发生的可能性和影响，中断所造成的对信息安全的影响。应建立并维护统一的业务持续性管理框架，以确保所有计划的一致性，且鉴别其执行的优先次序，以进行测试与维护。

11. 符合性

ISO 17799规定了组织在实施信息安全过程中要遵守当地的法律法规。要求对每一个信息系统和组织而言，所有相关的法律、法规和合同要求，以及组织为满足这些要求而采取的方法必须明确地定义，形成文件，并保持更新。

1.5.2 橘皮书

在ISO 17799中反复强调要保护信息系统的安全性，而信息安全产品必然是提供信息系统的安全性保障的技术手段。那么一个信息安全产品是否能够满足用户的安全性需求呢？对于信息安全产品的制造商和使用者来说，都需要有一个公认的评价标准。这个标准应该为信息安全产品的制造商提供检查和评价产品的标准，为用户提供产品验收的度量依据。橘皮书就是这样一个标准，它是信息安全领域的第一个正式标准，具有划时代的意义。它对计算机安全产品进行评估。

橘皮书是美国国家安全局（NSA）的国家计算机安全中心（NCSC）颁布的官方标准，其正式的名称为“可信计算机系统评估准则”（Trusted Computer System Evaluation Criteria，TCSEC）。橘皮书定义了计算机系统安全的五个要素：安全策略、可审计机制、可操作性、生命期保证、建立并维护系统安全的相关文件。

橘皮书根据这五个要素对计算机系统的安全性进行评估，依照安全性从高到低划分为A，B，C，D四个等级。这四个等级从D到A的安全性是按照指数级别提升的。橘皮书将计算机安全等级又由低到高细分为四类七个等级，分别是D1，C1，C2，B1，B2，B3，A1。其中D1级是不具备最低安全限度的等级，C1和C2级是具备最低安全限度的等级，B1和B2级是具有中等安全保护能力的等级，B3和A1属于最高安全等级。

D1级：最小保护等级（minimal protection），是指无法满足C1~A1级别安全要求的系统。可以认为它是没有安全保护措施的主机或网络系统。

C1级：自主安全保护级（discretionary security protection），将用户与数据进行分离，实施基于用户的强制访问控制机制，用于具有相同安全级别用户的协作工作环境。

C2级：受控访问保护等级（discretionary security protection），该类中的系统执行比C1系统粒度更细的自主访问控制，对不同用户进行审计，使用户通过登录过程、与安全相关的事件审计和资源隔离分别对自己的操作负责。

B1级：标记安全保护等级（discretionary security protection），除了满足C2等级的所有安全功能外，必须提供安全策略模型、数据标记和对指定主题和对象的强制性访问控制，必须对输出信息进行标记，所有已发现的缺陷必须修复。

B2级：结构化保护等级（discretionary security protection），具有明确定义和文档化的正式安全策略模型，对网络和计算机系统中所有对象都加以定义，给出安全标签；为工作站、终端等设备分配不同的安全级别；按最小特权原则取消权力无限大的特权用户；处理了隐通道问题，加强了认证机制，并实施严格的配置管理控制。满足该等级的系统具有相对较强的抗穿透能力。

B3级：安全域等级（security domains），要求所有用户、所有的访问和操作均不能绕过安全策略的控制；对保护对象的操作粒度足够小，可进行分析和测试；在系统的设计和实施过程中最大限度地减少复杂性，排除对执行安全策略不重要的代码；扩大了审计的范围，对所有与安全相关的事件均进行审计；要求引入系统恢复功能。满足该等级的系统具有相对很强的抗穿透能力。

A1级：验证设计等级（verified protection），是计算机安全等级中最高的一级，本级包括了以上各级别的所有措施。此外，这个等级最重要的特征是，系统的设计者必须按照一个正式的设计规范和验证技术来保障系统的安全性，而且这种保障性是可发展的。A1级还要求进行更为严格的配置管理，系统管理员必须从开发者那里接收到一个安全策略的正式模型，所有的安装操作都必须由系统管理员进行，系统管理员进行的每一步安装操作都必须有正式文档。

1.5.3　CC标准

橘皮书在信息安全标准中的地位很高、影响很广。在其基础上，后续不同国家和地区又分别提出了多项安全产品的标准，比如欧洲的信息技术安全评估准则（ITSEC），加拿大的可信计算机产品评估准则（CTCPEC），美国的信息技术性安全性评价联邦准则（FC），等等。

为了建立一个各国都能接受的通用的信息安全产品和系统的安全性评估准则，在美国的TCSEC、欧洲的ITSEC、加拿大的CTCPEC、美国的FC等信息安全准则的基础上，由6个国家7方（美国国家安全局和国家技术标准研究所、加拿大、英国、法国、德国、荷兰）共同制定了“信息技术安全评价通用准则（The Common Criteria for Information Technology Security Evaluation，CC）”。当前，国际上主要采用CC标准进行产品安全测评，CC标准已在智能卡、网络基础设备、数据库及操作系统等各种IT产品安全评估中得到广泛应用。

CC标准除了统一了不同的信息安全标准外，最大的意义在于为信息安全产品的用户、开发商、评估者之间建立了通用的描述标准，使三方之间更便于沟通。用户可以用它确定对各种信息安全产品的信息安全需求，开发者可以用它来描述产品的安全特性，评估者可以用它对产品安全性的可信度进行评估。

CC标准包括简介和一般模型、安全功能要求、安全保证要求三部分。这三部分相互依存，缺一不可。

- 简介和一般模型：介绍了CC中的相关术语、基本概念以及与评估相关的一些框架，描述了对保护轮廓和安全目标的要求。
- 安全功能要求：详细介绍了为实现保护轮廓和安全目标所需要的安全功能要求，将安全功能划分为11个类，包括审计、密码支持、通信、用户数据保护、识别和鉴权、安全管理、隐私、TSF（文本服务框架）保护等。

- 安全保证要求：定义CC的安全保证要求。安全保证要求分为10类，分别为保护轮廓评估、安全目标评估、配置管理、交付和运行、开发、指导性文档、生命周期支持、测试、脆弱性评估和保障维护。

上述内容中最重要的核心内容在于“保护轮廓”和“安全目标”，即在保护轮廓和安全目标中描述评测对象时，应尽可能使其与第二部分描述的安全功能组件和第三部分描述的安全保证组件一致。“保护轮廓”实际上就是安全需求的完整表示，“安全目标”则是通常所说的安全方案。

CC标准的作用就是结合开发者自证及评估者他证的做法，来论证IT产品的安全措施是充分的、正确的，从而可以有效地抵抗已知的威胁。

（1）自证。为了说明防护措施的有效性，开发者需要论述评估对象（Target of Evaluation，TOE）是如何充分地抵抗这些威胁的。为此，由开发者撰写安全目标（Security Target，ST）文件，从需要保护的资产及面临的安全问题出发，论述为了抵抗威胁必须达到何种安全目的。为便于理解，安全目的将被进一步细化为一组规范性的安全功能要求，其相应的技术实现机制也将以安全功能的形式进行组织。对每一步的细化和展开过程，开发者需论证这些过程是完备且有效的。ST 是开发者自证 TOE 安全性的起点，根据确定的保障级别，开发者还需要按一种规范的方式列出相应的安全保障要求，并提交更多的与产品开发、测试和生命周期控制等相关的证据文档，以进一步地分解和细化防护措施，并论证其有效性，最终完成整个自证过程。

（2）他证。根据上面的描述，评估者使用CC标准需要进行两方面的评估，即PP（保护轮廓）评估和ST/TOE评估。PP评估的目的是论证PP对安全问题的定义、安全标识的所有威胁，并且实现正确。对正确性的评估需要按照ST中描述的安全保障要求审查TOE 的各种实现表示文档，并需要对TOE进行实际的测试，包括独立的功能验证测试与穿透性测试。这些过程要求遵循由CEM（通用测试方法）规范给出的测评方法（对高保障级别的测评，由于CEM中可能未给出规范方法，评估体制为此应规定具体的方法）。如果所有的安全保障要求都得到了满足，则表明TOE实现正确，这将给用户传达一种信心，即TOE包含可被攻击者利用的脆弱性的可能性不高。

CC标准是目前系统安全认证方面最权威的标准，它的制定和应用对网络信息安全技术和信息安全产品的发展具有深远影响。

1.5.4 我国的信息安全标准

在IT领域，标准由谁制定，话语权和主动权就掌握在谁手中。标准作为国家网络安全保障体系建设的技术支撑，是维护国家利益和保障国家安全的一种重要工具。2002年4月，全国信息安全技术标准化委员会成立，设立了信息安全管理工作组（WG7），主要负责信息安全管理领域的标准工作。

我国的信息安全管理标准研制工作是从跟踪研究国际标准起步的。我国最早发布的信息安全管理标准是GB/T 19716—2005《信息技术　信息安全管理实用规则》，该标准等同采用当时的国际标准ISO/IEC 17799:2000，以及GB/T 19715.1—2005《信息技

术　信息技术安全管理指南　第1部分：信息技术安全概念和模型》（等同采用ISO/IEC TR13335-1:1996）和GB/T 19715.2—2005《信息技术　信息技术安全管理指南　第2部分：管理和规划信息技术安全》（等同采用ISO/IEC TR13335-1:1996）。随着2005年国际信息安全管理体系标准族研制计划的正式启动，我们坚持跟踪研究该系列标准发展动态，及时组织转化了其中的基础和核心标准，为我国信息安全管理工作提供了借鉴和参考。

随着我国信息安全保障体系建设进入全面规划、统筹发展的新时期，与国家各项信息安全保障工作相适应，我国的信息安全管理标准化工作也有了较大的发展，取得了较为显著的成果。截至2021年7月，我国正式发布信息安全管理相关国家标准321项。这些标准化成果主要覆盖了以下几方面：

（1）等同或修改转化了国际信息安全管理体系标准族（即ISO/IEC 27000系列标准）中基础、核心标准。

（2）支撑信息安全管理体系实施的信息安全控制有关的技术标准或指南。

（3）支撑国家电子政务建设、信息安全等级保护、政府信息系统检查等重点信息安全保障工作的配套安全管理标准。

（4）有关信息安全风险评估与管理、应急与事件管理、灾备服务管理、外包管理、供应链风险管理、个人信息保护等的标准或规范。

（5）与新技术、新应用相关的信息安全管理标准，包括《信息安全技术　工业控制系统安全管理基本要求》《信息安全技术　云计算服务安全指南》等。

习题

1.1　为什么说没有绝对安全的网络系统?

1.2　试描述一下网络安全概念的演变过程。

1.3　请根据CIA模型，分析学校教务系统或财务系统的安全属性。

1.4　威胁网络安全的因素有哪些?

1.5　网络安全的三个基本属性是什么?

1.6　概述网络安全服务和网络安全机制之间的关系。

1.7　概述常见的网络安全风险及相应的控制措施。

1.8　请列出OSI七层模型中，每一层所能提供的安全服务和安全机制。

1.9　列出主动攻击和被动攻击之间的不同之处。尝试各找出两种主动攻击和被动攻击的实例，并分析其攻击流程。

1.10　请查阅文献，给出一个类似于星巴克攻击的攻击实例，并分析其攻击过程。

1.11　试分析PDR模型、P2DR模型、WPDRRC模型之间的异同。

1.12　试给出一个内部人员攻击的实例。

1.13　请根据ISO 17799，制订一个银行营业部的柜台服务人员的安全守则。

1.14　请根据ISO 17799，制订一个证券营业部的灾备计划。

1.15　什么是橘皮书?它有哪些内容?

1.16　试分析一下Windows 10系统属于橘皮书中的哪个安全等级。

1.17　为什么说网络安全是三分技术七分管理?

1.18　CC标准的主要应用场景有哪些?

1.19　请查阅资料，了解什么是信息系统安全“三级等保”。

1.20　请查阅资料，了解公安部信息安全等级保护评估中心在我国网络安全保障体系中的作用和地位。

1.21　请查阅资料，了解什么是SSE-CMM标准，并说明SSE-CMM的主要作用。

第二章　密码学应用基础

2.1　密码学的基本概念

2.1.1　密码学的历史

从某种意义上讲，密码学的历史可以说和人类的文明史一样久远，甚至早于文字的产生。从人类开始步入文明进程，人们就希望通过获得信息优势，从而获得政治、军事、经济上的相对优势。熟悉中国历史的人都知道，汉字的鼻祖——甲骨文的产生就和巫术密切相关。巫师掌控了“人类与天之间的通信信道”，与“天”进行加密通信，天子都不知道巫师到底和“天”之间的通信内容是什么。巫师把与“天”交流的信息形成甲骨文，呈现给天子。巫师就通过他们与天之间的“加密”通信获得的信息优势，在王国中处于较高的政治地位。由此可见，人类从本能上就有将自己掌握的信息进行加密，独享信息，获得信息优势，从而获得政治、军事、经济优势的追求。直到如今，获得内部消息依然是股市获利的重要法宝，掌握信息优势依然是战争取得胜利的重要因素。这直接促成了密码学的产生和发展。

文字本身其实就是密码，它建立了信息内容与表述符号之间的映射关系。对于数学基础较薄弱，没有掌握这种映射关系的人来说，文字就是加密。举个“栗子”，笔者上大学时，笔者下铺是个江西同学，有天中午他们用方言聊了一个中午，笔者居然一句也没有听懂。他们的对话对笔者完全加密了。再比如我们来看图2-1中的这段文字。

图2-1　重修凉州护国寺感通塔碑

这是一段西夏文，刻于1804年在武威大云寺发现的重修凉州护国寺感通塔碑上。这标志着西夏文在埋藏了数百年后重现人世。但是当时没有人能够读懂西夏文，西夏文完全就是一种加密文字。直到1909年在中国黑水城遗址（在今内蒙古额济纳旗）出土了《番汉合时掌中珠》。该书的序言中有这么一句："不学番言，则岂和番人之众；不会汉语，则岂入汉人之数。"可见这就是一本"汉番字典"。在经过我国学者罗振玉的整理后，大家终于可以读懂西夏文这种加密文字了。从密码学的角度来讲，西夏文就是密文，汉字是明文，《番汉合时掌中珠》是密钥。

虽然我们可以把文字视作一种密码，但它显然不满足我们的安全需求。我们需要一种仅由人数可控的小部分人所掌握的加密方法。在文献中记载的加密方法可以追溯到2000年以前。

在周朝的兵书《六韬·龙韬》中的《阴符》和《阴书》，就有加密方法的记载：

太公曰："主与将，有阴符，凡八等。有大胜克敌之符，长一尺。破军擒将之符，长九寸。降城得邑之符，长八寸。却敌报远之符，长七寸。警众坚守之符，长六寸。请粮益兵之符，长五寸。败军亡将之符，长四寸。失利亡士之符，长三寸。诸奉使行符，稽留，若符事闻，泄告者，皆诛之。八符者，主将秘闻，所以阴通言语，不泄中外相知之术。敌虽圣智，莫之能识。"

这段话的大致意思是姜太公告诉周武王：如果君主想和远方的将领进行保密通信，可以用特定长度的木棍来传递消息。比如一根长一尺的木棍代表大胜敌军，长九寸的木棍表示击败了敌军并俘虏了对方将领，长八寸的木棍代表获取了对方的城池，等等。虽然阴符体现了原始的多幅值调制的思想，但是一根木棍能够代表的信息毕竟有限，要想多传递一些消息就得让通信兵带一堆木棍，不但容易被发现，还容易丢失。周武王多么聪明一人，当然会想到这一层，于是就有了下面这段对话。

武王问太公曰："… 符不能明；相去辽远，言语不通。为之奈何？" 太公曰："诸有阴事大虑，当用书，不用符。主以书遗将，将以书问主。书皆一合而再离，三发而一知。再离者，分书为三部。三发而一知者，言三人，人操一分，相参而不相知情也。此谓阴书。敌虽圣智，莫之能识。"武王曰："善哉！"

这段话大意是，周武王问："木棍能传递的消息有限，和远方的将领离得又远，大声喊他都听不见，那怎么办？"姜太公回答道："要是复杂的消息，当然就不能用木棍了，得在竹简上写信。为了保密，把竹简打乱再分成三份，分别让三个通信兵去送。假使一个通信兵被捉住了，敌方也不可能知道信的内容是什么。"

这些方法虽然还不能称为加密，但它们体现了密码算法中最基本的替换和移位的思想。

与我国春秋战国基本同时代的古希腊时期，在希腊出现了较为公认的世界上最早的加密工具——斯巴达棒，如图2-2所示。

图2–2　斯巴达棒

斯巴达棒就是一根木棍和一条皮带。在皮带上刻有信息，皮带打开时，是一组杂乱的字母组合。但皮带缠绕到木棍上后，字母会对齐变成单词。这种加密方法其实和阴书的原理差不多，都是把原始消息打乱后进行传送，可以认为是移位密码。

古罗马时期，凯撒发明了一种加密方法，被称为凯撒密码。凯撒密码就是把明文字母表中的字母依次向左或向右移动一个固定数目的位置，形成密文字母表，比如左移3位，明文字母和密文字母形成以下对应关系：

明文字母表：ABCDEFGHIJKLMNOPQRSTUVWXYZ

密文字母表：DEFGHIJKLMNOPQRSTUVWXYZABC

在加密时，就按照上面的对应表进行查找就可以了，比如WE，加密就变成了ZH。这种加密方法其实和阴符的原理差不多，都是把原始消息进行替换，形成密文消息，可以认为是替换密码。

在随后的历史中，东西方的加密方法都有发展。例如到了我国北宋年间，出版了《武经总要》。书中收集了军队中常用的40种战斗情况，编成了40条短语，分别是：1请弓、2请箭、3请刀、4请甲、5请枪旗、6请锅幕、7请马、8 请衣赐、9请粮料、10请草料、11请车牛、12请船、13请攻城守具、14请添兵、15请移营、16请进军、17请退军、18请固守、19未见贼、20 见贼讫、21贼多、22贼少、23贼相敌、24贼添兵、25贼移营、26贼进兵、27贼退兵、28贼固守、29围得贼城、30解围城、31被贼围、32贼围解、33战不胜、34战大胜、35战大捷、36将士投降、37将士叛、38士卒病、39都将病、40战小胜。在这40个短语的基础上，定义了加密通信的方法，就是在将领出发前，与后方指挥部门之间约定好一组律诗作为密码本，而且这组律诗中不能有重复的文字。这40个短语的顺序在出发前也要重新排列。下面举例说明它的加密、解密机制。假设双方约定用《登鹳雀楼》作为密码本。全诗是：

白日依山尽，黄河入海流。

欲穷千里目，更上一层楼。

假设将领发现军中箭的数量不多了，向后方请求多送一些箭来，于是将领就写封公文给后方。公文中包含“日”字，并用某种方法，将这个“日”字标识出来。可以是在“日”字上盖章。后方收信后，发现“日”字被盖章。查找密码本，“日”字是第二个字，对应“请箭”。因此知道前方缺箭，请求送箭上前线。这种加密，不仅仅是替换加密方法，还具备了信息隐藏的特点。

在西方，加密算法也在一直进步，到第二次世界大战期间，出现了古典加密算法的巅峰之作——恩尼格玛加密机，如图2-3所示。

图2–3　恩尼格玛加密机

利用恩尼格玛加密机进行加密时，操作员通过键盘输入明文。每输入一个字母，上方就会有一个对应的字母灯点亮。从这点看，恩尼格玛加密机就是传统的替换密码。但恩尼格玛加密机又不同于传统的替换密码。我们从前面讲的凯撒密码知道，明文和密文的字母是一一对应的，但恩尼格玛加密机不同，明文中的同一个字母可能对应不同的密文字母，极大地提高了破译密码的难度。

为什么恩尼格玛加密机会有这项出色的功能呢？关键在于它的核心功能部件——3个转子，如图2-4所示。当操作员按下一个字母时，右边的转子就会转动一格。敲击键盘26次后，第一个转子转满一圈，这时中间的转子转动一格。中间的转子转满一圈后，左边的转子转动一格。转子不同组合方式，会控制电路点亮不同的字母灯。

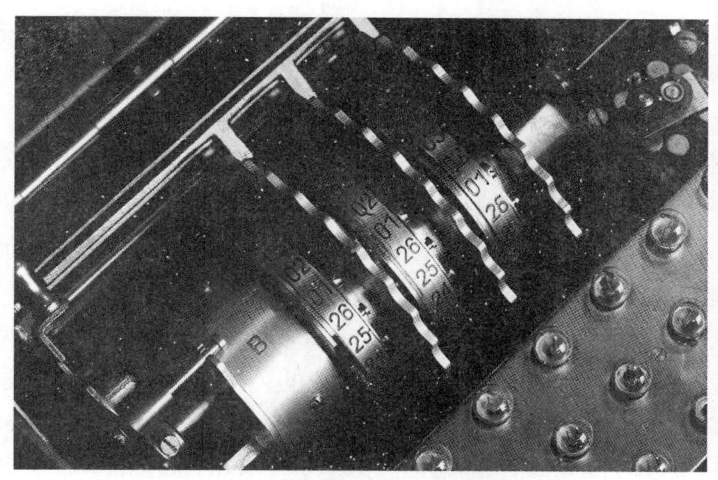

图2-4　恩尼格玛加密机的转子

每台恩尼格玛加密机配有5个转子。操作员每天会根据指令选择其中的3个安装到恩尼格玛加密机中。每个转子的起始位置每天也会根据指令进行更换。我们现在简单计算一下，看看恩尼格玛加密机的加密强度。

操作员从5个转子中选择3个，因此有5×4×3=60种组合方式。3个转子的所有可能的起始位置的组合个数是26×26×26=17 576。那么，所有可能的设置组合共有60×17 576=1 054 560种。这还仅仅是商业版本的恩尼格玛加密机。军用版本的恩尼格玛加密机在加密机的前面板附加了一个接线板，如图2-5所示。恩尼格玛加密机提供了10条交换线，用于将字母进行交换。如图2-5所示，就是把字母A和J、S和O进行了交换。接线板的配置方案共有26!/（6! 10! 2^{10}）= 150 738 274 937 250种可能。再算上转子的组合方案，这样的话，恩尼格玛加密机可能的变换方案就总共有158 962 555 217 826 360 000种。也就是说，如果用暴力破解恩尼格玛加密机加密的消息，至多需要尝试158 962 555 217 826 360 000种不同的配置，才能破译出明文。因此当时希特勒认为恩尼格玛加密机的密文是无法被破解的。但是，它还是被破解了，催化出现代密码学、计算机科学和信息论。

图2-5　恩尼格玛加密机的前面板

它的破解得益于一些著名的科学家的努力工作，他们之中有我们熟知的图灵。

我们在中学都学习过辩证法。矛盾的对立统一是辩证法的基本规律之一。无论是西方的黑格尔，还是我国的道家和太极。都强调矛盾的相互转换，即矛盾的双方，依据一定的条件，各向自己相反的方向转化。易经中有阴极生阳，阳极生阴的说法。恩尼格玛加密机的破解就是“阴极生阳，阳极生阴”的一个活生生的例子。

恩尼格玛加密机最安全的特性就是将同一个字母加密转换为不同的字母。比如我们在恩尼格玛加密机持续按下“K”键，则会相续点亮“QHZTFG”，每次都是不同的字母灯被点亮。这是一个非常优秀的加密方法。但这个方法有一个重大的缺陷，就是一个字母永远不会加密成自己，例如不断地敲击“K”键，“K”字母灯永远不会被点亮。这成为破解恩尼格玛加密机密文的关键。

英军知道德军每天早晨第一个报文都会向各部队发送天气预报。天气预报的德文是“Wetterbericht”。将“Wetterbericht”放在截获的第一个报文的密文下方，不断滑动进行对比。首先，由于一个字母永远不会加密成自己。我们会跳过和“Wetterbericht”在相同位置有相同字母的密文，直到找到若干组与“Wetterbericht”长度相同，且在相同位置没有相同字母的密文。这就可能是“Wetterbericht”的密文。同时考虑到一个字母每次加密都会加密成不同的字母，如果密文的第三、第四个字母和最后一个字母相同，则一定不是“Wetterbericht”的密文。通过这么一番操作，就已经离破解不远了。再考虑到德军每个电文的结束语都是“Heil Hitler”，这就为破解密文提供了另一个线索。

图灵就是利用了这一缺陷破解了恩尼格玛加密机的密文。他制造了一台叫“炸弹”的机器，如图2-6所示。它通过电子技术来执行上述的对比和猜测工作，最快的一次仅用了大约20min，就破解了恩尼格玛加密机的密文。英国人F.W.温特伯坦姆写的《超级机密》一书讲述了第二次世界大战中盟军密学家的辛勤工作，有兴趣的读者可以参阅。

图2–6 “炸弹”

2020年，在第二次世界大战欧战胜利纪念日75周年之际，英国情报部门首次公开了他们在战争结束一天前所截获的一个德国密电的内容。这是英国布莱切利庄园（Bletchley Park，英国在第二次世界大战期间专门破解敌方密码的情报部门）截获的最后一份敌方电报。这一电报是由德军少尉孔克（Lieutenant Kunkel）发出的。孔克少尉在电报中报告了英军在5月6日下午2点进入库克斯港市。孔克最后向所有可能收到电文的德军官兵告别，告诉他们这个无线电台将“永远停止使用，再见，祝一切顺利”。

但是大家不要认为古典密码算法就过时了，一个经过严格设计的古典加密术依然是强大的，比如著名的美国“黄道十二宫杀人案”中杀手发给报社的密码信，经过了51年，才在2020年12月被破解。

2.1.2　现代密码学

随着恩尼格玛加密机退出历史舞台，古典加密算法也逐渐被现代密码算法所取代。1949年，Shannon发表了《保密系统的通信理论》，将信息论引入密码系统，标志着现代密码学的开端。

从2.1.1节的介绍我们可以看出，古典密码的安全性取决于对加密算法的保密。如果算法泄露，则整个加密体系就崩溃了。而现代密码不同，所有算法的细节都是公开的，其安全性取决于密钥的安全性。我们先来看一下现代加密算法的Shannon保密通信模型，如图2-7所示。

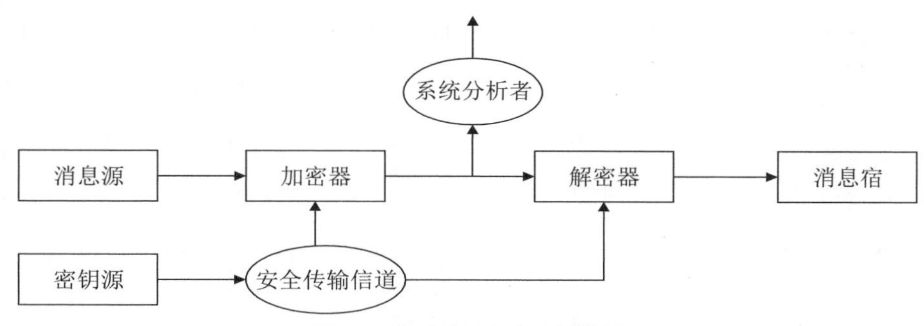

图2–7　Shannon保密通信模型

在图2-7中，消息源和消息宿分别对应消息的发送者和接收者。为了保证在不安全的信道上实现安全的通信，发送者将明文消息通过加密器加密后，形成密文，通过不安全的信道发送给接收者。接收者对收到的密文用解密器解密得到明文。在上述过程中，加密、解密分别需要在密钥的控制下进行加密、解密运算。与古典加密算法强调加密算法的安全性不同，现代加密算法更注重密钥的安全性。所以，在图2-7中，密钥必须通过安全传输信道交给加密器和解密器。

根据加密器和解密器所使用密钥的不同，加密算法分为对称加密体制和不对称加密体制。在加密和解密过程中，如果加密密钥和解密密钥相同，就是对称加密体制，也称为单密钥加密体制；如果加密密钥和解密密钥不相同，则为不对称加密体制，也称为双密钥加密体制。

1. 对称加密体制

在1976年以前，所有的加密均采用的是对称加密方法。对称加密又分为分组密码和序列密码两大类。

分组密码又被称为块加密。该方法在加密时，将明文分为一定长度的分组，以定长的分组作为处理单元，对各分组分别进行加密，形成密文。在解密时，也是按照一定长度的分组分别进行解密，得到明文。序列加密也被称为流加密。该方法则是以单个字符或比特作为处理单元，并使用随机序列生成器生成真随机或者伪随机的随机序列，作为密钥，进行加、解密运算。

分组加密采用了不随时间变化的加、解密变换方法，具有扩散性好、插入敏感的优点；它的缺点是加、解密处理速度慢，存在错误传播的现象。而序列密钥采用了随时间变化的加密变换，具有转换速度快、低错误传播的优点，硬件实现电路更简单；其缺点是低扩散（意味着混乱不够）、插入及修改的不敏感性。

（1）分组密码体制。分组密码又分为4种加密模式，每一种模式定义了一种明文、密钥、密文的组合方法，以生成传送给接收者的密文流：

1）电子密码本（Electronic Code Book，ECB）。

2）密文块链（Cipher Block Chaining，CBC）。

3）密文反馈（Cipher Feed Back，CFB）。

4）输出反馈（Output Feed Back，OFB）。

电子密码本（ECB）是最简单的加密模式，恩尼格玛加密机就采用了这种加密模式。在电子密码本模式中，所有明文被分割成固定长度的分组，对每个分组单独进行加、解密运算，其过程如图2-8所示。

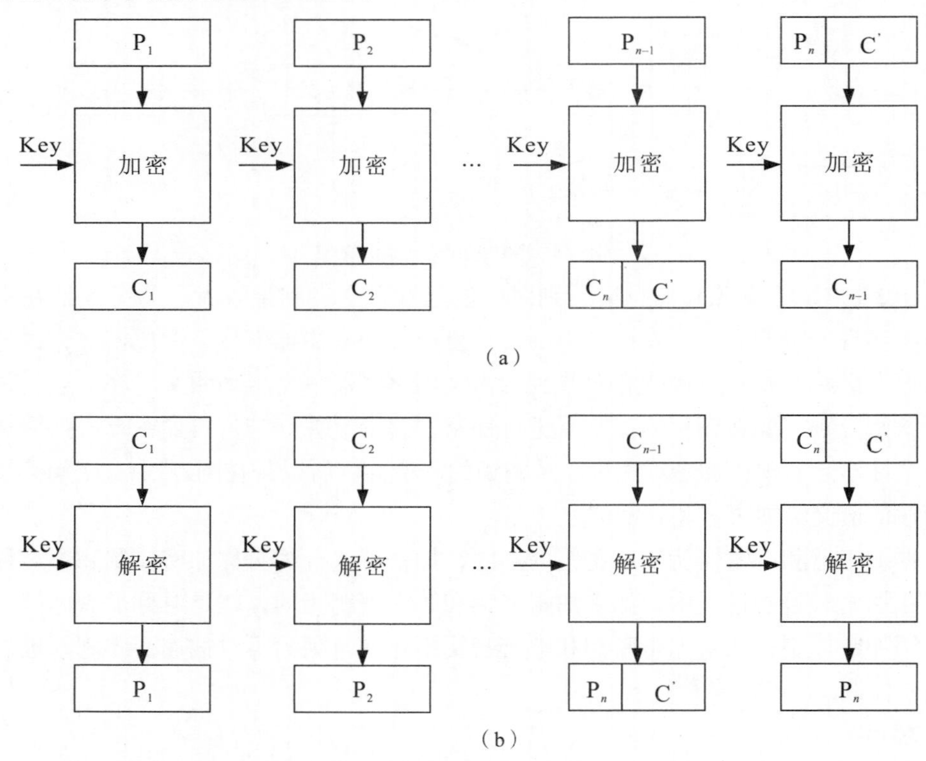

图2-8　电子密码本模式加、解密过程

（a）加密过程；（b）解密过程

图2-8中，C’是一个中间运算结果，用于对齐分组，并不是传输密文的一部分。这种方法称为密文挪用（ciphertext stealing）。

电子密码本的优点是简单，可进行并行运算，因此加密速度较快，同时，由于是每个分组单独加、解密，因此传输过程中出现的错误也会限制在出错的分组中，不会出现错误扩散现象。电子密码本的缺点是安全性较低。在电子密码本中相同的明文必定会生成相同的密文，这使得密码分析变得相对容易实现。在某些特定的情况下，甚至不用破解密钥也能够破坏加密通信。分组重放方法就是一种可行的攻击方法。为说明这个问题，我们假设A银行到B银之间的网络转账消息格式如图2-9所示。

1	2	3	4	5	6	7	8	9	10	11	12	13
时间标记	发送银行	接收银行	储户姓名							储户账号		存款金额

图2-9　一个假想的银行转账分组

假想有一个黑客M可以持续截取到A、B银行之间的通信。M在A、B银行分别开立账户，并连续从A银行自己的账户给B银行自己的账户转账。M查询截取的转账消息，可以在消息中找出图2-9中深色部分。然后把这部分字段复制到其他转账消息中，这样就把别人账户里的钱转到自己账户里了。

为了提高加密信息的安全性，避免相同明文生成相同密文的情况，提出了密文块链（CBC）加密模式。它的做法是把每个分组加密后的密文作为下一个分组加密的输入，从而实现相同的明文生成不同密文。其加、解密过程如图2-10所示。

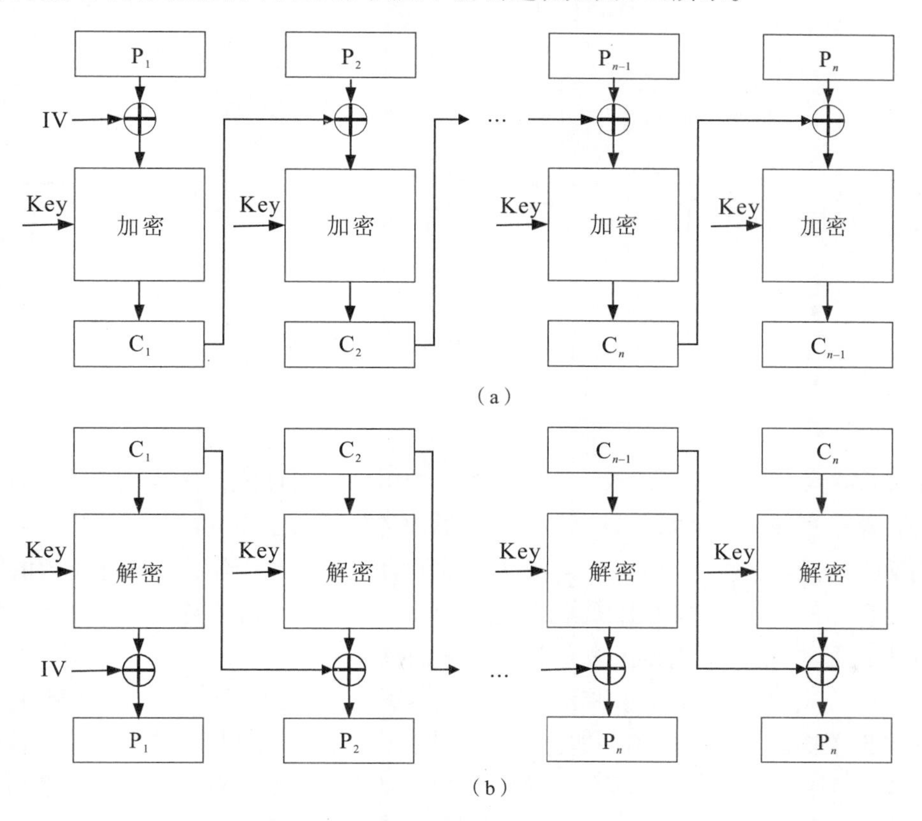

图2-10　密文块链模式加、解密过程

（a）加密过程；（b）解密过程

从图2-10中可以看出，在密文块链中，每一个明文分组在加密前，需要与前一个明文分组加密后的密文进行异或操作，然后对异或的结果再进行加密运算。由于第一个分组没有已经加密的密文作为输入，为解决这个问题，图2-10中出现了一个变量“IV”，叫初始化向量，这个IV没有实际意义，只是在第一次计算的时候需要用到。所以密文块链加密模式中，通信双方除密钥外，还需协商一个初始化向量（IV），采用这种模式安全性会有所提高。

但任何事情都有两面性，密文块加密模式在提高了加密的安全性的同时，又引入了一个缺陷，那就是错误扩散。在加密过程中，或是在密文的传输过程中，消息内容受干扰出现了错误，由于密文块链的每一步加密都将上一个分组的输出作为输入量，因此出现的错误将会影响后续所有密文的正确解密。为解决这一问题，又提出了密文反馈（CFB）加密模式，其加、解密过程如图2-11所示。

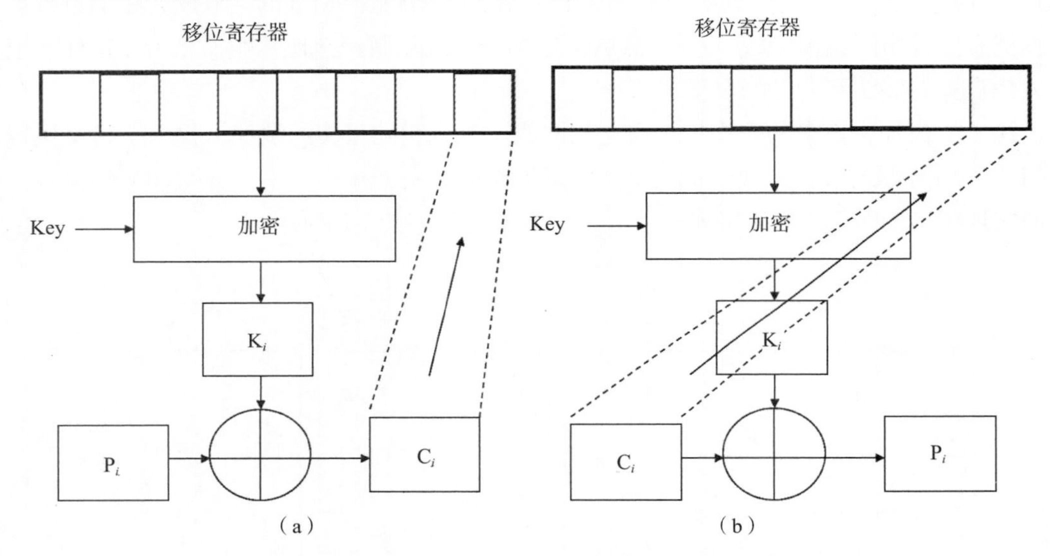

图2-11　密文反馈模式加、解密过程

（a）加密过程；（b）解密过程

密文反馈（CFB）加密模式引入了一个新的组件，叫移位寄存器。在开始加密时，移位寄存器中存储的是初始向量。移位寄存器内的字节与密钥进行加密运算，生成的密文与明文进行异或运算生成密文。然后移位寄存器进行移位操作，将刚才生成的密文移入移位寄存器的低位。这种做法的好处是在出错的密文分组移出移位寄存器后，将不会影响后续的密文，从而将错误传播控制在有限的范围内。

然而，在出错的分组没有移出寄存器前，解密输出依然会出错。为了解决这个问题，又提出了输出反馈（OFB）加密模式，其加、解密过程如图2-12所示。比较图2-12与图2-11，可以看出，在输出反馈加密模式中，是将移位寄存器与密钥的加密结果K_i放到移位寄存器的低位。K_i是一个本地信息，不在信道中转播，因此不会因为受到干扰发生错误，从而解决了错误转播的问题。

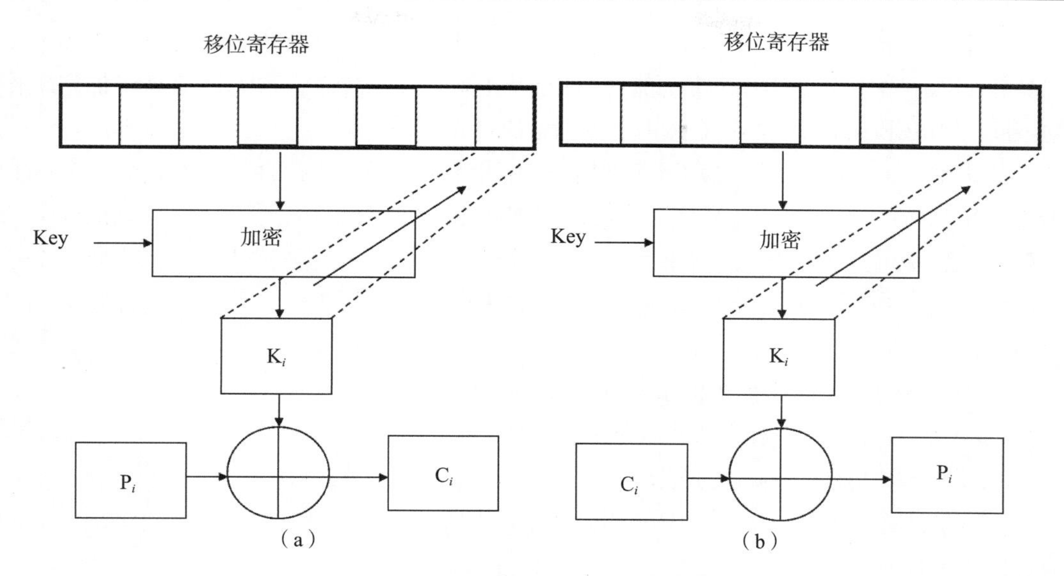

图2-12　输出反馈模式加、解密过程

（a）加密过程；（b）解密过程

（2）序列密码体制。序列密码也称为流密码（stream cipher），其基本工作流程是利用密钥产生一个密钥流$K=K_1K_2K_3\cdots$，然后利用此密钥流依次对明文$P= P_1P_2P_3\cdots$进行加密，这样产生的密码就是序列密码。在解密端，密文流与完全相同的密钥流异或运算恢复出明文流。

序列密码体制关键就在于密钥序列的生成方法，即密钥序列产生器应生成不可预测的密钥序列。根据密钥序列产生方式的不同，序列密码分为同步序列密码和自（异）同步序列密码。同步序列密码是发送方和接收方持有相同的种子密钥，双方采用相同的密钥生成器。这种方式的特点是密钥与明文无关，但加、解密需要发送方和接收方严格同步。自（异）同步序列密码的密钥生成依赖于种子密钥和若干位以前的密文。其特点是若失去同步，只要接收方在收到一定数量的正确密文后，双方的密钥生成器就会自动恢复同步。

序列密码涉及大量的理论知识，提出了众多的设计原理，也得到了广泛的应用，但许多研究成果并没有完全公开，这也许是因为序列密码目前主要应用于军事和外交等机密部门。目前，公开的序列密码算法主要有RC4、SEAL等。

2. 不对称加密体制

1949年，Shannon发表题为《保密系统的通信理论》的论文，为密码系统建立了理论基础，从此让密码学成为了一门科学。这是密码学的第一次飞跃。1976年，Diffe和Hellman发表了《密码学的新方向》，提出了一种新的密码设计思想，从而开创了公钥密码学的新纪元。这是密码学的第二次飞跃。

在2.1.1节中我们讲到，现代密码学强调通过密钥的安全性实现加密通信的安全性。从图2-7可以看出，密钥必须通过安全传输信道交到发送方和接收方手中。这就要求在加密通信前，建立一个安全的信道。另外，由于加、解密采用相同的密钥，所以用户需要为每一个接收者准备一个密钥。可以计算出，如果有n个用户两两之间需要加密通信，则需要$n(n-1)$个密钥，并提前建立$n(n-1)$个安全信道。这无疑提高了加密工作的难度。Diffe和Hellman提出了公钥密码以解决这个问题。

公钥密码的基本原理是加密密钥和解密密钥分离。每个用户拥有一对密钥：公钥和私钥。私钥由用户自己妥善保存，公钥以及加解密算法则可以公开。持有公钥的任何用户都可以加密消息，但只有持有私钥的用户才能解密消息。这就像快递柜，不同的快递公司都可以把快件投进去，但只有拥有钥匙的用户才能打开柜子。使用公钥体系的加、解密过程可以用下面这个例子来描述。

如果Alice和Bob打算交换机密数据，则其过程如下：

1）Alice和Bob分别创建自己的私钥和公钥。

2）Alice和Bob交换他们的公钥。

3）Alice写一条消息，并用Bob的公钥加密她的消息，然后通过Internet将加密后的消息发送给Bob。

4）Bob使用他的私钥解密消息。

5）Bob写回复消息，并用Alice的公钥加密回复的消息，然后通过Internet将加密后的消息发送给Alice。

6）Alice使用她的私钥解密回复消息。

从上述过程可以看出来，公钥密码不需要经安全信道进行传递，而且n个用户只需要$2n$个密钥，大大简化了密钥管理。虽然公钥体制在密钥管理方面具有优势，但是目前公钥加密还不能完全取代对称加密，主要原因如下：

1）由于采用大数运算，公钥加密算法要比对称加密算法慢得多，目前还不能满足实时通信的要求。例如RSA算法的运算耗时是DES算法的1 000倍，且要求10倍长的密钥。

2）公钥密码对选择明文攻击是脆弱的。

目前在大多数加密应用中，公钥算法用于安全地分发对称会话密钥。当通信双方需要安全通信时，由一方选择一个一次性的会话密钥，用对方的公钥加密，交给对方。接收方解密这个一次性会话密钥。其后双方的通信就以这个一次性会话密钥为密钥进行对称加密通信。会话结束后抛弃此密钥。这种方式既简化了密钥管理，又保证了加、解密速度，最重要的是引入了一次一密的加密方式，极大地提高了安全性。这种方法也称为混合密码系统。

3. 单向加密体制

在现实生活中，我们对通信安全性的需求不仅仅限于保密性。在很多情况下，我们不需要通信的内容是保密的，但需要保证信息是完整、没有被篡改过的。正如在第一章网络安全的CIA模型中讲到的，完整性也是一个重要的安全属性。比如我们收到的银行要求我们更新数字证书的通知。通知的内容没有加密的必要，但通知的内容必须保证没有被篡改。如果通知中的链接地址被篡改，就可能导致用户进入钓鱼网站，泄露自己的银行卡账号及口令信息。

单向加密就是为了保证信息的完整性提出来的。单向加密也被称为散列函数（Hash），是把任意长度的消息通过散列算法转换成固定长度的输出，这个输出被称为散列值或哈希值，也可以叫作消息认证码或消息验证码（Message Authentication Code，MAC）。

这种转换是一种压缩映射，也就是，散列值的空间通常远小于输入的空间，不同的输入可能会散列成相同的输出，所以不可能从散列值来确定唯一的输入值。

单向加密假设通信双方，如A和B，共享一个公共钥K_{AB}，其工作过程如图2-13所示。

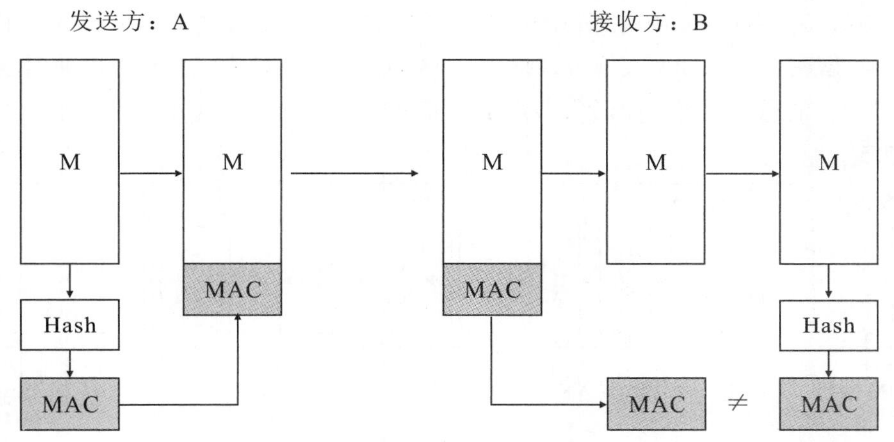

图2-13　单向加密过程

当发送方A有消息要发送时，A通过单向散列函数计算出消息验证码（MAC），其计算公式为

$$MAC_M=F(K_{AB},M) \tag{2-1}$$

生成的消息认证码和消息一同发送给接收方B。接收方首先分离消息和消息认证码，然后使用相同的密钥做相同的单向散列运算，生成新的消息认证码。如果生成的新的消息认证码和接收到的消息认证码相同，则接收方可以认为：

（1）消息在传输过程中没有被篡改。如果消息被篡改，接收方生成的消息认证码不会与接收到的消息认证码相同。

（2）消息是由合法的发送者发送的。因为接收方使用了与发送方一致的密钥生成消息认证码，而这个密钥只有发送方和接收方持有。

如果消息中附加了序列号或时间戳信息，接收方还可以验证消息是否是重放消息。

再附加说明一点，如果消息认证码使用了发送方的私钥加密，则接收方可以用发送方的公钥解密，以进一步验证发送者的合法身份。用私钥加密的消息认证码就是数字签名。

为保证接收方可以得出上述两个结论，对散列函数有如下要求：

（1）散列函数可对任意长度的消息进行散列运算。

（2）散列函数生成固定长度的消息认证码。

（3）对于任意的消息，生成消息认证码相对容易，可以用软/硬件方式实现。

（4）用消息认证码逆向生成消息在计算上是不可行的。

（5）对于不同的消息，生成相同的消息认证码在计算上是不可行的。

2.2 加密算法

2.2.1 通信信道加密

根据Shannon保密通信模型，加密后密文将会在不安全的信道上进行传输。如图2-14所示，加密传输对不安全信道的处理方式有两种：一种是不去关心不安全信道的具体工作方式，将其视为从源端到目的端的一条传输通路，对发送的消息进行加密，一直到目的端再解密，这种加密实施方式称为端-端加密；另一种方式则是考虑通信链路的逐跳转发过程，消息每经过一个转发节点都需要进行加、解密，这种加密实施方式称为链路加密方式。

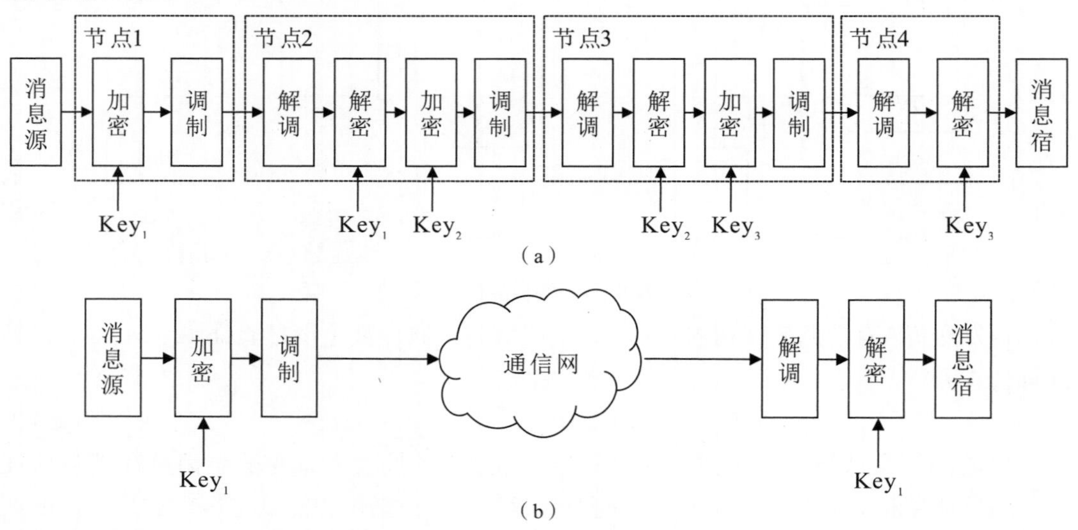

图2-14 信道处理

（a）链路加密；（b）端-端加密

在链路加密方式中，每一个转发节点都具有加密、解密装置，对流经节点的所有信息进行加密和解密运算。在每个转发节点上，消息先解密，后加密，且报文和报头也进行加密，因此在链路中的所有信息都是加密的，他人无法获取信息内容，也无法获知信息的流向，也就无法进行流量分析。但是链路加密在每一个通信中继节点都需要设置加密机，这使得它的实施开销太大，密钥的维护也非常困难。考虑通信网络中有n个节点，则需要维护的密钥和加密机数量为

$$N = 2 \times C_n^2 = \frac{n!}{(n-2)!} \tag{2-2}$$

这使得密钥的分配和管理变得非常困难。链路加密还有一个缺点就是，信息在节点内部是解密的，可能会造成信息的泄露。

端-端加密对两个终端之间的整个通信线路进行加密，只需要2台加密机，1台在发

送端，1台在接收端。从发送端到接收端的传输过程中，报文始终以密文存在。所以，端-端加密比链路加密更安全、可靠，更容易设计和维护。但是在端-端加密模式中，消息报头（源/目的地址）不能加密，以明文传送，这使得端-端加密不能防止业务流分析攻击。

比较两种加密方式，从身份认证的角度看，链路加密的密钥与中间转发节点绑定，而端-端加密的密钥与参与通信的用户绑定，因此链路加密不能提供用户鉴别。端-端加密对用户是可见的，可以看到加密后的结果，起点、终点很明确，可以进行用户认证。

2.2.2　分层实施加密

虽然在OSI参考模型中，建议加密在表示层实施，但从理论上讲，加密可以在OSI参考模型的任一层实施，具体在哪一层进行则根据用户的安全需求，以及需要防范的攻击是什么和来自哪里来决定。

在物理层加密可以将信号的无线电波变换为伪随机的噪声波，从而防范敌方对无线电波的窃听。

数据链路层加密和物理层加密都是链路加密，不同之处在于：物理层加密强调的是对无线电信号的保护，使监听者无法辨别被监听者是否正在进行通信；数据链路层加密则是强调在一个不安全的通信链路上建立一个加密通道，一些VPN协议，如L2TP协议，就是在数据链路层实施加密。

网络层以上的通信基本都属于端-端加密方式。网络层加密实现了两个主机之间所有流量的加密，传输层则实现了两个主机之间的进程到进程通信信息的加密。应用层的加密最为灵活，并且可以提供给用户多种身份认证功能。

2.3　密钥管理

我们已经知道，在现代密码学里，加密的安全性是由密钥的安全性保障的，这就像我们在生活中，如果住宅安装了性能良好的防盗系统，但钥匙却放在门口的脚垫下面，那么性能多么优异的防盗系统都不能保障住宅的安全。因此，安全的密钥管理系统是加密系统安全性的核心。密钥管理是处理密钥从产生到最终销毁的整个过程中的有关问题，包括系统的初始化及密钥的产生、存储、备份/恢复、装入、分配、保护、更新、丢失、控制、撤销和销毁等。相比于加密算法，设计一个好的密钥管理系统更为困难。

2.3.1　生成安全的密钥

最简单的破解数据而无须解密的方式就是暴力攻击，也叫穷举攻击，即尝试每一组可能的组合，直到达到密钥的最大长度。因此，使用一个足够长的密钥是十分重要的。长密钥使暴力攻击所需要的时间更长。不同密钥长度对应的密钥空间大小和对应的暴力攻击所需要的时间分别见表2-1和表2-2。

表2-1 不同密钥空间可能的密钥数

密钥空间	密钥数/个				
	4 字节密钥	5 字节密钥	6 字节密钥	7 字节密钥	8 字节密钥
小写字母（26）	4.6×10^{5}	1.2×10^{7}	3.1×10^{8}	8.0×10^{9}	2.1×10^{11}
小写字母+数字（36）	1.7×10^{6}	6.0×10^{7}	2.2×10^{9}	7.8×10^{10}	2.8×10^{12}
字符+数字（62）	1.5×10^{7}	9.2×10^{8}	5.7×10^{10}	3.5×10^{12}	2.2×10^{12}
印刷字符（95）	8.1×10^{7}	7.7×10^{9}	7.4×10^{11}	7.0×10^{13}	6.6×10^{15}
7位ASCII（128）	2.7×10^{8}	3.4×10^{10}	4.4×10^{12}	5.6×10^{14}	7.2×10^{16}
8位ASCII（256）	4.3×10^{9}	1.1×10^{12}	2.8×10^{14}	7.2×10^{16}	1.8×10^{19}

表2-2 不同密钥空间暴力破解的时间（假设每秒尝试100万次）

密钥空间	暴力破解时间				
	4 字节密钥	5 字节密钥	6 字节密钥	7 字节密钥	8 字节密钥
小写字母（26）	0.5 s	12 s	5 min	2.2 h	2.4 d
小写字母+数字（36）	1.7 s	1min	36 min	22 h	33 d
字符+数字（62）	15 s	15 min	16 h	41 d	6.9 a
印刷字符（95）	1.4 min	2.1 h	8.5 d	2.2 a	210 a
7位ASCII（128）	4.5 min	9.5 h	51 d	18 a	2 300 a
8位ASCII（256）	1.2 h	13 d	8.9 a	2 300 a	580 000 a

由表2-1和表2-2可知，密钥空间越大，暴力破解所需的时间就越长，加密算法就越安全。目前推荐的密钥长度是对称密钥算法至少128位，椭圆曲线密码至少224位，RSA至少2 048位。

但这并不意味着所有的密钥都是越长越好，我们还应该根据需求来选择不同长度的密钥。一般来说，我们把密钥分为如下5种：

（1）基本密钥（primary key）：由用户选定或由系统分配的、可在较长时间内由一对用户所专用的密钥，记为K_p。

（2）会话密钥（session key）：两个通信终端用户在一次通话或交换数据时所用的密钥，记为K_s。

（3）密钥加密密钥（key-encrypting key）：用于对所传送的会话或数据密钥进行加密的密钥，也称次主密钥，记为K_e。

（4）主机主密钥（host master key）：对密钥加密密钥进行加密的密钥，存储于主机处理器中，记为K_m。

（5）数据密钥（data key）：对数据序列进行加密的密钥，记为K_d。

在上述密钥中，主机主密钥是控制产生其他加密密钥的密钥，而且要长期使用，所以其安全性至关重要。要保证主机主密钥具有足够长度，且具有完全随机性、不可重复性和不可预测性。会话密钥和数据密钥存在于一次加密通信过程中，对长度和复杂性的要求相对较低，而且需要频繁地进行更新。

2.3.2　密钥分发

1. 对称密钥分发

在对称加密体制中，通信双方，如Alice和Bob，需要使用同一个密钥，因此，在加密通信前，双方必须通过安全的途径获得对称密钥或者对现有的密钥进行更新。安全的密钥分发和更新方式可以是以下几种：

（1）密钥由Alice选取并通过物理手段交给Bob。Alice使用随机密钥发生器生成一个密钥，然后找一个秘密的地点，亲手把密钥的副本交给Bob。

（2）密钥由第三方选取并通过物理手段发送给Alice和Bob。假如Alice和Bob不具备直接见面的条件，而双方都绝对相信第三方Charley，则可以考虑由Charley使用随机密钥发生器产生密钥，并通过可靠的通信员或面对面分别将密钥副本交给Alice和Bob。当然，采用这种方法的前提是第三方Charley是绝对可信任的。

（3）如果Alice和Bob已经共享一对密钥，则由其中一方选取新密钥，并用已有密钥加密新密钥发送给另一方。前面两种方法均要求存在一个安全的物理传送手段，在小规模网络时还可以应用，当网络规模扩大时，前面两种方法显然是无法有效运作了。在对称加密中，如果有n个人需要加密通信，密钥分发的次数就是$n(n-1)/2$次。可以计算得出，当有1 000个人需要加密通信时，密钥分发次数就达到了499 500次，采用物理手段分发就行不通了。我们可以利用现有的加密通道进行密钥的更新和分发。假设Alice和Bob已经提前分享了安全密钥，后续的密钥分发和更新则可以按照图2-15来进行。

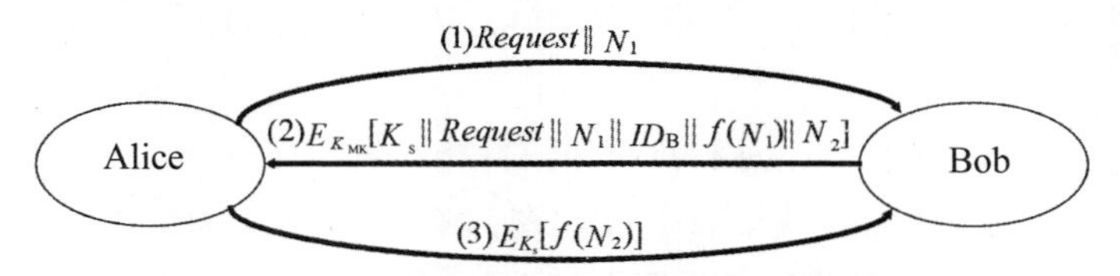

图2-15　无中心的对称加密体制密钥分发方案

1）在图2-15中，由Alice首先发起密钥更新请求，生成请求更新的消息。这个消息包括两部分内容：一个是*Request*，即更新密钥的请求；一个是用于标识此次更新请求的字段，称为现时值（Nonce），这个值通常是时间戳或序列号。

2）Bob收到密钥更新请求后，使用随机密钥发生器生成密钥K_s，并生成回复消息。回复消息用以前Alice和Bob共享的主密钥K_{MK}加密，加密的消息内容包括：刚刚生成的密钥K_s；Alice发来的请求消息$Request \| N_1$，根据这个字段，Alice可以将Bob的回复与自己刚才发出的请求对应起来，因为有可能Alice同时发送了两个不同会话的密钥更新请求；ID_B，用于验证Bob的身份，避免有人冒充Bob；$f(N_1)$，这是对第一轮Alice发送的请求消息中现时值的一个函数运算，运算方法Alice和Bob已经提前约定，这可以避免部分重放攻击；N_2，这是本次消息的现时值。图2-15中‖表示不同消息组合在一起发送。

3）Alice收到密钥更新消息后，对N_2进行函数运算，并将运算结果用新密钥K_s加密后回复给Bob，这样做有两个目的，一个是避免了重放攻击，另一个是确认新的密钥生效。

（4）如果Alice和Bob与第三方Charley分别有一个保密通道，则Charley作为密钥分发中心（Key Distribution Center，KDC）为Alice和Bob选取密钥后，在两个保密信道上发送给Alice和Bob。具体过程如图2-16所示。

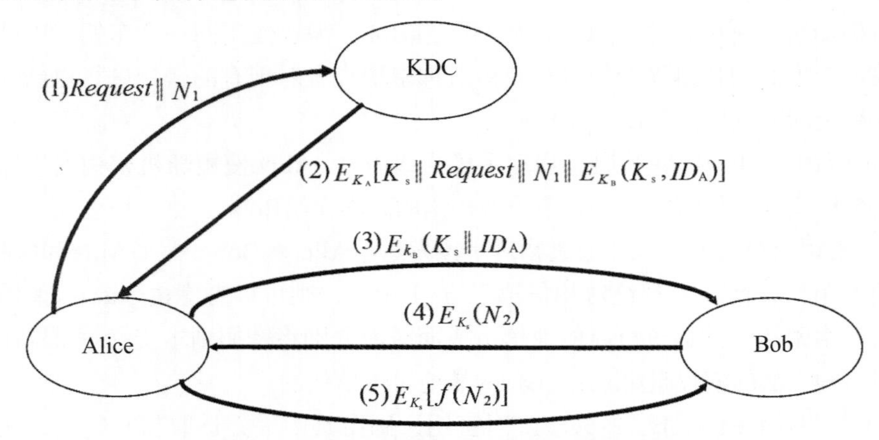

图2–16　有中心的对称加密体制密钥分发方案

1）在图2-16中，由Alice首先发起密钥更新请求，生成请求更新的消息。这个消息与图2-15中的请求消息内容相同。

2）KDC收到密钥更新请求后，使用随机密钥发生器生成密钥K_s，并生成回复消息。回复消息用以前Alice和KDC共享的主密钥K_A加密，加密的消息内容包括：刚刚生成的密钥K_s；Alice发来的请求消息$Request \| N_1$，同样，根据这个字段，Alice可以将KDC的回复与自己刚才发出的请求对应起来；$E_{K_B}(K_s, ID_A)$，用KDC和Bob之间共享的主密钥K_B加密。

3）对消息$E_{K_B}(K_s, ID_A)$，Alice不做处理，直接转发给Bob。

4）Bob收到并解密消息，获得新生成的密钥K_s，通过ID_A验证Alice的身份，避免冒充；然后，Bob生成一个现时值N_2，并用新密钥K_s加密，发送给Alice。

5）Alice用新密钥K_s解密此消息，确认新密钥K_s生效；最后，Alie对N_2进行函数运算，并将运算结果用新密钥加密后回复给Bob，这样做有两个目的，一个是进一步确认Alice的身份，另一个是确认新的密钥生效。

2. 公开密钥分发

在不对称体系中，用户可以选择把自己的公开密钥（简称公钥）公开发布，即用户将自己的公钥发给每一个用户，或向某一团体广播。这种发布方式的缺点是可能有某个用户冒用他人的名义发布虚假公钥消息。因此，基于可信任第三方的公钥管理机构在公钥的分发过程中就占据了主导地位。公钥管理机构会维护一个公用的公钥动态目录表。目录表的建立、维护与公钥的分发由某个可信的实体承担，称为目录管理员。目录管理员为每个用户在目录表中建立一个目录项，目录项中有两个数据，一个是用户名，一个是用户公钥。每一个用户都需要亲自或以某种安全的认证通信在管理者那里为自己的公钥进行注册。用户也可以随时以新的公钥替换旧的公钥。目录管理员定期公布或更新目录，公布新用户的公钥及老用户更新了的公钥。用户可通过电子手段访问目录表，这就要求公用目录与用户之间必须有安全的认证通信。在这种条件下，用户Alice和Bob需要基于不对称加密体系进行加密通信时，公钥的分发过程如图2-17所示。

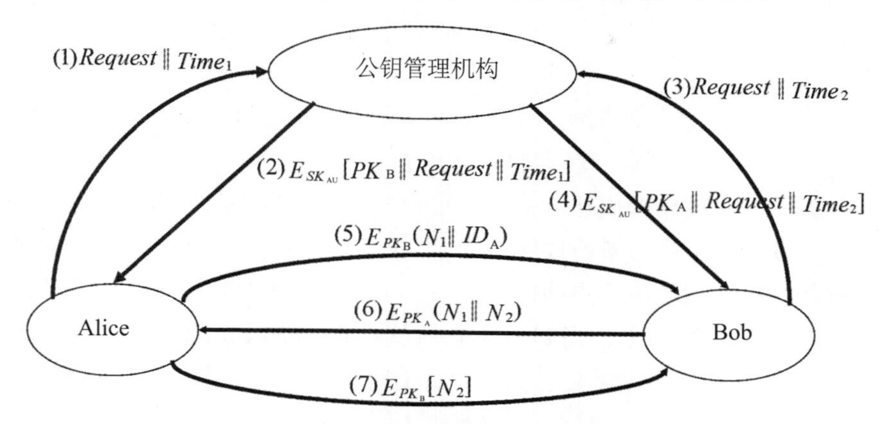

图2–17　公钥加密体制公钥分发方案

（1）在图2-17中，由Alice和Bob分别发起对对方公钥的请求，生成请求消息。这个消息包括请求的内容和生成请求时的时间戳。

（2）公钥管理机构在收到公钥请求消息后，查找公用目录，找到Alice和Bob所使用的公钥，将公钥和请求公钥消息用公钥管理机构的私人密钥（简称私钥）SK_{AU}加密后，分别发送给Alice和Bob。Alice和Bob用公钥管理机构的公钥解密消息，获得对方的公钥，并根据收到公钥分发消息中的消息字段$Request||Time_1$或$Request||Time_2$来判断是否是对自己刚才请求消息的回复。

（3）Alice和Bob在获得了对方的公钥后，可以选择进行三次握手过程，进一步确认公钥生效。如图2-17中，Alice生成验证息对$N_1||ID_A$，其中N_1是一个现时值，ID_A是Alice的身份信息，并将此消息对的Bob的公钥加密后发送给Bob。

（4）Bob收到加密后的公钥并用自己的私钥解密验证消息，通过ID_A验证Alice的身份；然后，Bob生成一个现时值N_2，与收到的现时值N_1一同用Alice的公钥加密，回复给Alice。

（5）Alice用自己的私钥解密Bob发来的验证消息，提取出N_2，然后用Bob的公钥加密N_2，回复给Bob，完成握手过程。

2.3.3　密钥的存储与备份

存储密钥最安全的方法当然是不依赖任何存储介质，记在密钥持有者的脑子里。只有密钥持有者能够做到让密钥烂在自己的脑子里，谁也不告诉，当然是最安全的。但是普通人是无法做到这一点的，所谓好记性不如烂笔头，我们还是需要将密钥安全地存储在一定的存储介质中。

安全存储密钥的方法有很多种，最为经济实用的方法就是把密钥存储在一个加密文件中。加密文件的口令既要精心选择，以防口令攻击，又要妥善保管，以防止泄露。还可以把密钥存储在一个离线的安全存储介质中，U–key（一种USB接口的硬件存储设备）是一个不错的选择，但这种方法在使用密钥时会有一定的不便。

安全存储密钥的极致做法就是不存储密钥，而是用确定性算法生成密钥，用易于记忆的口令启动密钥产生器，在每次需要加密时才生成密钥。当然，这种方法实施起来难度太大。

密钥除了要存储，还需要备份，以便在存储介质毁坏时可以恢复密钥。密钥的备份可以采用密钥托管、秘密分割、秘密共享等方式。

最简单的方法，是使用密钥托管中心。密钥托管要求所有用户将自己的密钥交给密钥托管中心，由密钥托管中心备份保管密钥，一旦用户的密钥丢失，按照一定的规章制度，可从密钥托管中心索取该用户的密钥。另一个备份方案是用智能卡作为临时密钥托管，如Alice把密钥存入智能卡，当Alice不在时就把它交给Bob，Bob可以利用该卡进行Alice的工作，Alice回来后，Bob交还该卡，由于密钥存放在卡中，所以Bob不知道密钥是什么。

秘密分割方法则把密钥分割成许多碎片，每一片本身并不代表什么，但把这些碎片放到一块，密钥就会重现出来。

一个更好的方法是采用一种秘密共享协议。将密钥K分成n块，每部分叫作它的“影子”，知道任意m个或更多的块就能够计算出密钥K，知道任意$m-1$个或更少的块都不能够计算出密钥K，这叫作（m，n）门限（阈值）方案。目前，人们基于拉格朗日内插多项式法、射影几何、线性代数、孙子定理等提出了许多秘密共享方案。秘密共享解决了两个问题：一是若密钥偶然或有意地被泄露，整个系统就易受攻击；二是若密钥丢失或损坏，系统中的所有信息就不能用了。

2.3.4 密钥的吊销与销毁

如果密钥丢失，或因其他原因在密钥未过期之前，将其从正常使用的集合中删除，即为密钥吊销。对于不再需要的密钥或已被注销（从所有记录中被销毁并除名）的用户密钥，要将其所有副本销毁。

2.4 公钥基础设施

随着信息社会的发展，人们通过网络开展的各种业务越来越多，网络已经极大地改变了人们的生活方式，最典型的就是网购。现在，我们在购物时会首选网购，而不是去商场。我们之所以能够放心地进行网购，不用担心自己的资金和货物的安全，是因为我们的网络交易通常是在可信任的第三方交易平台上进行的，譬如京东、淘宝、美团，出了问题可以找第三方协助解决。由此可见，在网络生活中一个可信的第三方是非常重要的。在使用公钥时面临着一个问题，我们收到的某个用户的公钥是可信任的吗？不会是冒充的吗？解决这个问题也是依靠一个可信任的第三方，以及一套完整的支撑解决方案，即公钥基础设施（Public Key Infrastructure，PKI）。RFC 4949（RFC是一系列以编号排定的文件）把公钥基础设施定义为基于非对称密码体制的用来生成、管理、存储、分配和撤销数字证书的一套硬件、软件、人员、策略和过程。

这个定义非常严密，但不是很易于理解。我们来简单解释一下什么是公钥基础设施。在现实生活中，我们会通过某人所持有的证件来判断其身份的合法性，比如上飞机时，你就必须通过身份证或护照来证明你的身份。身份证是由可信任的公安部门发放的，且有良好的防伪设施，因此通过身份证来认证某人的身份，在现阶段可以说是一种终极的认证手段。而在网络中，用户由于不能面对面地接触，也就无法采用身份证这种实物证件的验证手段。在网络中我们采用的是一种数字化的“身份证”——X.509证书。X.509证书把用户的公钥和身份认证信息绑定在一起，由可信任的第三方认证，并发布在公共目录中。从此公共目录中提取的用户公钥可以确保是通过严格认证的、与用户真实身份绑定的公钥。基于此公钥就可以开启后续一系列安全的加密通信。负责用户身份认证、将X.509证书与用户绑定、在公共目录发布X.509证书、撤销证书并公布证书撤消列表的这一系列组织和过程就是公钥基础设施。

2.4.1　公钥基础设施的构成

公钥基础设施必须具有认证机构（Certificate Authority，CA）、注册机构（Registration Authority，RA）、证书库、密钥备份及恢复系统、证书撤销管理系统、应用程序接口系统等六部分。

下面分别介绍一下这六部分在公钥基础设施中所起的作用。

（1）CA。CA类似于现实生活中公证人的角色，具有权威性，是一个普遍可信的第三方。CA在整个公钥基础设施上处于核心地位，提供网络身份认证服务、负责证书签发及签发后证书生命周期中的所有方面的管理，其管理涉及公钥的整个生命周期，包括发放证书、规定证书的有效期和发布证书废除列表（CRL），以及在必要的时候废除证书。

（2）RA。RA负责对用户的真实身份进行验证，完成收集用户信息和确认用户身份的功能，然后向CA提出用户证书请求。这里的用户，是指将要向认证中心（即CA）申请数字证书的客户，可以是个人，也可以是集团或团体、某政府机构等。注册管理一般由一个独立的注册机构（即RA）来承担。它接受用户的注册申请，审查用户的申请资格，并决定是否同意认证中心给其签发数字证书。RA并不给用户签发证书，而只是对用户进行资格审查。因此，RA可以设置在直接面对客户的业务部门，如银行的营业部等。当然，对于一个规模较小的PKI应用系统来说，可把注册管理的职能由CA来完成，而不设立独立运行的RA。但这并不是取消了PKI的注册功能，而只是将其作为CA的一项功能而已。PKI国际标准推荐由一个独立的RA来完成注册管理的任务，以增强应用系统的安全性。

（3）证书库。证书库就是存放用户证书的公共目录，CA将认证通过的用户证书在此发布。用户可以从此处获得其他用户的证书和公钥。公钥基础设施必须确保证书库的完整性，防止攻击者伪造、篡改证书。

（4）密钥备份及恢复系统。任何一个信息系统都不可能是百分之百无故障的，当出现诸如硬盘损坏等情况时，就需要对密钥进行恢复。当用户在生成公私钥对时，其公钥就会被公钥基础设施备份，当需要恢复密钥时，用户只要向CA提出申请即可。但要注意，密钥备份及恢复系统只能备份用户的公钥，不能备份用户的私钥。

（5）证书撤销管理系统。当用户的身份发生改变或者密钥的安全性被破坏时，此系统提供对证书的撤销管理功能。目前证书撤销有两种实现方法：一是利用周期性的发布机制，通过证书撤销列表（Certificate Revocation List，CRL）发布被撤销的证书。CRL是一个结构化数据文件，该文件包含了证书颁发机构（CA）已经撤销的证书的序列号及其撤销日期。CRL文件中还包含证书颁发机构信息、撤销列表失效时间和下一次更新时间，以及采用的签名算法等。二是在线证书状态协议（Online Certificate Status Protocol，OCSP），由数字证书认证机构运行的OCSP服务器会对请求返回经过其签名的证书状态信息，分别为正常（Good）、已废除（Revoked）和未知（Unknown）。

（6）应用程序接口系统。公钥基础设施的价值在于使用户能够方便地使用加密、数字签名等安全服务，因此一个完整的公钥基础设施必须提供良好的应用接口系统，使得各种各样的应用能够以安全、一致、可信的方式与公钥基础设施进行交互。

2.4.2　X.509证书

认证机构通过数字证书将用户的身份和公钥进行绑定，实现了公钥与用户的匹配关系。目前常用的数字证书是X.509证书。目前X.509的最新版本为X.509 v3，其构成如图2-18所示。

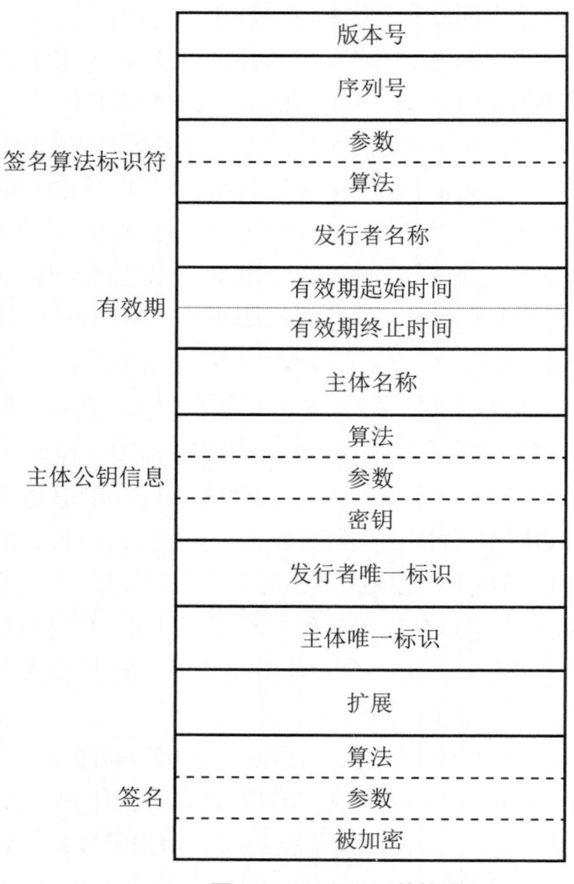

图2-18　X.509 v3的构成

图2-18中，X.509证书各字段的含义如下：

（1）版本号：用来区分X.509的不同版本。注意，X.509 v1中，不涉及发行者唯一标识、主体唯一标识和扩展三个字段，X.509 v2没有扩展字段。

（2）序列号：由CA分配给每一个证书的唯一的数字型编号，当证书被取消时，实际上是将此证书的序列号放入由CA签发的CRL中。证书的序列号是唯一的。

（3）签名算法标识符：包括参数和算法两个子字段，用来指定用CA签发证书时所使用的签名算法。这个字段在证书末尾的签名域中被重复。

（4）发行者名称：创建和颁发此证书的CA的X.500名称。

（5）有效期：证书有效的时间，包括两个日期——证书开始生效期和证书失效的日期和时间。证书在此时间段内有效。

（6）主体名称：持有该证书的主体的姓名、服务处所等信息。

（7）主体公钥信息：主体的公钥，以及相应的加密算法和参数。

（8）发行者唯一标识：用于唯一地标识发行此证书的CA。这是一个可选字段，只有在CA的X.500名称被重用的情况下才有效。

（9）主体唯一标识：用于唯一地标识持有此证书的主体。这也是一个可选字段，只有在主体的X.500名称被重用的情况下才有效。

（10）扩展：扩展分为三种类型，即密钥和策略信息、主体和发行者属性以及认证路径约束。

1）密钥和策略信息：包括机构密钥识别符、主体密钥识别符、密钥用途（如数字签字、不可否认性、密钥加密、数据加密、密钥协商、证书签字、CRL签字等）、密钥使用期限等。

2）主体和发行者属性：包括主体代用名、发证者代用名、主体检索属性等。

3）认证路径约束：包括一些约束规定，限制主体CA可以发放证书的类型。

（11）签名：对此证书的签名，确保该证书没有被篡改过，本质上是一个用CA的私钥加密的证书的散列值。

2.4.3 公钥基础设施提供的交叉认证

显然，由一个CA为所有用户提供认证服务是不可能的，一种可行的方法就是采用与DNS相同的树形结构建立CA，如图2-19所示。

在图2-19中，根CA为二级提供认证，二级CA为三级CA提供认证，用户Alice和Bob分别在CA（B1）和CA（B11）处注册并得到证书。由于Alice没有CA（B11）的公钥，因此虽然Alice可以获得Bob的证书，但无法直接验证Bob的证书和公钥。针对图2-19的CA层次结构，认证的过程如图2-20所示。

CA树形组织结构与DNS的树形结构不同的是，CA树形结构中可以有多个根CA。譬如中国的根CA和美国的根CA。中国的CA颁发的证书如果要和美国的CA颁发的证书实现互认的话，就需要对根CA进行交叉认证，如图2-21所示。

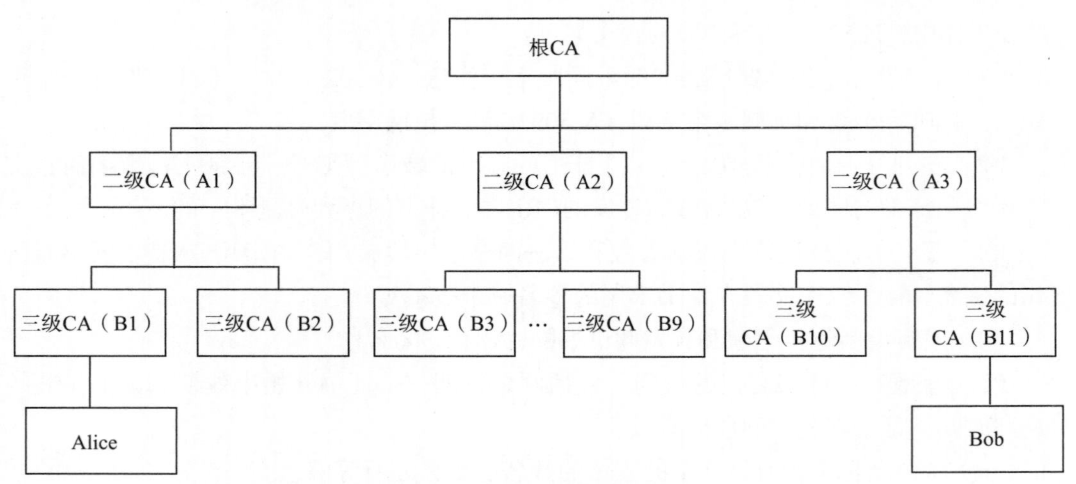

根CA
二级CA（A1）
二级CA（A2）
二级CA（A3）
三级CA（B1）
三级CA（B2）
三级CA（B3）
…
三级CA（B9）
三级CA（B10）
三级CA（B11）
Alice
Bob

图2-19　CA的层级结构

Alice
Bob
第一步：Bob向Alice提交证书
第二步：Alice向Bob请求CA(B11)的证书
第三步：Bob向Alice提交CA(B11)证书
第四步：Alice向Bob请求CA(A3)的证书
第五步：Bob向Alice提交CA(A3)证书
第六步：CA(A3)的证书由根CA签署，Alice信任根CA，通过认证

图2-20　交叉认证流程

中国的根CA
交叉认证
美国的根CA
二级CA（A1）
二级CA（P1）
三级CA（B1）
三级CA（B2）
…
三级CA（Q1）
三级CA（Q2）
Alice
Bob

图2-21　根CA的交叉认证

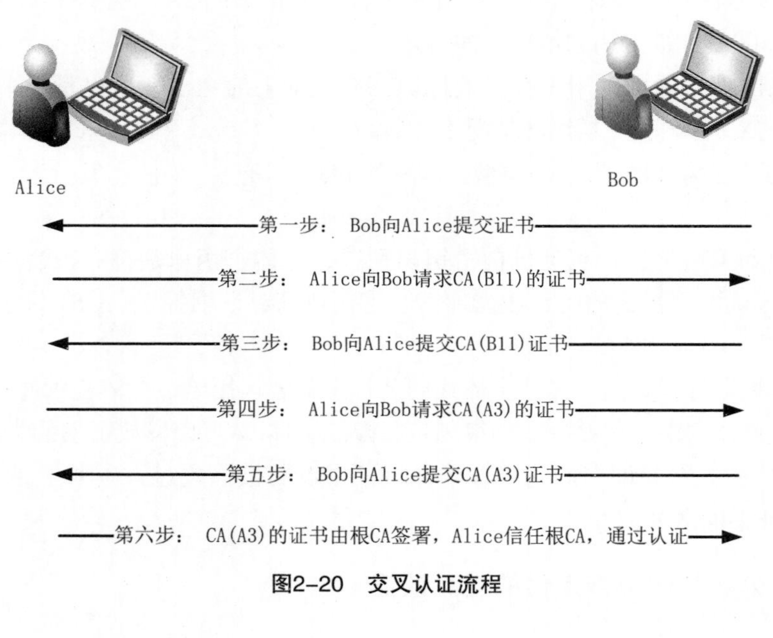

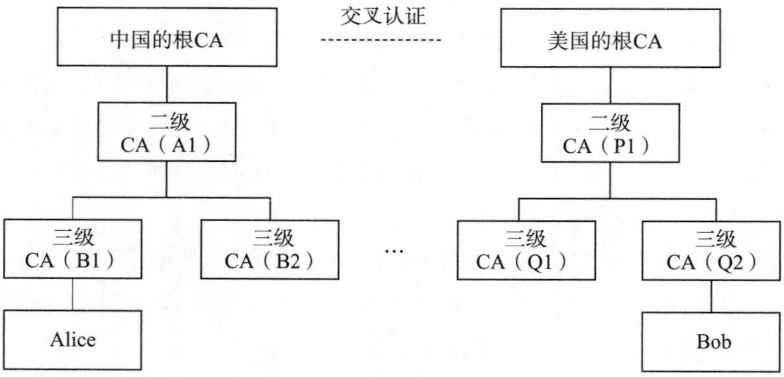

2.4.4　公钥基础设施提供的安全服务

公钥基础设施能为各种不同安全需求的用户提供各种不同的网上安全服务，主要有身份识别与鉴别（认证）、数据保密性、数据完整性、不可否认性及时间戳服务等。用户利用PKI所提供的这些安全服务进行安全通信和不可否认的安全电子交易活动。

（1）身份识别与鉴别（认证）：公钥基础设施为用户颁发了X.509证书，该证书经过RA严格审查，证书的发放也在公钥基础设施的一系列安全措施下进行，可以确保持有X.509证书身份的合法性，从而实现安全的身份识别。

（2）数据保密性：公钥基础设施可为通信双方安全地分发公钥，实现基于不对称密钥的加密通信，从而确保数据的保密性。

（3）数据完整性：公钥基础设施为用户颁发了安全的公钥，只要接收方能够用此公钥解密用户以其私钥加密的消息散列值，即可确保是由声称的源发出的，且没有被篡改，从而保证了数据的完整性。

（4）不可否认性：在保证用户私钥安全的前提下，公钥基础设施作为可信任的第三方，通信双方可以把通信的消息签名后交付给CA，如遇争端，可提交CA进行仲裁，实现不可否认性。比如Alice要向Bob发送一则重要消息M，为避免以后Bob否认接收过这个消息，或Alice否认发送过这个消息，Alice首先向CA发送以下消息：

Alice→CA：$ID_A || M || E_{KA\text{-}CA} [ID_A || H(M)]$

其中，$E_{KA\text{-}CA}$是Alice和CA之间的共享密钥，ID_A是Alice的身份ID，H（M）是消息M的散列值。

CA在收到上述消息后，重新封装消息，向Bob发送以下消息：

CA→Bob：$E_{KCA\text{-}B} [ID_X || M || E_{KA\text{-}CA} [ID_A | H(M)] || T)]]$

其中，$E_{KCA\text{-}B}$是Bob和CA之间的共享密钥，T为时间戳，ID_X是CA的身份ID。当出现争议时，Bob向CA提交此消息。CA用分别用$E_{KA\text{-}CA}$和$E_{KCA\text{-}B}$解密相应的消息，实现不可否认性。上述实现了一个对明文的不可否认性，读者可以尝试写出对密文的不可否认性的实现方法。

（5）时间戳服务：公钥基础设施的时间戳服务并不需要提供高精度的时间，只要保证可正确区分通信双方消息的先后顺序即可。

2.5　信息隐藏方法（隐写术）

虽然加密能够很好地实现保密性，但问题是如果传递的数据是密文，就容易引起敌方的注意。而且现代技术对信息侦察、截获和破译能力空前提高，通信系统传输的各类信息无时不在敌方的监视、侦收、窃听的威胁之中，如若措施不力，各种通信设施将会变成敌方的情报源。那么，是否存在另外的保密通信方式，让敌方觉察不到通信的存在？答案是肯定的。早在古希腊时期，有一种叫隐写术的保密通信方法就已经被应用。历史上关于隐写术的最早的记载可以在古希腊历史学家希罗多德（公元前486—前425年）的著作中找到。一个名为希斯提亚埃乌斯（Histaieus）的波斯大臣计划与他的女婿阿里斯塔格拉斯（Aristagoras）合伙叛乱，里应外合，以便推翻波斯人的统治。为了传递信息，他给一位忠诚的奴隶剃光头发，在奴隶的头皮上刺上“造反”的字样，谎称这样可以治好他的眼疾。等到奴隶的头发长起来后，希斯提亚埃乌斯对奴隶说：“你现在到我的女婿阿里斯塔格拉斯那里去，让他把你的头发剃光，你的眼疾就能治好。”阿里斯塔格拉斯按照岳父的吩咐剃光了奴隶的头发，看到了“造反”的字样，并最终叛乱成功。

虽然很多资料上都把这事作为信息隐藏的开端，不过这个故事的真实性值得商榷。希腊人是很讲究逻辑的，他们通过五个公设，通过逻辑推导就建立起了整个欧几里得几何学，而这个事故的逻辑性不那么强。在三国演义的四十七回中，阚泽替黄盖给曹操献诈降书时，曹操就有这么一句话：“你既是真心献书投降，如何不明约几时？”希斯提亚埃乌斯和阿里斯塔格拉斯之间仅约定造反，却没有约定行动的时间，造反怎么可能成功。

其实我们中国的隐写术也早就产生了，最有名的就是藏头诗。比如下面这首诗里就藏着“西北工业大学真好”。

西北高楼倚碧空，
北来云气正溟蒙。
工夫不在文章力，
业已无成道未穷。
大夫非是读书人，
学道何须了此生。
真个本来无一事，
好花相对也是空。

中国历史上使用藏头诗来传递秘密消息的例子很多，这里就不一一列举了。藏头诗在隐写术中属于基于语言学的隐写术。同属于基于语言学的隐写术还有卡登盒子，发送者和接收者各持一张完全相同的、带有许多小孔的纸，这些孔的位置是被随机选定的。发送者将这张带有孔的纸覆盖在一张纸上，将秘密信息写在小孔的位置上，然后移去上面的纸，根据下面的纸上留下的字和空余位置，编写一段普通的文字。接收者只要把带孔的纸覆盖在这段普通文字上，就可以读出留在小孔中的秘密信息。这种方法在我国古代就有，不过在16世纪早期，意大利数学家Cardan（1501—1576年）也发明了这种方法，这种方法现在被称作卡登格子法。

信息还可以隐藏在音乐中。第二次世界大战期间，一位热情的女钢琴家常为联军做慰问演出，并通过电台播放自己谱写的钢琴曲。由于联军在战场上接连遭到失败，反间谍机关开始怀疑到这位女钢琴家，可一时又因找不到钢琴家传递情报的手段和途径而迟迟不能决断。原来，这位德国忠实的女间谍，从联军军官那里获得军事情报后，就按照事先规定的密码巧妙地将其编成乐谱，并在电台演奏时一次次公开将重要情报通过悠扬的琴声传递出去。

在隐写术中，主流的隐藏手段还是将信息隐藏在图像中。在《古董局中局》这部小说中有这么一段情节，《清明上河图》真品与赝品之间的区别在于画中一个赌坊里四个赌徒的口型。这四个赌徒围着一个台子在掷骰子。骰子一共是六枚，其中五枚已经是六点，还有一枚骰子在旋转。赌徒们大呼小叫。这时赌徒一定喊的是“六、六、六”。而宋代开封附近的口音中，“六”是撮口音，口型应当是圆形的，而如果是张大嘴则是闽音中“六”的口型。因此，如果画中赌徒是撮口圆形，就是真品，如图2-22所示。

图 2-22　《清明上河图》局部

在《达·芬奇密码》中也有将信息隐藏在图像中的情节。书中兰登教授对达·芬奇的名画《最后的晚餐》进行了分析。画中，耶稣右边的约翰的脸型和身材表明，其实“他”是个女子。而且，耶稣和约翰的姿势构成了一个“M”，暗示他们其实是夫妻关系，如图2-23所示。

图 2-23　《最后的晚餐》局部

类似这样在图像中隐藏信息，只要观察者有足够的背景知识和耐心，总是可以通过观察发现隐藏的信息内容的。这样的信息隐藏还是不够安全。如果能够实现一种肉眼观察不出来的信息隐藏方法就好了。这就是现代信息隐藏的开端。

现代信息隐藏的研究可以追溯到Simmons于1983年提出的有代表性的“囚犯问题”。在该问题中信息隐藏被定义为Alice与Bob建立一条监听者Wendy无法发现的隐蔽通信线路，即Alice将秘密信息在嵌入密钥的控制下，通过嵌入算法将隐秘信息隐藏于载体中形成隐密载体，隐密载体再通过监狱通道传输给Bob，Bob利用密钥从隐密载体中恢复出秘密信息的过程，如图2-24所示。

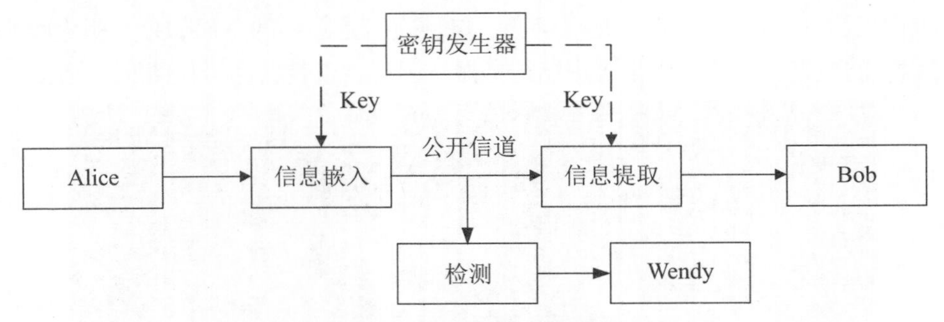

图2-24 信息隐藏中的囚犯问题

在现代信息隐藏中，实现信息隐藏的基本要求包括以下4项：

（1）载体对象是正常的，不会引起怀疑。

（2）无论从感观上，还是从计算机的分析上，伪装对象与载体对象无法区分。

（3）安全性取决于第三方有没有能力将载体对象和伪装对象区别开来。

（4）对伪装对象的正常处理，不应破坏隐藏的信息。

这就对信息隐藏方法提出了较高的要求，要求算法必须满足以下特性：

（1）不易察觉性：不易察觉性是指秘密信息的嵌入不改变原数字载体的主观质量和统计规律，不易被观察者和监视系统察觉。

（2）鲁棒性：鲁棒性要求嵌入信息的方法有一定的秘密性，并且具有一定的对非法探测和非法解密等的对抗能力。鲁棒性还包括载体在传递过程中，虽然经过多重无意或有意的信号处理，但仍能够在保证较低错误率的条件下将秘密信息加以恢复，保持原有信息的完整性和可靠性。

（3）隐藏容量：它是指在隐藏秘密数据后仍满足不易觉察性的前提下，数字载体中可以隐藏秘密信息的最大比特数。

2.5.1 信息隐藏方法的分类

根据嵌入算法，我们可以大致把信息隐藏方法分成以下三类。

1.替换技术

这种技术是用秘密信息替代隐藏载体中的冗余部分或者不重要的部分。替换技术包括最低比特位替换、伪随机替换、载体区域的奇偶校验位替换和基于调色板的图像替换等。替换技术是在空间域进行的一种操作，通过选择合适的载体和适当的嵌入区域，能够有效地嵌入秘密信息，同时又可保证数据的失真度在人的视觉允许范围内。比如看图2-25中的三个蓝色块，其实它们的蓝色并不相同，但是我们在视觉上无法觉察它们之间的差别。

图2-25 三个不同的蓝色块

举例：考虑一幅24位BMP图像，由54字节的文件头和图像数据部分组成，其中文件头不能隐藏信息，从第55字节开始为图像数据部分，可以隐藏信息。图像数据部分由一系列的8位二进制数（字节）所组成，每个8位二进制数中“1”的个数或者为奇数或者为偶数。我们约定：若一个字节中“1”的个数为奇数，则称该字节为奇字节，用“1”表示；若一个字节中“1”的个数为偶数，则称该字节为偶字节，用“0”表示。我们用每个字节的奇偶性来表示隐藏的信息。

例如，设一段24位BMP文件的数据为01100110，00111101，10001111，00011010，00000000，10101011，00111110，10110000，则其字节的奇偶排序为0，1，1，1，0，1，1，1。现在需要隐藏信息79，79转化为8位二进制数为01001111，将其与奇偶排序数列相比较，发现第三、四、五位不一致，于是对这段24位BMP文件数据的某些字节的奇偶性进行调整，使其与79转化的8位二进制数相一致：

第三位：将10001111变为10001110，该字节由奇变为偶。

第四位：将00011010变为00011011，该字节由奇变为偶。

第五位：将00000000变为00000001，该字节由偶变为奇。

经过这样的调整，此24位BMP文件数据段字节的奇偶性便与79转化的8位二进制数完全相同，这样，8个字节便隐藏了一个字节的信息。

综上所述，将信息嵌入BMP文件的步骤为：

（1）将待隐藏信息转化为二进制数据流。

（2）将BMP文件图像数据部分的每个字节的奇偶性与上述二进制数据流进行比较。

（3）通过调整字节最低位的“0”或“1”，改变字节的奇偶性，使之与上述二进制数据流一致，即将信息嵌入24位BMP图像中。

替换技术算法简单，容易实现，但是鲁棒性很差，不能抵抗图像尺寸变化、压缩等一些基本的攻击。

2.变换域技术

这种技术是在信号的变换域嵌入秘密信息。变换技术包括离散傅里叶变换（DFT）、离散余弦变换（DCT）、离散小波变换（DWT）和离散哈达玛特变换（DHT）等。例如采用离散余弦变换将一幅灰度JPEG图像作为载体来隐藏信息。离散余弦变换先把图像分为8像素×8像素，由左而右、由上而下依序针对每个区块分别进行处理，处理步骤如下：

（1）将区块中每个像素灰阶值都减去128。

（2）将这些值利用离散余弦变换，得到64个系数。

（3）将这些系数分别除以量化表中相对应的值，并将结果四舍五入。

（4）将二维排列的64个量化值，使用Zigzag算法转成一维的排序方式。

（5）将一串连续0配上一个非0量化值，当成一个符号（Symbol），用Huffman码来编码。

3.扩展频谱技术

这种技术采用扩频通信的思想。当对伪装对象进行过滤操作时可能会消除秘密信息，解决的方法就是重复编码，即扩展隐藏信息。在整个伪装载体中多次嵌入一个比特，使得隐藏信息在过滤后仍能保留下来。这种方法虽然传输效率不高，但却具有较好的健壮性。扩展频谱（简称“扩频”）技术一般是使用比发送的信息数据速率高许多倍的伪随机码，将载有信息数据的基带信号频谱进行扩展，形成宽带低功率谱密度信号。最典型的扩频技术为直序扩频和跳频扩频。直序扩频是在发送端直接用具有高码率的扩频编码去扩展信号的频谱，而在接收端用相同的扩频编码解扩，将扩频信号还原为原始信号。跳频扩频是在发送端将信息码序列与扩频码序列组合，然后按照不同的码字去控制频率合成器，使输出频率根据码字的改变而改变，形成频率的跳变；在接收端为了解跳频信号，要用与发送端完全相同的本地扩频码发生器去控制本地频率合成器，从中恢复出原始信息。

2.5.2 对信息隐藏的攻击方法

信息隐藏可以使传送的秘密信息不被第三方察觉，若是这种特性被犯罪分子利用，就会对社会稳定、国家安全造成重大损失。据报道，在“9・11”恐怖袭击中，基地组织就是采用信息隐藏手段进行秘密通信的。因此，必须要对信息隐藏的攻击方法进行研究。对信息隐藏的攻击方法有多种，即检测、提取、混淆破坏（攻击者在隐藏信息上进行伪造与覆盖），使隐藏信息无效。

目前对信息隐藏的攻击方法中，对信息隐藏的检测方法研究相对比较多。

针对信息隐藏的替换法，检测方法有对比检测方法和盲检测方法。对比检测方法将截取的信息载体与原始的、未嵌入隐藏信息的信息载体进行对比、关联分析，从中发现被隐藏的信息。但这种方法需要获得原始的纯净载体，使其在应用中受到了很大的限制。盲检测方法在没有获得原始载体的情况下，通过对载体的特征进行分析，发现隐藏信息是否存在。应用替换法进行信息隐藏后，会造成图像的统计特征发生改变。盲检测方法就是通过引入小波变换、遗传算法等工具，分析这些特征来确定是否嵌入了隐藏信息。

针对替换法信息隐藏分析的研究成果较多，而针对变换域信息隐藏分析的研究成果较少。变换域信息隐藏分析方法的主要思想是将隐藏信息的分析转化为一个分类问题，目标类分别是原始载体和含密载体。其核心内容是特征提取和分类。目前主要采用的方法有支持向量机（SVM）、卷积神经网络（CNN）等。其主要思想是隐藏的图像信息虽然不会引起视觉效果的改变，但是却改变了原始图像数据某一特征量的统计特性，通过相应的变换，如小波变换后，可以分析出含密载体在不同方向、不同范围内的均值、变化率、熵等统计特征，在此基础上使用分类器，如支持向量机，将隐藏信息的载体和没有隐藏信息的载体区分开来。

2.5.3 信息隐藏方法的主要应用领域

1.数据保密

防止非授权用户截获并使用在Internet上传输的数据，这是网络安全的一个重要内容。随着经济的全球化，这一点不仅将涉及政治、军事，还将涉及商业、金融和个人隐私。而我们可以通过使用信息隐藏技术来保护在网上交流的信息，例如：电子商务中的敏感信息，谈判双方的秘密协议和合同，网上银行交易中的敏感数据信息，重要文件的数字签名和个人隐私等。另外，还可以对一些不愿为别人所知道的内容使用信息隐藏的方式进行隐藏存储。

2.数据的不可抵赖性

在网上交易中，交易双方的任何一方不能否认自己曾经做出的行为，也不能否认曾经接收到对方的信息，这是交易系统中的一个重要环节。这可以使用信息隐藏技术中的水印技术，在交易体系的任何一方发送或接收信息时，将各自的特征标记以水印的形式加入传递的信息中，这种水印是不能被去除的，以达到确认其行为的目的。

3.数据的完整性

对于数据完整性的验证是要确认数据在网上传输或存储过程中并没有被篡改。通过使用脆弱水印技术保护的媒体一旦被篡改就会破坏水印，从而很容易被识别。

4.数字作品的版权保护

版权保护是信息隐藏技术中的水印技术所试图解决的一个重要问题。随着网络和数字技术的快速普及，通过网络向人们提供的数字服务也会越来越多，如数字图书馆、数字图书出版、数字电视、数字新闻等。这些服务提供的都是数字作品，数字作品具有易修改、易复制的特点，这已经成为迫切需要解决的实际问题。数字水印技术可以成为解决此难题的一种方案：服务提供商在向用户发放作品的同时，将双方的信息代码以水印的形式隐藏在作品中，这种水印从理论上讲应该是不能被破坏的。当发现数字作品在非法传播时，可以通过提取出的水印代码追查非法传播者。

5.防伪

商务活动中的各种票据的防伪也是信息隐藏技术的用武之地。在数字票据中隐藏的水印经过打印后仍然存在，可以通过再扫描得到数字形式，提取防伪水印，来证实票据的真实性。

2.6 量子加密方法

我们已经知道，加密算法的安全性取决于密钥的安全性。但是，传统的加密算法在密钥的产生和传输过程还不能完全保证密钥的安全性。首先，密钥生成的本质是生成一个随机数，而目前计算机系统生成的随机数是基于算法的，其实是一个伪随机数，在确定了种子和算法后，这个随机数是确定的，而不是随机的。密钥在分发过程中，不管是通过人工分发还是通过安全的信道传输，都存在密钥泄露的可能，现有的密钥分发机制不足以保障密钥的安全。

量子加密就是要从根本上解决这两个问题：用量子密钥取代当前的伪随机数，从根本上消除密钥随机性的问题；采用量子通信的方式进行密钥分发，使窃听者无法获得密钥，从而极大地提高加密的安全性。

量子密钥是通过测量光量子态得到的结果，量子态波粒二象性表现在空间分布和动量都是以一定概率存在的，测量只能展示随机的状态，本质上无法预测，是真随机的输出。而密钥分发基于一个量子力学的基本原理，即任何对量子系统的测量都会对系统产生干扰。如果有第三方试图窃听密码，他必须用某种方式测量它，而这些测量就会带来可以被发送和接收方察觉的异常，便可以检测是否存在窃听，从而实现安全的密钥分发。

1984年，物理学家Bennett和密码学家Brassard提出了第一个量子密钥协议BB84协议，定义了量子密钥的生成和传输过程，如图2-26所示。

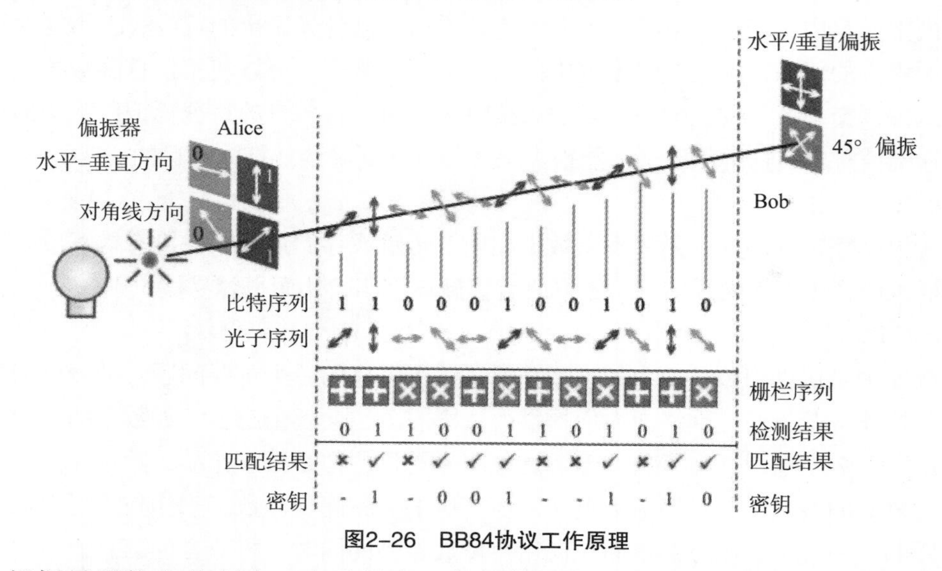

图2-26　BB84协议工作原理

根据量子物理的理论，光子具有一定的偏振方向。Alice选择了“水平-垂直”和“一三象限-二四象限对角线”为发送的栅栏序列，用于发送特定偏振方向的光子序列。在“水平-垂直”栅栏中，光子偏振方向为垂直方向代表“1”，光子偏振方向为水平方向代表“0”。在“一三象限-二四象限对角线”栅栏中，光子偏振方向为一三象限代表“1”，为二四象限代表“0”。Bob选择一系列的“水平-垂直”和“一三象限-二四象限对角线”栅栏用于接收光子。图2-26中Alice和Bob发送的比特序列和相应的发送、接收过程如表2-3所示。

表2-3　量子通信密钥发送、接收过程

发送的密钥比特	1	1	0	0	0	1	0	0	1	0	1	0
发送者选择的发送栅栏	⊠	⊞	⊞	⊠	⊞	⊠	⊠	⊞	⊠	⊠	⊞	⊠
发送出光子的偏振方式	⤢	↕	↔	⤡	↔	⤢	⤡	↔	⤢	⤡	↕	⤡
接收者选择的测量栅栏	⊞	⊞	⊠	⊠	⊞	⊠	⊞	⊠	⊠	⊞	⊞	⊠
接收到光子的偏振方式	-	↕	-	⤡	↔	⤢	-	-	⤢	-	↕	⤡
最终确认的量子密钥	-	1	-	0	0	1	-	-	1	-	1	0

分析表2-3，Alice发送的第一个比特是“1”，选择的发送栅栏是“一三象限-二四象限对角线”栅栏，发送出去的光子的偏振方向是一三象限。Bob这时选择的接收栅栏是“水平-垂直”栅栏，因此无法接收到光子。Alice发送的第二个比特还是“1”，选择的发送栅栏是“水平-垂直”栅栏，发送出去的光子的偏振方向是垂直方向。Bob这时选择的接收栅栏是“水平-垂直”栅栏，因此可接收到偏振方向为垂直方向的光子，根据约

定，垂直方向的光子代表比特“1”，因此，Bob记录收到了“1”。剩余的过程类似，最终，Bob确认接收到的比特序列为“1001110”。上述过程在量子通信信道内完成。完成后，Alice和Bob从量子通信信道切换到传统通信信道。Bob发送信息给Alice，告知他自己在哪些量子比特位上使用了哪一个接收栅栏。Alice 在接收到Bob发送的消息之后，与本人发送时采用的发送栅栏逐一比对并通知接收者Bob在哪些位置上选择的基是正确的。双方就把这些双方一致的栅栏中传递的比特序列作为密钥，即把“1001110”作为密钥。

BB84协议在理论上已经被证明是一种绝对安全的量子密钥分发方案，而且它的安全性是由量子力学基本定理——海森堡测不准原理和量子态不可克隆定理保证的，只要有窃听者存在，就会引起接收者一端误码率的变化，进而就会被Alice和Bob发现。

习题

2.1　下述是一对情侣之间的对话，请尝试破译它们：

HL FKZC VD LDS.

LD SNN.

2.2　恩尼格玛加密机是古典加密方法的巅峰。请问恩尼格玛加密机的基本原理是什么？如果你要破解恩尼格玛加密机，你要从哪里入手？

2.3　分组密码和流密码的区别是什么？

2.4　攻击密码的方式有哪些？

2.5　加密应该在OSI的哪一层实现？如果能够在多层实现，在不同层实现加密又有什么功能上的区别？

2.6　概述公钥密码产生的原因及其优缺点。

2.7　为什么散列函数可以保证消息的完整性？

2.8　什么是数字签名？

2.9　列举公钥加密的三种应用方式。

2.10　什么是PKI？它由哪几部分组成？各部分的功能是什么？

2.11　列举三种将秘密密钥发给通信双方的方法。

2.12　会话密钥与主密钥的关系和区别是什么？

2.13　什么是密钥分发中心？

2.14　什么是证书链？

2.15　什么是公钥证书？

2.16　请解释X.509证书各字段的内容。

2.17　如何撤销一个X.509证书？

2.18　如何实现两个证书机构颁发证书的互认？

2.19　请设计一个密钥分发机制，实现两个陌生人之间的安全通信。

2.20　图2-15中的随机数有什么作用？

第三章　身份认证与访问控制技术

有一次笔者坐公交车，旁边一个两三岁小朋友一直盯着笔者看。看得笔者有点不自在。笔者就问他："小朋友，你认识我吗？"小朋友回答说："我不认识你，你是陌生人。"笔者比较惊讶这么小的小朋友居然会用"陌生人"这个词，就又问他："什么是陌生人啊？"小朋友说："陌生人就是坏人。"这个小朋友说出了安全的一个最原始、最基本的内涵。"陌生人就是坏人"的含义其实就是我们会将一切不认识、不了解的实体默认为不安全的实体。在生活中，只要涉及较为重要的财务、隐私方面的相关活动，都需要对参与者进行身份认证，确认参与者的身份。比如你到银行去办理一宗超过5万元的大额取款，柜台的营业员会拿着你的身份证对你端详好半天以核对你的身份。在身份证验证通过后，你还需要输入正确的取款密码才能取款。其实你还可以在生活中找到许多需要验证身份的场合。人在现实生活中的人身、财产安全是如此，网络安全也是如此。网络信息系统是我们现实生活在网络空间的延伸，当然也需要身份认证来保障系统的安全性。网络中的身份认证技术也来源于生活中的身份认证技术。

在上面取款的场景中，用到的身份认证技术有4种。我们来一一分析一下。

用到的第一种身份认证技术就是营业员对你持有的身份证进行验证，确认是由公安机关颁发的合法证件。我们会看到营业员把你的身份证放在读卡器上，读取身份证信息。读取通过意味着你持有了合法的身份证件，身份认证第一步通过。这也是身份认证的一种基本手段：你有什么。

用到的第二种身份认证技术就是营业员对着你端详半天，看你的面部特征与身份证上的照片是否相符，这本质上是基于生物特征的身份认证技术。如果辨认通过，身份认证的第二步就通过了。这种基于生物特征的认证是身份认证的另一个基本手段：你是谁。

接下来，你需要在键盘上输入你的取款密码了。这是身份认证的另一个基本手段：你知道什么。

其实在上述过程中，还隐藏了一个身份认证过程。营业员对你进行身份认证以验证你的身份，另外，你也需要对营业员进行身份认证。不过呢，你在不知不觉中已经验证了营业员的身份。因为营业员坐在银行柜台后面，她所处的位置让你不会怀疑她的身份。这又是身份认证的一个基本手段：你在哪儿。

上述身份认证手段可以完全复制到网络中的身份认证系统中。不过网络中的身份认证具有更高的安全性需求。在现实世界中进行身份认证时，是可以直接面对被验证者本人的。比如，在许多好莱坞的谍战电影里，像《真实的谎言》中，进行虹膜认证时，旁边是有保安的。不可能像丹·布朗的小说《天使与魔鬼》中那样，把维特勒的眼球挖走，用来通过门禁。在网络世界中无法做到这一点。在网络世界中，认证者和被认证者往往处于物理空间上不同的两个地点，身份认证信息是需要通过网络进行传输的，在传输过程中，上述的几种认证方式均有可能被攻击者冒用认证因素，骗过认证系统。比如大家以前一定见过或听说过图3-1所示的这幅漫画，它的题目是“在网络中，没有人知道你是一条狗”。这幅漫画描述了这样一个现象，即在网络中，被认证者可能伪造或假冒认证因子，骗过身份认证系统。

图3–1　网络认证漫画

2014年，央视财经频道《是真的吗》根据网上的一篇名为《如果手机丢了会发生什么》的文章的说法，亲自进行了试验。以下是《是真的吗》栏目模拟手机丢失测试过程（注意，这里测试的是非实名认证用户）。

要获得对支付宝账户的控制权，有两个密码必不可少：手机锁屏密码和支付宝密码。绕过手机锁屏密码，只需要拔下原手机上的SIM卡，然后换到新手机上。因此，锁屏密码不是绝对安全。

手机锁屏成功越过，打开支付宝客户端后，首先需要输入的是手势密码，直接点击“忘记密码”，进入下一个页面，提示输入数字密码。越过这道密码，也是通过点击“忘记密码”。

经过两次“忘记密码”后，进入了“找回密码”步骤，这一步里需要填写两方面信息：支付宝账户名和手机验证码。

支付宝账户名就是本手机号码，手机验证码只用在收到验证信息后填写就行了。输入完成后你会发现，你已经有权限设置新密码了。

至此，在不使用原密码的情况下，成功通过手机和“找回密码”功能获得了支付宝的登录权限。

央视记者进入支付宝账户后进一步试验，成功使用新设置的密码将账户内的部分余额转出。

接下来，央视记者又用此账户支付了淘宝的一笔订单。

类似的身份失效事件一直都在发生，2020年10月，一篇标题为《一部手机失窃而揭露的窃取个人信息实现资金盗取的黑色产业链》的文章描述了一个类似的由于手机丢失而引起的身份认证失效，从而导致财产损失的事件。

可见，在网络环境中，身份认证的因素是可以被假冒和伪造的，而身份认证是网络信息系统的第一道安全防线，如果突破了身份认证系统，后面的其他安全措施的效能就大大降低，甚至可能失效了。因此，保证网络安全性的第一步就是要保证用户身份认证的安全性。可以说没有安全的身份认证，就没有安全的网络应用。

3.1 单机身份认证

3.1.1 基于静态口令的身份认证

基于口令的认证方式是最常见、最易于实施的一种身份认证技术，也就是我们在上文中介绍的基于“你知道什么”的认证技术。用户输入自己的口令，计算机根据存储在系统中的口令信息进行认证，并给用户分配恰当的权限。

在这种认证方式中，最重要的是口令的生成和存储。在单机身份认证的初始化阶段，用户在身份认证系统中注册自己的用户名和口令。身份认证系统将用户名和口令明文或加密后的密文存储在内部数据库中。如果用户不更新口令，这个口令将是长期有效的，因此也被称为静态口令。在一些安全性要求较高的单机认证系统中，不会采用明文存储口令，这太不安全了。在这种方式下，只要获得系统管理员权限，就可以得到所有用户的口令。因此，口令一般是加密存储在数据库中的。一般的做法是将用户名和口令的散列值（Hash散列值）存储在口令数据库中。用户在登录时，输入口令，身份认证系统对输入的口令进行散列运算，生成散列值，然后与口令数据库中的对应条目进行对比，成功则认证通过，否则认证失败。

这种静态口令认证的身份认证技术因其简单和低成本而得到了广泛的使用，不但应用于本地认证，如本地登录Windows操作系统，也应用于一些网络应用的身份认证，如电子邮件、博客、论坛等。但总体来说，基于口令的认证方式是一种不够安全的认证技术，其安全性仅依赖于口令，口令一旦泄露，用户就可能被假冒。基于口令的身份认证容易遭受以下安全攻击：

（1）字典攻击：在丹·布朗的小说《数字城堡》快结尾时，有这么一个情节：美国国家安全局的一台万能解密机过热引起了火灾。女主人公苏珊想乘坐安全局副局长的专属电梯逃生，但电梯启动需要一个5位的口令。在苏珊快要窒息的时候，她的耳边传来了副局长向她表白的声音：“我爱你苏珊！我一直都爱着你！苏珊！苏珊！苏珊……”她顿时清醒过来了，把手伸到键盘上，输入了密码。“S U S A N”。过了一会儿，电梯门徐徐开启。这就是字典攻击。攻击者利用搜集到的被攻击者的一些生日、爱好、家人、电话号码等信息，把这些信息作为用户可能选取的密码列举出来生成一个文件，这样的文件被称为“字典”。攻击者得到与密码有关的可验证信息后，就可以结合字典进行一系列的运算，来猜测用户可能的密码。

（2）暴力攻击：也称为“蛮力破解”或“穷举攻击”，是一种特殊的字典攻击。在暴力破解中所使用的字典是字符串的全集，对可能存在的所有组合进行猜测，直到得到正确的信息为止。上面讲到的小说《数字城堡》中的万能解密机就是一个暴力攻击工具，300万个中央处理器并行运算，对每种可能的排列进行尝试，破解密码。

（3）键盘监听：按键记录软件以木马方式植入用户的计算机后，可以偷偷地记录下用户的每次按键动作，从而窃取用户输入的口令。同样是在丹·布朗的小说《数字城堡》里，国家安全局的一个工作人员黑尔就实施了键盘监听来窃取他人的口令。国家安全局给每台终端机都配有一模一样的可拆卸键盘。一天晚上，黑尔将自己的键盘带回了家，安装了一个能记录下每一次按键的芯片。第二天，他早早就来到办公室，把别人的键盘换成他改装过的键盘，等到快要下班的时候，他又把键盘换回来，查看芯片上记录下的数据。尽管上面有千万次按键记录，但是找到个人口令并非难事。密码破译员每天早上做的第一件事情就是输入个人口令，解开自己终端机的锁定。这就使黑尔不费任何力气就将口令搞到手了。

（4）窥探：攻击者利用与用户接近的机会，安装监视设备或亲自窥探合法用户输入的账户和密码。窥探也包括在用户计算机中植入木马。我们知道，现在许多家长为了防止孩子沉迷网络，都会设置上网口令。笔者孩子的一个小伙伴就实施了窥探攻击，他把手机打开摄像功能，并把亮度调到最低，放在他妈妈的桌子边，成功地获得了上网密码。窥探也包括在用户计算机中植入木马。

由此可见，静态口令的确是不太安全的。究其原因，主要是由于口令是一种数字化的资产，如果发生了窃取和丢失，在没有造成可见的损失前，用户是不会觉察到口令丢失的。因此，一种实物的认证手段就浮出了水面，这就是基于智能卡的认证方法。

3.1.2　基于智能卡的身份认证

如3.1.1节所述，在一些对安全要求更高的应用环境，简单地使用口令认证是不够的，我们希望引入一些基于硬件的认证手段。其实基于硬件的认证方法早已存在，在以前，我们把这种可以用来认证用户身份的硬件叫作信物。我们熟悉的将领调兵的虎符、锦衣卫进宫的腰牌、唐僧取经的通关文牒，以及我们每个人都有的身份证，都是信物。

信物一般要和其他认证手段结合使用，构成双因子或多因子身份认证，才能起到安全认证的作用。比如我们熟知的信陵君窃符救赵的故事中，尽管信陵君持有虎符，但晋鄙并不相信信陵君。史记的原文写道：晋鄙合符，疑之，举手视公子曰：“今吾拥十万之众，屯于境上，国之重任。今单车来代之，何如哉？”欲无听。注意文中的“单车来代之”，就是说你只拿了个虎符，没有其他的认证材料，我是不可能相信你的。因为“所拥有的信物”可能会被盗走，“所知道的口令”可能会被猜出、被窃听，所以需要将两种认证方式组合起来应用以提高安全性。例如，信物和口令一起使用，就构成了双因子身份认证，即口令认证与硬件认证相结合来完成对用户的认证，其中，硬件部分被认为是用户所独自拥有的物品。

为了避免信物被窃取和伪造，现有通常将智能卡作为实物认证的手段。智能卡是将一个集成电路芯片镶嵌在塑料基片内，封装成卡片的形式，外形通常与银行卡相似，当然也有一些异形的智能卡。每个智能卡的持有者拥有一个PIN（个人身份识别码）。智能卡具有硬件加密功能，存储有用户的机密信息。进行认证时，用户输入PIN，即可读出存储的机密值，并使用此机密值与主机进行身份认证。

智能卡实质上是一种防篡改的小型计算机，它包含一个 CPU 和一定容量的非易失性存储器，可用作公钥证书与关联密钥的结合点。我们以Windows操作系统上实现智能卡身份验证为例，进行身份认证需要的组件包括数字证书、中间件、智能卡读卡器。数字证书，包括用户的私钥，就是存储在智能卡中的与用户身份相关的秘密值，通常由认证机构生成。中间件是操作系统与智能卡之间的接口程序。读卡器是硬件接口设备，与中间件一起建立智能卡与操作系统之间的接口。

现在，智能卡已经深入我们生活的方方面面。我们的身份证就是一种智能卡。在应用身份证进行身份认证时，往往也是多因素认证。比如我们在过机场安检时，安检员会根据身份证上的照片对持卡人进行核对。这其实就是智能卡和生物特征相结合的双因素认证。基于生物特征的身份认证也是一种常见的本地身份认证方式。

3.1.3 基于生物特征的身份认证

如3.1.2节所述，我们的身份证上会印有我们的照片，用于人工或机器进行基于人脸特征的身份认证。尽管没有照相技术，在中国古代的身份证中也早早引入了生物特征。2002年，在湖南湘西发现的“里耶秦简”中就有部分作为身份证的简牍。简牍上对持有者的年龄、身高、长相、肤色等都作了描绘。可见我们的祖先早在2000多年前就对生物特征的稳定性和唯一性有了深刻的认识。这也说明了基于生物特征的身份认证无疑具有更好的安全性。基于生物特征的识别技术较传统的身份认证具有很多优点，如保密、方便、不易遗忘、防伪性能较好、不易伪造或被盗、随身携带和随时随地使用等。也正是由于这些优点，很多国家已经在个人的身份证明证件中嵌入了持有者的生物特征信息，如嵌入指纹信息等。多个国家也在使用生物特征护照来逐步替代传统护照。由Microsoft、IBM、NOVEL等公司共同成立的Bio API联盟，其目标就是制定生物特征识别应用程序接口（API）工业标准。

生物特征身份认证技术主要指使用计算机及相关技术，利用人体本身特有的行为特征或生理特征，通过模式识别和图像处理的方法进行身份认证。生物特征包括生理特征和行为特征两大类：生理特征是人体本身固有，由遗传基因确定的特征，如指纹、虹膜、人脸等，基本不会或很难随主观意愿和客观条件发生改变，是生物特征身份认证的主要认证因素；行为特征主要指人的动作特征，是人们在长期生活过程中形成的行为习惯，主要包括声音识别、笔迹、走路姿势等。

基于生物特征的身份认证系统的工作过程包括四个步骤：采集图像、图像处理、提取特征、特征匹配。首先通过图像采集设备采集生物特征的图像。在取得图像后，对图像进行预处理，使之更清晰。接下来通过特定的提取算法程序提取生物特征，并将特征数据加密存储。在进行认证时，采集用户的生物特征图像，进行预处理后提取特征，与数据库中的特征进行模糊比较，计算出相似度，根据相似度的阈值，最终得到匹配的结果。

现有的基于生物特征的身份认证技术主要还是以生理特征为主。其中指纹识别是目前造价最低、易用性最高、应用最广泛的基于生物特征识别的身份认证技术。目前，已经有许多单位采用指纹识别设备对员工的考勤进行记录。指纹识别技术的核心在于指纹识别算法的设计。指纹的特征分为总体特征和局部特征。总体特征主要指肉眼可以观察的特征，如纹型的环、拱、涡或棚状等；局部特征主要是指纹上节点的特征，两枚指纹可能会存在相同的总体特征，但其局部特征却不可能完全相同。通过对指纹纹路中出现的中断、分叉、打折点等特征点的确认，可以唯一地确定一个人的指纹信息。有英国学者提出，在考虑局部特征的情况下，通过对比特征点，只要发现13个特征点重合，就可以认为是同一指纹。

虽然指纹识别具有很多优点，但也有一定的技术缺点：某些人或某些群体可能因为指纹特征过少或纹路过浅而很难成像，造成指纹识别设备无法采集（或误采集）；非加密的指纹采集数据信息可能会造成个人指纹信息的泄露，而该信息一旦泄露，也正是由于稳定性和唯一性，个人指纹信息可能会被滥用，造成一定的经济损失或更严重的问题；指纹采集设备需要与手指相接触才可以读取指纹信息，采集设备头表面会留下用户的指纹印痕，这些指纹印痕存在被复制的可能性，通过手模等技术同样也可以复制个人的指纹信息。

其他的生物特征识别技术还有虹膜识别等。虹膜是一个位于眼睛瞳孔和巩膜之间的环状区域。人眼图像中，虹膜区域的冠状物、环状物、斑点、细丝、水晶体、射线、皱纹等形成了特有的纹理，是人眼的典型特征。人的虹膜结构十分复杂，可变项多达260多项，且在一生中几乎不会发生变化，具有非常高的稳定性、唯一性、非侵犯性、高准确性、防伪性等优点。利用虹膜进行身份认证的优点包括：便于用户使用；具有低错误率和高识别率，可靠性高；无须使用者与虹膜采集设备接触，避免了个人虹膜信息的物理泄露，同时也避免了疾病的传播。缺点：虹膜识别目前还没有唯一性认证的试验；采集设备尺寸较大，对采集精度有很高的要求，且设备造价昂贵；容易受外界环境影响，如虹膜图像采集时需要外部有较好的光源，否则可能产生图像采集不清晰或图像畸变的问题。

基于生物特征信息的认证是目前身份认证的一个主流趋势。由于生物特征的唯一性、稳定性等特点，利用生物特征的身份认证在可靠性上明显优于传统身份认证方式，具有广阔的应用前景和市场潜力。当然，事物总有正反两方面，采用生物特征为身份识别带来诸多优势的同时，由于其自身固有的一些性质，在实际应用中也会带来安全隐患，比如对生物特征信息的存储是否安全？会不会泄露用户的特征数据？而且生物特征是终生的，一旦泄露后果不堪设想。目前还没有一种生物特征识别技术能够达到完美无缺的要求，如眼睛病变可能会导致使用者的虹膜发生变化，无法采用虹膜识别对其进行身份认证。因此，采用人的多种生理特征进行综合身份识别，可以避免单生物特征识别带来的问题，同时，也可以考虑引入行为模型识别，进一步提高生物特征识别系统的准确率和可靠性，也是生物特征识别技术未来的一个发展趋势。

3.2　网络身份认证

网络身份认证是单机身份认证在网络环境下的扩展应用，但网络环境下的身份认证比单机身份认证更为复杂，主要原因是验证者和被验证者无法直接交互。直接将单机认证中使用的认证因素通过网络传输，可能会造成认证因素被窃取、被复制。因此，在网络身份认证中，必须采用高强度的认证协议来保障身份认证系统的安全性。

3.2.1　一次性口令身份认证

在3.1节的分析中，我们已经知道，静态口令系统具有口令泄露的安全隐患，而且静态口令之所以被称为静态口令，是因为口令在一段时间内是不变的，所以口令一旦被泄露，会造成较大的安全隐患或严重的安全事件。

20世纪80年代，美国科学家Leslie Lamport首次提出了利用散列函数产生一次性口令的思想。一次性口令（One Time Password，OTP）就是用户每次登录系统时的口令是变化的，具有“一次一密”的特点，有效保证了用户身份的安全性，即使口令被搭线监听窃取，口令使用一次后就过时了，攻击者无法利用得到的口令骗过身份认证系统。

一次性口令系统通过专门的算法（主要是单向散列函数）对用户口令和不确定性因子（如随机数）进行转换生成一次性口令，用户将一次性口令连同认证数据提交给服务器。服务器接收到请求后，利用同样的算法计算出结果与用户提交的数据对比，对比一致则通过认证，否则认证失败。通过这种方式，用户每次提交的口令都不一样，即使攻击者能够窃听网络并窃取登录信息，但由于攻击每次窃取的数据都只有一次有效，并且无法通过一次性口令反推出用户的口令，从而极大地提升了认证过程的安全性。

一次性口令的一次性来源于生成口令的不确定因子的变化。一次性口令的生成因子一般采用双运算因子：①用户拥有的私钥，它是用户身份的识别码，是固定不变的；②变动因子，正是由于变动因子的存在才产生了不断变化的一次性口令。基于不同的变动因子，一次性口令系统可分为三类：基于时间同步一次性口令、基于事件同步一次性口令和“挑战-应答”一次性口令。

（1）基于时间同步一次性口令。基于时间同步的动态口令将流逝的时间作为变动因子，一般每隔60 s 更新一次口令。所谓的同步指的是用户端的令牌与认证服务器基于同步的时间生成口令。这就要求服务器能够十分精确地保持正确的时钟，同时对其令牌的晶振频率有严格的要求，这种技术对应的用户终端是硬件令牌。目前，一些银行和证券公司的登录系统采用的就是这种动态令牌登录的方式，用户持有一个硬件动态令牌，登录到系统时需要输入当前的动态口令以便后台实现验证。近年来，智能手机普遍应用，用户可以通过在智能手机上安装专门的客户端软件并由该软件产生动态口令完成登录、交易支付过程。例如，“支付宝”APP便是一款支持基于时间同步一次性口令的手机客户端软件。打开支付宝钱包，点击“财富”—“更多”—“手机宝令”，即可查看用户当前的动态口令，如图3-2和图3-3所示。

图3–2　支付宝手机宝令

图3–3　支付宝动态口令

（2）基于事件同步一次性口令。基于事件同步一次性口令系统是将数字序列（事件序列）作为变动因子，认证服务器和用户将特定的事件序列及相同的种子值作为输入，通过特定算法运算出相同的口令。事件动态口令是让用户的密码按照使用的次数不断动态地发生变化。每次用户登录时（当作一个事件），用户按下事件同步令牌上的按键产生一个口令，与此同时系统也根据登录事件产生一个口令，两者一致则通过验证。与时钟同步的动态令牌不同的是，事件同步令牌不需要精准的时间同步，而是依靠登录事件保持与服务器的同步。因此，相比时间同步令牌，事件同步令牌适用于非常恶劣的环境中。

（3）“挑战–应答”一次性口令。“挑战–应答”认证机制中，变动因子是认证服务器产生的随机数字序列，称为“挑战”。通常用户携带一个相应的“挑战–应答”令牌。令牌内置种子密钥和加密算法。用户在访问系统时，服务器随机生成一个挑战数并将挑战数发送给用户，用户将收到的挑战数手工输入到“挑战–应答”令牌中，“挑战–应答”令牌利用内置的种子密钥和加密算法计算出相应的散列值，即“应答”，并将应答数上传给服务器，服务器根据存储的种子密钥副本和加密算法计算出相应的验证数，和用户上传的应答数进行比较来实施认证。不过，这种方式需要用户输入挑战数，容易造成输入失误，操作过程较为烦琐。近年来，通过手机短信实现的验证码就是应用得比较广泛的一次性口令系统。

当前，基于一次性口令思想开发的身份认证系统是S/Key，现在已经作为标准协议（RFC 1760）。S/Key的工作流程包括4个步骤：

（1）客户机向身份认证服务器发出连接请求。

（2）身份认证服务器返回应答，同时包括两个参数：Seed，Seq。Seed是用来生成随机口令的种子；Seq是序列号，与认证次数相关。

（3）用户输入口令，系统将口令与Seed相连接，作为散列函数（MD4或MD5）的输入，执行Seq次散列运算（最多98次），产生一次性口令，输出函数会把这个64位的一次性口令以明文的形式显示给用户。然后用户在登录界面中输入这个一次性口令，登录程序就会把这个口令回传给认证服务器。

（4）认证服务器对收到的一次性口令进行验证。认证服务器必须存储有一个口令文件（UNIX系统中位于/etc/skeykeys），它存储每一个用户上次登录的一次性口令，服务器收到用户传过来的一次性口令后，再进行一次散列运算，与先前存储的口令比较，匹配则通过身份认证，并用当前的一次性口令覆盖原来的口令。下次客户登录时，服务器将送出Seq’=Seq－1，这样，如果用户确实是原来的那个真实客户，那么他运行Seq－1次散列运算生成的一次性口令应当与服务器保存的口令相同。

S/Key协议的认证流程如图3-4所示。图中Seed=6，Seq=98。Seq=98表示用户使用的是刚初始化的S/key认证系统。

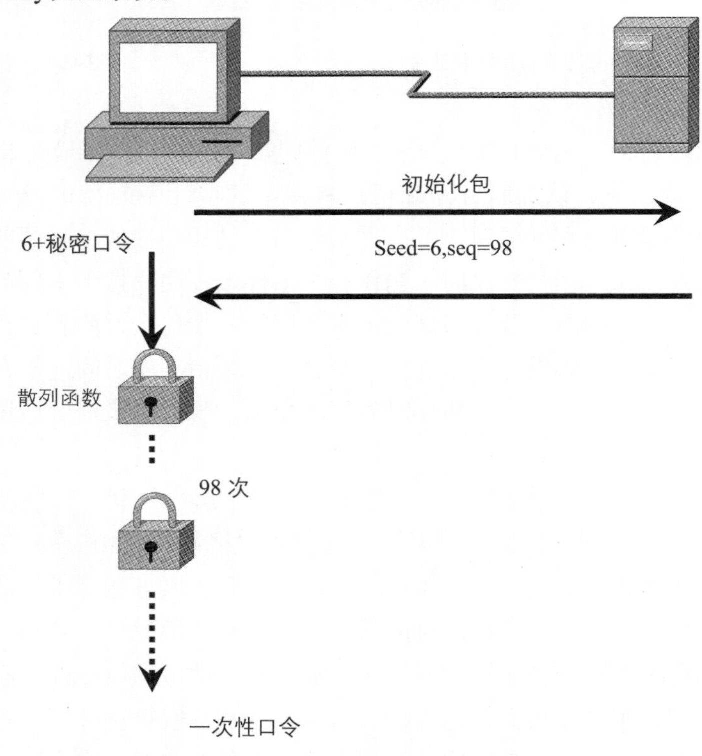

图3-4　S/Key协议的认证流程

3.2.2　PPP协议中的身份认证

虽然一次性口令具有很高的安全性，但是它需要引入额外的口令生成硬件或软件，给用户使用造成了一定程度上的不便。因此，网络身份认证系统对基于静态口令的认证方式还是有很大需求的。为了解决3.1.1节中分析到的静态口令的不安全隐患，许多网络安全工作者设计了一系列安全协议，来保障静态口令在网络中的安全传输，避免口令被监听和泄露。

PPP协议是目前使用最广泛的数据链路层协议，不管是低速的拨号猫连接还是高速的光纤链路，都适用PPP协议。因特网用户通常都要连接到某个ISP才能接入因特网。PPP协议就是用户计算机和ISP进行通信时所使用的数据链路层协议。用户要通过PPP协议接入网络，ISP必然需要对用户的身份进行认证，以实现计费和访问控制功能，因此，PPP协议很早就嵌入了身份认证协议。PPP协议的身份认证协议最初包括两种：密码验证协议（Password Authentication Protocol，PAP）和挑战-握手验证协议（Challenge-Handshake Authentication Protocol，CHAP）。

1.PAP

PAP提供了一种简单的身份认证方法，仅使用两次握手即实现两个对等端点之间的身份认证。不过这种认证方法仅在初始连接建立时使用。PAP提出的时间比较早，许多安全问题没有考虑，最大的安全隐患就是口令是明文传输的，此外，对重复的验证和错误攻击没有防范措施。因此，可以说PAP不是一个合格的网络环境下的身份认证协议。

2.CHAP

由于PAP的安全性不高，因此PPP协议引入了CHAP。CHAP是一个基于三次握手的身份认证协议。CHAP支持在PPP协议的链路建立阶段进行身份认证，也支持在建立链路之后任意时刻重复进行认证。三次握手过程包括：

（1）链路建立后，认证者向对端发送“挑战”消息，该消息包括一个类型字段，用来指明认证方所请求的信息，例如ID、MD5 的挑战字、一次密码（OTP）或通用令牌卡等。

（2）认证的对端节点对每一个请求报文，通过散列函数生成一个应答包。和请求报文一样，应答报文中也包含一个类型字段，对应于所回应的请求报文中的类型字段。

（3）认证者将自己生成的散列函数散列值与收到的应答消息进行对比，相同则通过认证，否则不通过认证。然后认证者通过发送一个成功或者失败的报文来结束认证过程。

（4）经过一段随机时间间隔，认证者发送一个新的挑战值给被认证者，重复步骤（1）~（3）。

不过在CHAP中口令依然是明文传送的。虽然CHAP不能防止实时的主动搭线窃听攻击，但是可以通过产生唯一的且不可预计的挑战值来防范大多数的主动攻击。

3.2.3 RADIUS身份认证协议

RADIUS（Remote Authentication Dial-in User Service，远程认证拨号用户服务）是一种分布式的、C/S架构的身份认证协议。RADIUS协议虽然名称上是“远程拨号服务”，但实际上，它不只提供“拨号”服务，其他几乎任何服务，如PPP、telnet和rlogin等远程登录应用，都可以使用它来进行认证（Authentication）、授权（Authorization）和计费（Accounting），即还提供AAA服务。RADIUS在应用模式中最突出的安全特性是将需要认证的应用服务器与和身份认证服务分别部署在两个分离的网络设备上。图3-5以PPP拨号接入服务说明RADIUS的这种工作方式。

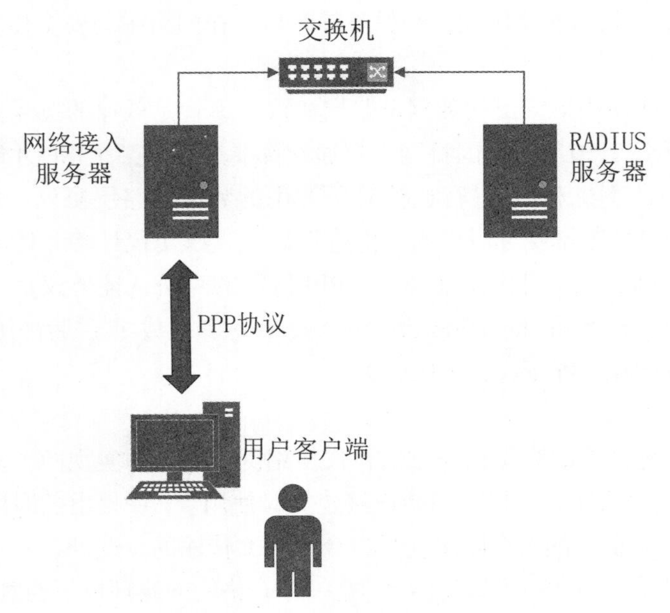

图3–5 RADIUS的工作方式

图3-5中有三个角色：用户客户端、网络接入服务器和RADIUS服务器。在RADIUS服务器上存储有用户的认证信息。与外网直接接触的是网络接入服务器，而RADIUS服务器布置在内网，外网或用户无法直接存取该服务器上的内容，从而提高了认证系统的安全性。对于RADIUS协议来说，网络接入服务器实际上是一台客户机，而RADIUS服务器才是真正提供认证服务的服务器。

RADIUS协议的认证过程如下：

（1）网络接入服务器从用户客户端处获得用户名和口令，将其与用户的其他信息（如主叫号码、接入号码、占用的端口）通过UDP协议封装成RADIUS数据包（为什么没有采用TCP协议封装，RFC 2865文档的2.4节中给出了详细说明，有兴趣的读者可以查阅该RFC文档），发送给RADIUS服务器。这个数据包被称为认证请求包（Access-Request）。

（2）RADIUS服务器收到认证请求包后，首先确认网络接入服务器是否已经注册登记，然后根据认证请求数据包中的信息判断用户是否通过认证。如果通过认证，RADIUS服务器将用户的配置信息打包成访问接受数据包，发送给网络接入服务器，如果没有通过认证，RADIUS服务器则向网络接入服务器发送访问拒绝包。

（3）网络接入服务器在接收到RADIUS认证服务器发来的访问接受/访问拒绝数据包后，首先判断该数据包的签名是否正确。如果签名不正确，则判断该数据包为非法的数据包；如果签名正确，则网络接入服务器接受用户的入网请求，并利用收到的信息对用户进行配置、授权和计费。

以上三个交互过程是RADIUS协议要求的认证过程必须具备的步骤。为了提高认证的安全性，RADIUS协议提供了两个可选的认证交互步骤：

（4）在安全性要求更高的场合，RADIUS服务器可以返回一个“Access-Challenge”数据包，让用户提供更多的附加信息以完成更安全的认证。

（5）网络接入服务器在收到“Access-Challenge”消息之后，需要向用户索要附加信息，然后将附加信息组成一个新的“Access-Request”数据包发给RADIUS服务器来继续认证。此时RADIUS协议的认证将重复上述步骤（1）~（3）。如果网络接入服务器验证“Access-Request”数据包有问题，可以采取“静默丢弃”（silently discard）的方式，不做任何反应，这由服务器的具体配置决定。

RADIUS协议的格式如图3-6所示。

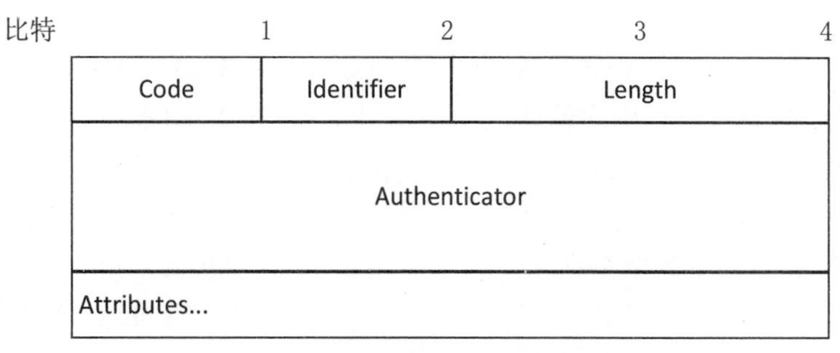

图3–6　RADIUD协议的格式

图3-6中，“Code”字段占用1个字节，标明了封包中的内容，具体含义如下：

1	Access-Request
2	Access-Accept
3	Access-Reject
4	Accounting-Request
5	Accounting-Response
11	Access-Challenge
12	Status-Server（experimental）
13	Status-Client（experimental）
255	Reserved

“Identifier”字段占用1个字节，用于匹配认证请求和对应的认证响应。由于IP协议的无连接特性，RADIUS服务器可能会收到重复的认证请求。通过这个字段，RADIUS服务器可以检测到较短时间内发生的重复请求。

“Length”字段占用两个字节，表示RADIUS数据区（包括Code, Identifier, Length, Authenticator, Attributes）的长度，单位是字节，最小为20，最大为4096。

“Authenticator”字段占用16个字节，用于验证RADIUS服务器发回的认证数据，另外还用于传输用户的加密口令。

“Attributes”字段不限定长度，最小可为0个字节，描述RADIUS协议的属性，如用户名、口令、IP地址等信息都存放在该字段。

3.2.4　Kerberos协议

虽然3.2.1 ~ 3.2.3节介绍的网络身份认证协议提供了安全性较高的身份认证，但在实际应用中还存在着一些特殊的需求是上述这些身份认证协议无法满足的。比如，我们如果登录西北工业大学的“翱翔门户”进行日常教学、科研和办公活动，可能会涉及财务系统、教务系统、科研系统、网上办公系统等多个应用子系统，登录每个子系统时都需要进行身份认证。这样做既不方便，也增加了口令泄露的风险，同时可能还存在认证不统一的问题。比如在2000年发生过一起由于认证不统一造成的失密事件。国内一家著名的IT公司解聘了三名员工。这三名员工在与人事经理谈完话后，利用自己仍然可以登录研发系统的漏洞，拷贝了大量技术资料，并带到该公司的竞争企业就职，给公司造成了极大的损失。

解决这一问题的方法是引入一个集中的身份认证服务器（Authentication Server, AS），服务器上存储有所有用户的认证信息，以及用户在应用服务器上的权限。身份认证服务器与每个应用服务器之间共享一个独立的密钥。用户访问特定的应用服务器前，需要在集中的身份认证服务器进行认证，并获得访问应用服务器的票据（Ticket）。用户通过向应用服务器提交此票据来获得访问应用服务器的权限。具体的流程如下：

（1）用户在客户端C向身份认证服务器AS提交访问应用服务器V的申请：

$$C \rightarrow AS: ID_C \| P_C \| ID_V$$

（2）身份认证服务器AS通过用户身份认证，回复用户访问应用服务器V的票据：

$$AS \rightarrow C: Ticket_V$$

（3）用户向应用服务器提交票据，获得访问权限：

$$C \rightarrow V: ID_C \| Ticket_V,\ Ticket_V = E_{K_V}(ID_C \| AD_C \| ID_V)$$

以上三个步骤中的符号的定义如下：

C：客户端；

AS：身份认证服务器；

V：应用服务器；

ID_C：客户端上的用户标识；

ID_V：应用服务器的标识；

P_C：客户端上的用户口令；

AD_C：客户端的网络地址；

K_V：身份认证服务器和应用服务器之间共享的密钥；

E_{K_V}：用密钥K_V进行加密。

我们对上述的三个步骤再深入解释一下。

（1）用户登录客户端，请求访问应用服务器V。用户通过客户端中的交互界面输入口令。客户端认证模块将构造一个包含了用户ID、应用服务器ID和用户口令的消息包，发送给身份认证服务器AS。

（2）AS查看身份数据库，检查用户是否提供了正确的口令，并检查这个用户是否有权限访问应用服务器V。如果用户的身份认证通过，并且具有访问应用服务器的权限，AS就认为该用户是合法用户，并生成一个用户访问应用服务器的票据$Ticket_V$。$Ticket_V$是一个加密的数据包，加密密钥选择的是AS与应用服务器之间共享的密钥，加密内容是用户的标识、用户客户端的网络地址和应用服务器的标识。由于这个票据是由AS

和应用服务器之间的共享的密钥加密的，因此用户无法修改票据内容。

（3）用户向应用服务器V提供此票据，以及自己的ID，以获得服务。应用服务器解密票据，验证票据中的用户ID与刚收到的用户ID是否相符、收到消息的网络地址与票据中的地址是否相符，如果均相符，且票据中的服务器ID是自己的ID，则认证通过，后续用户即可获得服务。

这个方案很好地解决了统一认证的问题。就拿上面所举的IT公司解聘员工的案例来说，人事部门通知解聘的同时，在身份认证服务器上删除这三名员工的认证信息，他们就不可能打时间差，登录研发系统，下载技术资料了。但是，这个方案依然存在一些问题。比如我们每天上班打开电脑时第一件事就是登录邮件服务器，看看有没有新邮件。这时，我们需要输入口令登录邮件服务器。另外，我们会查看办公系统有没有待办的流程，由于是不同的应用服务器，又需要输入口令进行登录。一天中可能会有许多个业务需要处理，如果采用上述的认证流程，那么就需要多次输入口令。这样做既不方便，也增加了口令泄露的风险。为了解决上述问题，我们可以对上面的方案进行改进，引入一个票据授予服务器（Ticket Granting Server，TGS），改进后的工作流程如下：

用户在开始工作前，首先登录身份认证服务器AS，获得访问票据授予服务器TGS的票据：

（1）$C \rightarrow AS: ID_C \parallel ID_{TGS}$

（2）$AS \rightarrow C: E_{K_c}(Ticket_{TGS})$

在上面两个步骤中，新引入了如下两个消息类型：

ID_{TGS}：票据授予服务器的标识；

$E_{K_c}(Ticket_{TGS})$：票据由用户和身份认证服务器共享的密钥K_c加密。

$Ticket_{TGS}$的具体内容为

$$Ticket_{TGS}\text{：} E_{K_{TGS}}(ID_C \parallel AD_C \parallel ID_{TGS} \parallel TS_1 \parallel Lifetime_1)$$

在这个交互过程中，由于AS发送的票据授予服务器的票据$Ticket_{TGS}$是以用户的密钥加密的，只有用户可以在客户端进行解密，从而避免了口令在网络中的传输，提高了口令的安全性，同时也避免了票据内容被攻击和篡改。$Ticket_{TGS}$的内容由AS和TGS之间共享的密钥K_{TGS}加密。其中，TS_1和$Lifetime_1$分别是票据的时间戳和生命周期，用于设置该票据的有效期。在有效期内，用户可以重用这个票据，来获得多个应用服务器的访问权限。票据的有效期是非常重要的，如果有效期过长，这个票据可能会被截取，用于重放攻击。

用户在访问应用服务器V之前，首先向票据授予服务器请求访问V的票据：

（3）$C \rightarrow TGS: ID_C \parallel ID_V \parallel Ticket_{TGS}$

（4）$TGS \rightarrow C: Ticket_V$

在上述用户与TGS的交互过程中，用户先向TGS发送一条包含有用户ID、欲访问的应用服务器的ID和票据授予服务器的票据的消息。TGS对$Ticket_{TGS}$进行解密，并通过解密获得的ID_{TGS}判断票据的有效性，检查票据是否还在有效期内。将解密得到的用户ID、用户网络地址和实际用户ID、收到消息的网络地址相比较来验证用户。如果验证通过，且用户具有访问应用服务器V的权限，TGS就会向用户回复一个访问应用服务器V的票据$Ticket_V$。$Ticket_V$的具体内容为

$$Ticket_V: E_{K_V}(ID_C \| AD_C \| ID_V \| TS_2 \| Lifetime_2)$$

其中，TS_2和$Lifetime_2$分别是票据的时间戳和生命周期，用于设置访问应用服务器V的票据的有效期。

最后，用户向应用服务器V提交票据$Ticket_V$，获得访问V的权限：

（5）$C \to V: ID_C \| Ticket_V$

这个方案最大的优点在于仅提交一次口令即可实现对多个应用服务器的访问，而且口令没有在网络中传输，在保障安全性的同时，提高了易用性。但是，这个认证方案依然存在两个问题：

第一个问题是票据授予服务器票据的有效期设置。如果有效期设置过短，则需要用户反复输入口令，降低了认证系统的易用性。如果有效期设置过长，则在用户下线后，攻击者可能利用窃听获得的票据副本，并将自己的网络地址改为用户客户端的地址，从而伪装成合法用户执行上一个流程，进而获取应用服务器的访问权限。类似地，攻击者也可能获得$Ticket_V$的副本，在用户下线后，非法访问应用服务器V。

第二个问题是只有服务器端对用户端的认证，而没有用户端对服务器端的认证。如果没有这个认证，则攻击者可能破坏配置信息，将本就连接到真实应用服务器V的信息重定向到其他假冒的服务器，获得用户本应发往服务器V的消息，引起消息泄露，造成用户损失。

解决上述两个问题的一个可行方案就是Kerberos协议的版本4。我们先把Kerberos V4的工作流程给出如下：

第一阶段：

（1）$C \to AS: ID_C \| ID_{TGS} \| TS_1$

（2）$AS \to C: E_{K_C}\left(K_{C,TGS} \| ID_{TGS} \| TS_2 \| Lifetime_2 \| Ticket_{TGS}\right)$

$Ticket_{TGS}$: $E_{K_{TGS}}\left(K_{C,TGS} \| ID_C \| AD_C \| ID_{TGS} \| TS_2 \| Lifetime_2\right)$

第二阶段：

（3）$C \to TGS: ID_V \| Ticket_{TGS} \| Authenticator_C$

（4）$TGS \to C: E_{K_{C,TGS}}(K_{C,V} \| ID_V \| TS_4 \| Ticket_V)$

$Ticket_V$: $E_{K_V}(K_{C,V} \| ID_C \| AD_C \| ID_V \| TS_4 \| Lifetime_4)$

$Authenticator_C$: $E_{K_{C,TGS}}\left(K_{C,TGS} \| ID_C \| AD_C \| TS_3\right)$

第三阶段：

（5）$C \to V: Ticket_V \| Authenticator_C$

（6）$V \to C: E_{K_{C,V}}(TS_5 + 1)$

$Authenticator_C$: $E_{K_{C,V}}(ID_C \| AD_C \| TS_5)$

在Kerberos V4的这六步的认证过程中，首先解决了票据被重用的问题。票据被重用的威胁在于攻击者获得了票据，并在票据失效前使用它。

我们先从第一阶段的步骤（1）开始分析。为了防止重放攻击，Kerberos V4在客户

端和TGS之间引入了一个会话密钥$K_{C,TGS}$。用户的客户端在访问AS请求获得访问TGS的票据时，AS回复一个消息，如上面的步骤（2）所示，这个消息是由用户口令派生出来的密钥K_C加密的。在加密的消息里面，含有一个后续客户端与TGS通信时使用的会话密钥$K_{C,TGS}$。由于$K_{C,TGS}$是包含在由密钥K_C加密的消息内的，所以只有用户的客户端才能获得它。这个密钥同时加密存储在用户获得的TGS票据中，而TGS票据只有TGS才能解密。通过这种方式，用户和TGS获得了一个安全的共享密钥$K_{C,TGS}$。在步骤（1）中，用户发给AS的消息中包含了时间戳TS_1。根据这个时间戳，AS可以知道这个消息是即时发送而不是重放的。在AS发放给用户的票据中，同样包含了时间戳和生命周期字段，说明了票据的有效期。

在第二阶段的步骤（3）中，除了TGS票据外，用户发给TGS的消息中还包含了一个新引入的消息$Authenticator_C$。$Authenticator_C$中的消息内容包括用户的ID、用户客户端的网络地址、生成此消息的时间戳，这些消息打包用用户和TGS之间共享的密钥$K_{C,TGS}$加密，只能由TGS解密。注意，在$Authenticator_C$中，只有时间戳，没有生命周期，这意味着$Authenticator_C$只能一次有效，无法用于重放攻击。通过$Authenticator_C$，TGS可以得出这样的结论：首先$Authenticator_C$是由密钥$K_{C,TGS}$加密的，而$K_{C,TGS}$是由AS分发给用户和TGS的，其他人不会持有此密钥，所以使用$K_{C,TGS}$加密的用户必然是通过了AS认证的合法的、与密钥$K_{C,TGS}$绑定的用户。TGS对$Authenticator_C$解密后，进一步验证消息中的用户ID和网络地址，查看用户ID是否与TGS票据中的ID_C相符；验证消息中的网络地址AD_C和收到的消息的地址相符。如果验证均通过，就表明用户在T_3时刻，在具有合法网络地址的客户端上，使用了唯一与用户身份绑定的密钥生成了验证符，持有合法的、AS颁发的票据来申请访问应用服务器V的票据，而且$Authenticator_C$只有一次有效，不会是重放的攻击包。

在第二阶段的步骤（4）中，TGS给出返回消息，消息用密钥$K_{C,TGS}$加密，包含有用户和应用服务器V之间共享的密钥$K_{C,V}$、应用服务器V的ID、时间戳和用户访问应用服务器V的票据$Ticket_V$。$Ticket_V$中同样包含了密钥$K_{C,V}$，以实现用户和应用服务器V之间的密钥共享。$Ticket_V$中其他字段的意义与上一个认证方案相同，这里不再赘述。经过步骤（4），用户拥有了访问应用服务器的票据，进入第三阶段。

在第三阶段的步骤（5）中，用户将访问应用服务器的票据$Ticket_V$和新生成的一个认证符$Authenticator_C$一同打包发送给应用服务器V。应用服务器V解密票据$Ticket_V$，恢复出会话密钥$K_{C,V}$，并解密认证符$Authenticator_C$，实现应用服务器V对用户及客户端的单向认证。如果需要展开用户对应用服务器的双向认证，则进入步骤（6）。在步骤（6）中，应用服务器将从步骤（5）中获得的时间戳TS_5加1以后，用会话密钥$K_{C,V}$加密返回给用户。因为会话密钥$K_{C,V}$是用户和应用服务器共享的，所以用户如果能够解密这个消息，并且解密获得的对方返回的值是自己发出的时间戳加1，则可以认为应用服务器V的认证通过。最后，用户和应用服务器之间可以利用会话密钥$K_{C,V}$加密后续的消息，也可以通过会话密钥$K_{C,V}$交换双方新生成的一个随机一次性会话密钥，以获得更高的安全性。

Kerberos协议版本4的工作流程如图3-7所示。

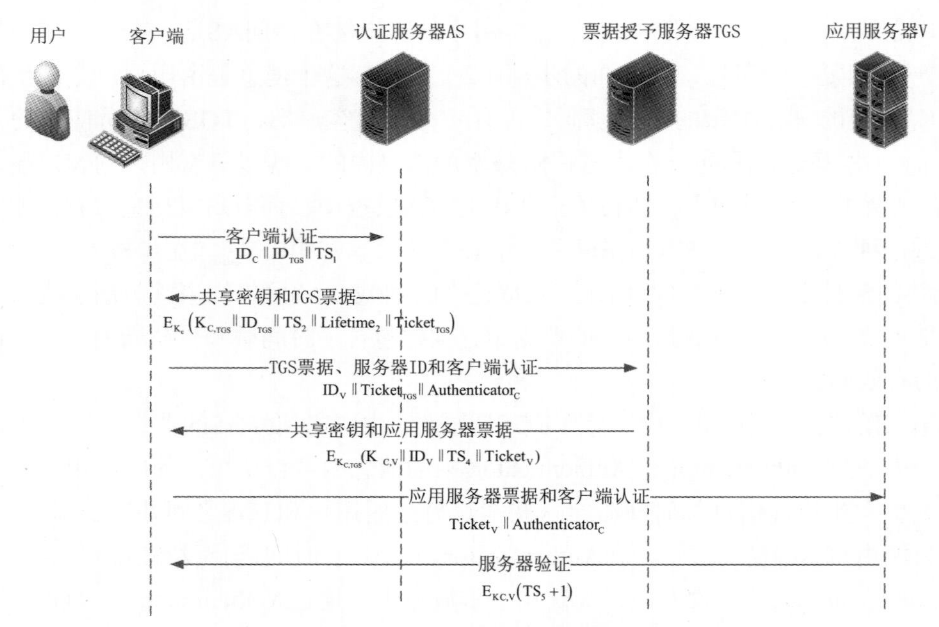

图3-7 Kerberos协议版本4工作流程

现在主流的Kerberos版本是5。版本5相比于版本4做了以下优化：

（1）在版本4的消息2和消息4中，用户获得的票据经过了两次加密，一次是以服务器的密钥加密，一次以用户的密钥加密。在版本5中，认为第二次加密是不必要的，减小了加密运算负担。

（2）版本4采用的是DES加密算法，业界认为DES的加密强度不够，在版本5中，可以选择任何加密算法。

（3）版本4中的生命周期用8位表示，计数单位为5min，限制了其最长有效期。在版本5中，只显式地设置起始时间和结束时间，有效期的设置更为灵活。

（4）在版本5中采用了预认证机制，使得系统对口令攻击具有更好的抵御能力。

（5）版本4中网络地址只支持IP地址，在版本5中引入了地址的类型和长度标记，可以使用任意类型的网络地址。

（6）在版本4中，每个票据中均含有一个会话密钥，客户端可以用这个密钥加密与票据对应的服务器之间的通信。在版本5中，客户端与服务器之间后续的通信必须使用新生成的会话密钥，以提供更强的抗重放能力。

Kerberos版本5 的工作流程如下：

第一阶段：

（1）$C \to AS: Options \| ID_C \| Realm_C \| ID_{TGS} \| Times \| Nounce_1$

（2）$AS \to C: Realm_C \| ID_C \| Ticket_{TGS} \| E_{K_C}\left(K_{C,TGS} \| Times \| Nounce_1 \| Realm_{TGS} \| ID_{TGS}\right)$

$Ticket_{TGS}$: $E_{K_{TGS}}\left(Flags \| K_{C,TGS} \| Realm_C \| ID_C \| AD_C \| Times\right)$

第二阶段：

（3）$C \to TGS: Options \| ID_V \| Times \| Nounce_2 \| Ticket_{TGS} \| Authenticator_C$

（4）$TGS \to C: Realm_C \| ID_C \| Ticket_V \| E_{K_{C,TGS}}(K_{C,V} \| Times \| Nounce_2 \| Realm_V \| ID_V)$

$Ticket_{TGS}$：$E_{K_{TGS}}\left(Flags \| K_{C,TGS} \| Realm_C \| ID_C \| AD_C \| Times\right)$

$Ticket_V$：$E_{K_V}\left(Flags \| K_{C,V} \| Realm_C \| ID_C \| AD_C \| Times\right)$

$Authenticator_C$：$E_{K_{C,TGS}}\left(K_{C,TGS} \| ID_C \| Realm_C \| TS_1\right)$

第三阶段：

（5）$C \to V$: $Options \| Ticket_V \| Authenticator_C$

（6）$V \to C$: $E_{K_{C,V}}(TS_2 \| Subkey \| Seq\#)$

$Ticket_V$：$E_{K_V}\left(Flags \| K_{C,V} \| Realm_C \| ID_C \| AD_C \| Times\right)$

$Authenticator_C$：$E_{K_{C,V}}(ID_C \| Realm_C \| TS_2 \| Subkey \| Seq\#)$

在上述6个步骤中，引入了一些新的字段，其意义和作用如下：

- Realm（域）：被称为Kerberos域。Kerberos的数据库中必须保存所有认证用户的ID和经过散列处理的用户口令。一个Kerberos域就是共享一个Kerberos数据库的所有受控节点的集合。引入Realm（域）字段，可以支持跨Kerberos域的交叉身份认证。
- Options（选项）：用于请求在返回的票据中设置某些标志。是一个32位的字段，其中每一位代表一个具体选项，通常需要设置不同的位为1，实现组合选项，比如0x40810010代表Forwardable、Renewable、Canonicalize、Renewable-ok组合选项。具体的选项内容过于细节化，有兴趣的读者可参考请求标注文档RFC 4120。
- Times（时间）：用户客户端请求在票据中进行时间设置，具体设置内容包括：
  from：被请求票据的起始时间。
  till：被请求票据的失效时间。
  rtime：要求对till设置的时间进行更新，更新后的时间为rtime。
- Nounce（随机值）：一个随机数，用来确保消息是实时的，而不是重放的。
- Subkey：子密钥，用于选择后续安全通信的密钥。如果忽略此字段，后续会话继续使用密钥$K_{C,V}$。
- Seq：这是一个可选的字段，用于指定本次会话中服务器向客户端发送消息的起始序列号，用于防范重放攻击。

3.2.5 单点登录机制

Kerberos最大的优点是通过一次身份认证，就可以多次访问授权的服务资源。这本质上就是实现了一种单点登录机制（Single Sign On，SSO）。单点登录机制是比较流行的企业业务整合的解决方案之一。单点登录的定义是在多个应用系统中，用户只需要登录一次就可以访问所有相互信任的应用系统。单点登录为企业用户和个人用户都带来了很多好处。对于个人用户，可以带来很好的用户体验，比如百度文库和百度网盘，我们可以在登录“百度文库”后，将文档直接保存在“百度网盘”中；又比如我们在“淘宝网”加入购物车的商品，可以无缝切换到“天猫商城”进行结算。对于企业用户，可以实现资源的统一管理、集中权限分配和集中认证，提高企业信息系统的便捷性、安全性和集成度，而且更易于实施业务扩展。

总体而言，单点登录就是在不损失安全性的前提下，通过一次认证登录，多次访问相互信任的系统，以提高操作的便捷性。通过对Kerberos协议的介绍，我们了解到，实现这一目的的技术手段是用户在认证后，给用户颁发不同的票据来授予用户不同应用系统的访问权限。票据在不同的认证体系中有时也被称为令牌。Kerberos协议中引入了一个专门用于分发票据的服务器——票据授予服务器（TGS），以提供更高的安全性。在很多单点登录系统中是没有票据授予服务器这一角色的，票据（或令牌）由认证服务器直接分发。这时的单点登录流程如图3-8所示（图中括号内的内容表示交互过程中消息所携带的参数内容）。

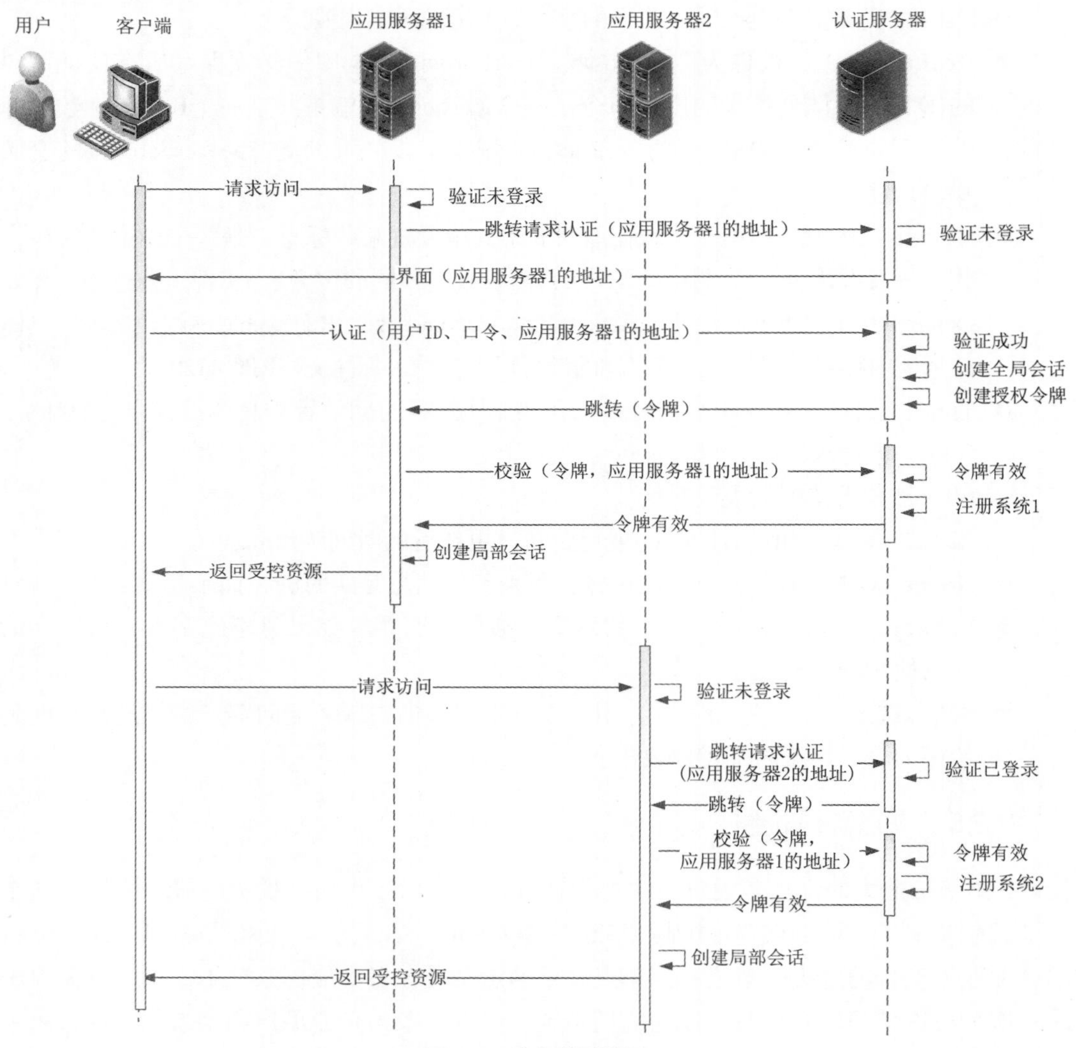

图3-8　单点登录流程

为了阐述方便，我们假设在图3-8中，应用服务器1为“百度文库”的服务器，应用服务器2为“百度网盘”的服务器。我们以用户登录“百度文库”和“百度网盘”来说明单点登录的工作流程。

（1）用户在浏览器中输入“百度文库”的地址，请求访问“百度文库”中的受保护资源，“百度文库”服务器发现用户未登录，跳转至认证服务器，并将自己的地址作为附加的参数内容。

（2）认证服务器发现用户未登录，将用户引导至登录页面。

（3）用户输入用户名密码，提交登录申请。

（4）认证服务器校验用户信息，创建用户与认证服务器之间的会话，称为全局会话，同时创建授权令牌。

（5）认证服务器带着令牌跳转回最初的请求地址（“百度文库”服务器的地址）。

（6）“百度文库”服务器拿到令牌，去认证服务器校验令牌是否有效。

（7）认证服务器校验令牌，返回有效，注册“百度文库”服务器。

（8）“百度文库”服务器使用该令牌创建与用户的会话，称为局部会话，为用户返回其访问的受保护资源。

（9）用户发现“百度文库”中的文献有用，需要存储在自己的“百度网盘”中。于是用户访问“百度网盘”服务器，获得写入权限。

（10）“百度网盘”服务器发现用户未登录，跳转至认证服务器，并将自己的地址作为参数。

（11）认证服务器发现用户已登录，跳转回“百度网盘”服务器的地址，并附上令牌。

（12）“百度网盘”服务器拿到令牌，去认证服务器校验令牌是否有效。

（13）认证服务器校验令牌，返回有效，注册“百度网盘”服务器。

（14）“百度网盘”服务器使用该令牌创建与用户的局部会话，返回用户访问的受保护资源，即写入权限，用户将文献存储在“百度网盘”中。

在单点登录机制中，要求用户能够单点登录，也必然要求用户能够单点注销，即用户一次可退出所有单点登录的系统。单点注销的流程如图3-9所示（图中括号内的内容表示交互过程中消息所携带的参数内容），具体内容如下。

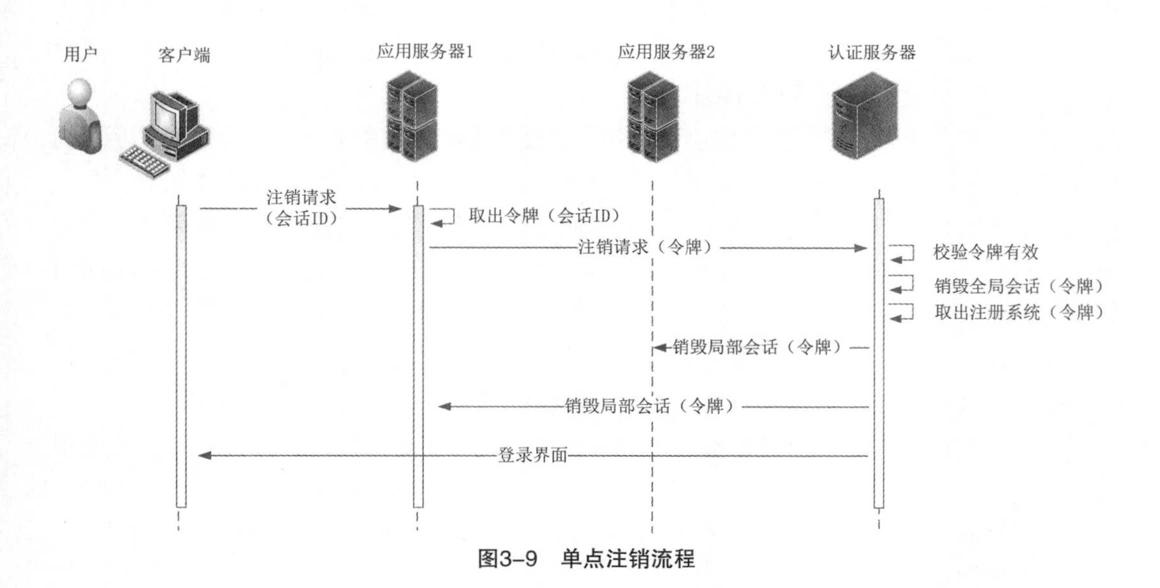

图3-9　单点注销流程

（1）用户向“百度文库”服务器发起注销请求。

（2）“百度文库”服务器根据用户与“百度文库”服务器建立的会话ID拿到令牌，向认证服务器发起注销请求。

（3）认证服务器校验令牌有效，销毁全局会话，同时取出所有用此令牌注册的系统地址。

（4）认证服务器向所有注册系统发起注销请求。

（5）各注册系统接受认证服务器的注销请求，销毁局部会话。

（6）认证服务器引导用户至登录页面。

3.3 访问控制

从上节的各种身份认证的工作流程可以看出，在身份认证结束后，紧接着就要根据用户的身份，给用户分配合适的权限以访问合适的资源。简单地说，身份认证解决的是“你是谁，你是否是你声称的那个人”的问题，而访问控制解决的是“你可以做什么”的问题。网络安全从实用性的角度来说，就是让适当的人访问适当的资源，而且只能访问适当的资源。没有身份验证和访问控制，就没有数据安全，也就没有网络安全。每一起数据泄露事件，调查的时候首先查的就是访问控制策略。无论是终端用户疏忽大意造成的敏感数据意外泄露，还是由于软件漏洞而泄露敏感数据，访问控制都是其中的关键因素。如果没有恰当实现和维护好身份认证和访问控制，就可能会造成灾难性后果。在3.2.3节中讲到的AAA服务就是一种将身份认证与访问控制紧密结合、应用广泛的网络安全系统。

在AAA服务中，首先，认证部分提供了对用户的认证。认证可以采用3.2节中介绍的各种认证方法来实现。将用户信息同数据库中每个用户的信息进行核对：如果符合，那么对用户认证通过；如果不符合，则拒绝提供服务。

用户还要通过授权，即访问控制来获得操作相应任务的权限。比如，登录系统后，用户可能会执行一些命令来进行操作，这时，访问控制过程会检测用户是否拥有执行这些命令的权限。简单而言，访问控制是一系列访问控制策略的组合，比如Linux操作系统中对文件的读、写、执行权限的组合策略。访问控制应用在认证之后。一旦用户通过了认证，他们也就被授予了相应的权限。

最后一步是计费，这一过程将会统计用户在使用资源过程中消耗的资源数目。不同的机构有不同的计费方式，本章不再赘述。我们将注意力集中到访问控制的具体细节上来。

由上述我们可以认识到，访问控制就是通过某种途径显式地准许或限制用户访问资源。访问控制的目的是保证信息资源受控、合法地被使用，用户只能根据自己的权限访问特定的资源，不能越权访问，以避免因非法用户入侵或合法用户的不慎操作造成破坏。

访问控制一般涉及三个实体：

主体：提出访问资源要求的实体，通常是用户或用户客户端上的某个进程。

客体：被访问的资源，可以是被调用的程序、进程，要存取的数据、文件，要使用的网络设备，等等。

访问控制规则：定义好的一套规则，用于确定一个主体是否有权限访问一个客体。

访问控制系统的重点就在于定义合理的访问控制规则。

3.3.1　访问控制的实现方法

访问控制的实现方法通常有访问控制矩阵、访问能力表、访问控制列表、授权关系表和安全标签等。

1. 访问控制矩阵

我们可以很自然地将访问控制规则表示为矩阵的形式，列是主体，行是客体，元素是主体对客体拥有的访问权限。如表3-1中Alice对File1具有读、写、执行权限，对File2有读权限，对File3具有读、写权限，可以通过端口1访问外网，不能通过端口2访问外网。

访问控制矩阵的优点是可以快速定义访问规则，但是查找和实现起来有一定的难度，而且，如果用户和文件系统要管理的文件很多，那么控制矩阵的数量将会呈几何级数增长，而这些矩阵又很可能是一个个稀疏矩阵，会造成大量的空间浪费。

表3-1　一个访问控制矩阵的例子

	File1	File2	File3	Port1	Port2
Alice	R\W\X	R	R\W	Allow	Deny
Bob		R\X	R	Deny	Deny
Charles	R\W\X	R\W\X		Allow	Allow

2. 访问能力表

如上所述，在一个系统中，并不是所有的访问控制主体与所有的访问控制客体之间都存在着权限关系，大部分主体和客体之间没有权限关系。因此，访问控制矩阵中可能会存在大量的空白项，构成了稀疏矩阵，会造成存储空间的巨大浪费。在数据结构中，我们会用链表来存储稀疏矩阵，于是很自然地就会想到采用链表来描述访问控制矩阵，这就是访问能力表，如图3-10所示。

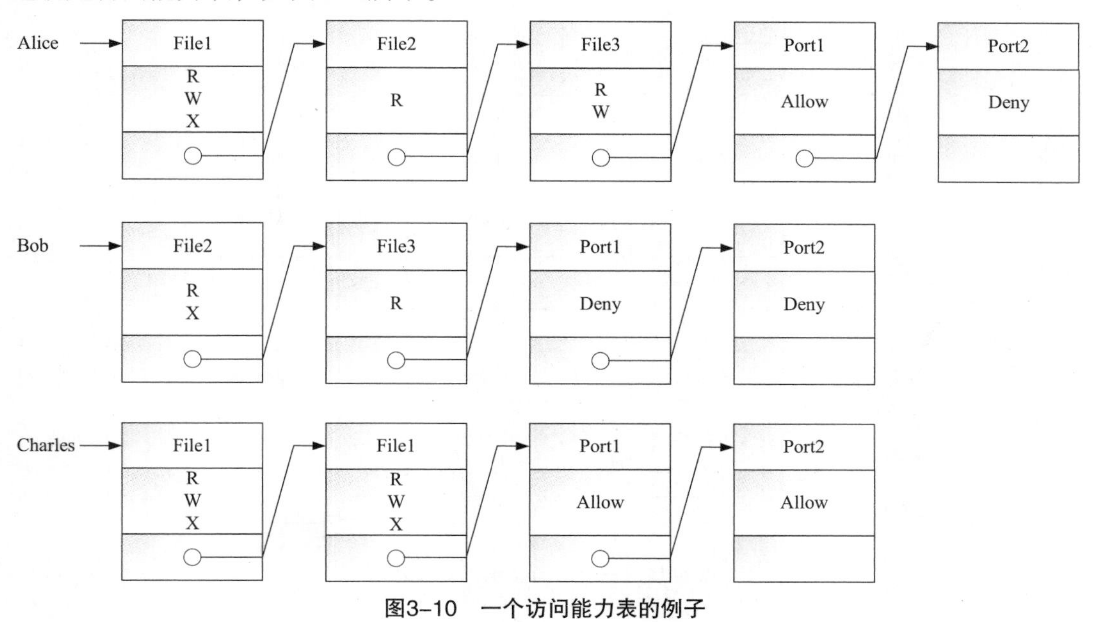

图3-10　一个访问能力表的例子

当要对一个主体用户进行访问控制时，查询访问能力表中对应主体的链表。如果查到了匹配项，则应用匹配的访问控制规则；如果没有查到匹配项，则应用默认的访问控制规则。默认的访问控制规则根据系统的具体要求确定，基本有“允许除非拒绝”和“拒绝除非允许”两大类。

3. 访问控制列表

在访问能力表中，是以主体为出发点来定义访问规则的，但在信息系统中通常是以客体为主要保护对象的，因此，需要以客体为出发点来定义访问控制规则。如果说访问能力表是用链表来描述访问控制矩阵中一行内容来形成面向主体的访问控制，那么也可以用链表来描述访问控制矩阵中一列内容来形成面向客体的访问控制，这就是访问控制列表（Access Control List，ACL），如图3-11所示。

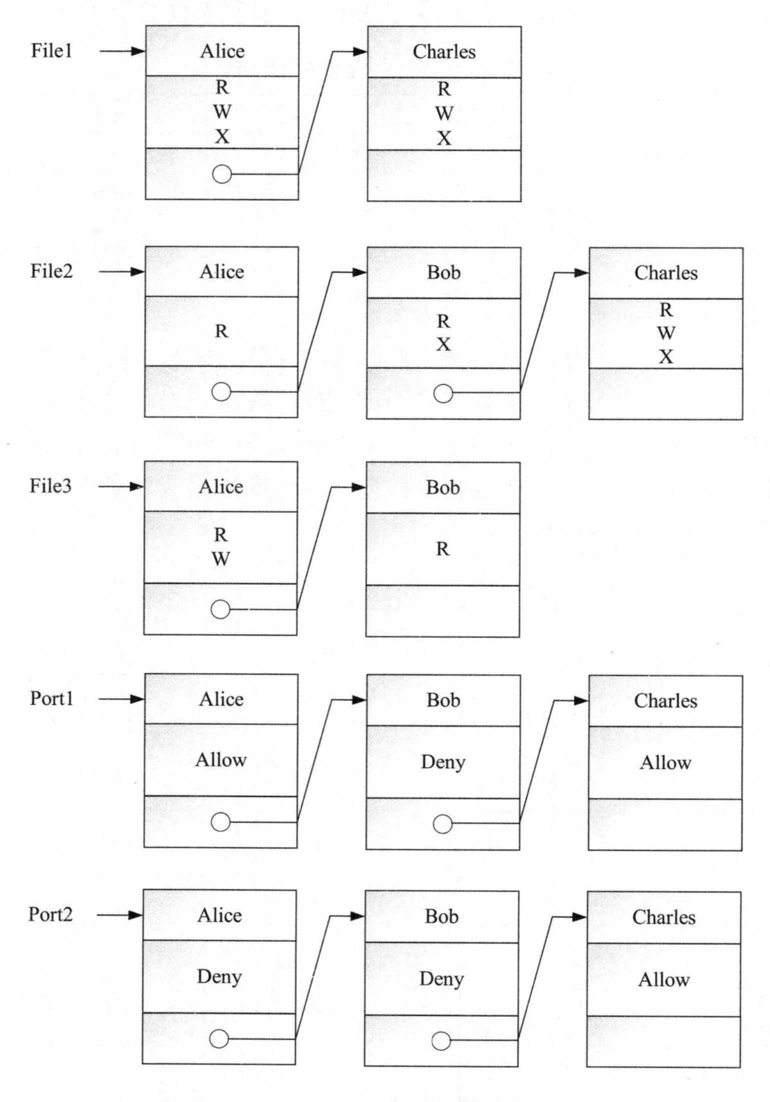

图3–11　一个访问控制列表的例子

在访问控制列表中，控制的对象是客体，当发生一个主体的使用申请时，查询访问控制列表中客体对应的链表。如果查到了匹配项，则应用匹配的访问控制规则；如果没有，则应用默认的访问控制规则。

访问控制列表是目前采用最多、应用最广的一种访问控制实现方法。其主要优点在于实现简单，对系统性能影响小。这使得它几乎不需要任何基础设施就可以完成访问控制。但同时它的缺点也是很明显的，由于需要维护大量的访问权限列表，在大规模、需求复杂的信息系统中，查询访问控制列表无疑将是一个非常耗时的工作。另外，对于具有大量客体的信息系统，维护和管理访问控制列表本身就是一项非常繁重的工作。

4. 授权关系表

除了访问能力表和访问控制列表这两个以链表方式进行访问规则管理的方式外，还有一种以关系数据库的方式来进行访问控制规则管理的方式，这就是授权关系表，如表3-2所示。表中只给出了Alice和Bob的授权关系，读者可以试着自己给出Charles的授权关系。

表3-2　一个授权关系表的例子

主　体	访问权限	客　体
Alice	R	File1
Alice	W	File1
Alice	X	File1
Alice	R	File2
Alice	R	File3
Alice	W	File3
Alice	Allow	Port1
Alice	Deny	Port2
Bob	R	File2
Bob	X	File2
Bob	R	File3
Bob	Deny	Port1
Bob	Deny	Port2

在表3-2中，每一行代表了一个主体对一个客体的一个授权关系。表中Alice对文件File1具有读、写、执行三个权限，因此占用了三行。如果对表3-2用客体进行排序，就得到了访问控制列表；如果对表3-2用主体进行排序，就得到了访问能力表。如果对表3-2用主体进行排序，就得到了访问能力表。这种方法非常适合结合关系数据库进行管理，对于大规模信息系统的访问控制比较易于实现和管理。

5. 安全标签

上述4种访问控制方法都是粗粒度的访问控制。在实际的信息系统中，不同的主体和客体可能会具有不同的安全属性。比如Alice可能是项目经理，Bob可能是程序员，

File1是系统文件，File2是数据文件，他（它）们的安全属性是不同的。安全标签就是对主体和客体的安全属性集合进行标注，形成严格的安全等级集合，以实现细粒度的访问控制。我们就以部队中的情况为例来说明什么是安全标签。在部队中，具有将军军衔的人无疑具有很高的权限，他可以访问部队的所有绝密数据，而校级军官只能访问其所在部队的命令数据。在一个部队的数据库中，又分为绝密资料数据库和普通军令数据库。如果访问者的军衔是将军，那么他可以访问这两个数据库；如果他的军衔是大校，那么他只能访问普通军令数据库。军衔是主体的访问标签，数据的秘密等级是客体的访问标签。下节将要介绍的强制访问控制策略经常会用到这种实现机制。

3.3.2 访问控制策略

下述介绍访问控制在信息系统中是如何实施的。安全措施是围绕着安全策略来制定的，访问控制必须在一定的安全策略指导下来实施。访问控制的安全策略称为访问控制策略，用来指导主体对客体访问的一系列访问控制规则，反映信息系统对访问控制安全性的需求。

访问控制策略的制定和实施是围绕主体、客体和访问控制规则集三者之间的关系展开的，它的制定要注意遵循下述原则：

（1）最小授权原则：该原则也被称为最小权限原则或最小特权原则，是指主体执行操作时，按照主体所需权限的最小化原则分配给主体权限。最小授权原则的优点是最大程度地限制了主体实施授权行为，可以避免来自突发事件、错误和未授权使用主体的危险。最小授权原则是访问控制中最重要的原则。

（2）最小泄露原则：是指主体执行任务时，按照主体所需要知道的信息最小化的原则分配给主体权限。最小泄露原则的优点同样是避免由于意外造成的消息泄露。

（3）多级安全策略：是对主体和客体划分安全级别，比如可将文件划分为绝密、秘密、机密、限制和无级别五个等级。多级安全策略的优点是可以避免敏感信息的扩散。具有安全级别的信息资源，只有安全级别比它高的主体才能够访问。

在上述三个原则的指导下，现有的访问控制策略可以分为自主访问控制、强制访问控制和基于角色的访问控制。

1. 自主访问控制（Discretionary Access Control，DAC）

自主访问控制提出的时间最早，是目前依然广泛应用的一种访问控制策略。所谓自主就是由客体的属主自己决定对自己的客体进行权限分配和管理。就是说，在自主访问控制下，作为客体属主的用户可以按自己的意愿，有选择地与其他用户共享他的文件。我们常用的Windows和Linux系统的文件管理均采用了这种访问控制策略。

自主访问控制将客体的权限管理交给了客体的属主个人，管理员难以掌握到底哪些用户对哪些资源拥有访问权限，不利于实施全局统一的访问控制。而现在企业规模都越来越大，工作环境越来越复杂，接入网络的接入设备也越来越多，比如电脑、手机、物联网设备等，如果都采取自主访问控制，显然无法实施一个企业内部统一的安全策略，安全风险必然会越来越大。

2.强制访问控制（Mandatory Access Control，MAC，又叫非自主访问控制）

强制访问控制的“强制”是指用户的权限和客体的安全属性都是系统管理员人为设置，或由操作系统自动地按照严格的安全策略与规则进行设置，用户和用户开启的进程不能修改这些属性。

强制访问控制主要应用于多层次安全级别的信息系统中。它首先为主体和客体定义不同的可信任级别和安全级别。当主体提出访问客体的访问请求时，强制访问控制对主客体的安全级别进行比较以确定访问模式。具体的访问模式包括以下4种：

（1）下读：主体安全级别高于客体安全级别时允许的读操作。也就是说仅当主体的许可证级别高于或者等于客体的密级时，该主体才能读取相应的客体。

（2）上读：主体安全级别低于客体安全级别时所允许的读操作。也就是说仅当主体的许可证级别低于或者等于客体的密级时，该主体才能读取相应的客体。

（3）下写：主体安全级别高于客体安全级别时允许的写操作。也就是说仅当主体的许可证级别高于或者等于客体的密级时，该主体才能写相应的客体。

（4）上写：主体安全级别低于客体安全级别时允许的写操作。也就是说仅当主体的许可证级别低于或者等于客体的密级时，该主体才能写相应的客体。

在典型的强制访问控制应用中，访问控制关系主要分为两类：通过下读/上写来保证数据的保密性，用上读/下写来保证数据的完整性。这两种方式与我们的直觉产生了冲突，我们的常识告诉我们，安全的访问控制只能是下读/下写，即只能高安全级别的主体才能读写低安全级别的客体。现在就来分析一下为什么会有下读/上写和上读/下写这两种模式。

下读/上写也被称为BLP模型（Bell-LaPadula Model）。BLP模型主要应用于政府和军事部门实施基于保密性的访问控制。在BLP模型中，用户只能在其自己的安全级别或更高的安全级别上创建内容。比如，一位保密级别为秘密的研究人员在进行涉密项目研究时，可以创建秘密或机密级别的技术文档或国防报告，提交给主管部门，但不能创建一个公开级别的项目文档；不能下写。相反，用户只能查看在自己的安全级别或更低的安全级别的内容。例如，上面这个秘密级别的研究人员可以查看公共或秘密级别的文件，但不能查看机密和绝密文件；不能上读。

BLP模型侧重于数据的保密性和对机密信息的受控访问，如果主体对对象的所有访问模式符合下读/上写的安全策略，则该系统的状态被定义为“安全”。 为了确定是否允许特定的访问模式，BLP模型定义了三种安全属性：

- 简单安全属性（Simple Security Property）：规定给定安全级别的主体无法读取更高安全级别的对象，即不能上读。
- 星（*）属性（Star Property）：规定给定安全级别的主体无法写入任何更低安全级别的对象，即不能下写。
- 自主安全属性（Discretionary Security Property）：使用访问矩阵来规定自主访问控制，但只能在同等安全级别下进行读写。

在这三种属性的管理下，信息只能从低安全级别流向高安全级别，从而保证了信息的机密性。这就是我们在第一章说的安全属性的“看不懂”。

我们在第一章里就讲过，在信息安全里：有些应用强调数据的保密性，即“看不懂”；有些应用强调的是数据的完整性，即“改不了”。上读/下写的意义就在于实现了数据的完整性，也称为Biba模型。例如，我们将完整性的安全级别定义为1，2，3，4共4个级别，1级是最高完整性，4级是最低完整性。1级人员发出的文件具有最高的完整性等级。比如一个企业，董事会中成员可以认为是1级人员，职业经理人可以认为是2级人员，部门经理可以认为是3级人员，普通员工可以认为是4级人员。如果董事会做出了关于调整员工工资的决议，它并不需要保密，企业内部1~4级的人员都能查阅。但除了董事会外，任何人不能修改决议内容，给自己多涨点工资，即不能破坏决议的完整性。也就是说只有1级的人才能修改，2级及以下级别的人不可以修改1级人员发出的文件内容。但2级人员可以读1级人员发出的文件内容。此时，数据只能由高向低流，而禁止从低向高流。

当然，实际的工作中，也不会只考虑机密性，不考虑完整性。所以，实际的系统一定比上述的BLP模型和Biba模型要复杂。但作为安全从业者，先要理解这两个模型。

3.基于角色的访问控制（Role-based access control，RBAC）

在自主访问控制和强制型的访问控制中，访问控制是与主体、客体密切相关的。我们考虑上面Biba模型中企业的例子，在这个例子中，主体的角色是会发生改变的。比如部门经理由于工作失误，降级为普通员工；普通员工由于工作业绩突出被提升为部门经理；职业经理由于薪资问题离开企业。显然，人员职位的变动必然会引起人员主体权限的变化。理想的状况是访问权限与人员的角色绑定，而不是与人员绑定，一旦用户被分配了适当的角色后，该用户就拥有此角色的所有操作权限。比如1级权限只授权给董事长这个角色，而不管董事长是谁，这就是基于角色的访问控制。基于角色的访问控制最大的优势在于将访问控制规则与角色绑定，不必为用户的变动而重新分配权限。在一个企业里，用户主体所能执行的操作是与他所承担的角色相匹配的，角色的权限变更比用户的权限变更要少得多，而且，如果多个用户承担相同的角色，则只需要配置一条与角色相关的规则即可，这样将极大地简化用户的权限管理，减少系统的开销。

与自主访问控制和强制型的访问控制相比较，基于角色的访问控制在主体和客体之间添加了一层中间媒介——“角色”，通过角色把主体对客体的权限联系起来，如图3-12所示。

图3-12中基于角色的访问控制将访问控制概括为判断“谁（Who）可以对什么对象（What）怎样（How）执行访问操作（Operator）”这个逻辑表达式的值是否是真的操作。RBAC最大的特点是引入了角色这一概念，并将权限与角色绑定。在一个企业和组织内部，常常有许多用户从事同一项工作的情形，这些用户显然拥有相同的权限。如果没有角色这一概念，在分配权限时就需要分别为多个用户指定相同的权限，修改权限时也要将多个用户的权限进行一一修改。而引入角色后，我们只需要为该角色制定好权限后，将相同权限的用户都指定为同一个角色即可，便于权限管理。对于批量的用户权限调整，只需调整用户关联的角色权限，不需要针对每一个用户都进行调整，既可大幅提升访问控制管理的效率，又降低了漏调整、误调整权限的概率。

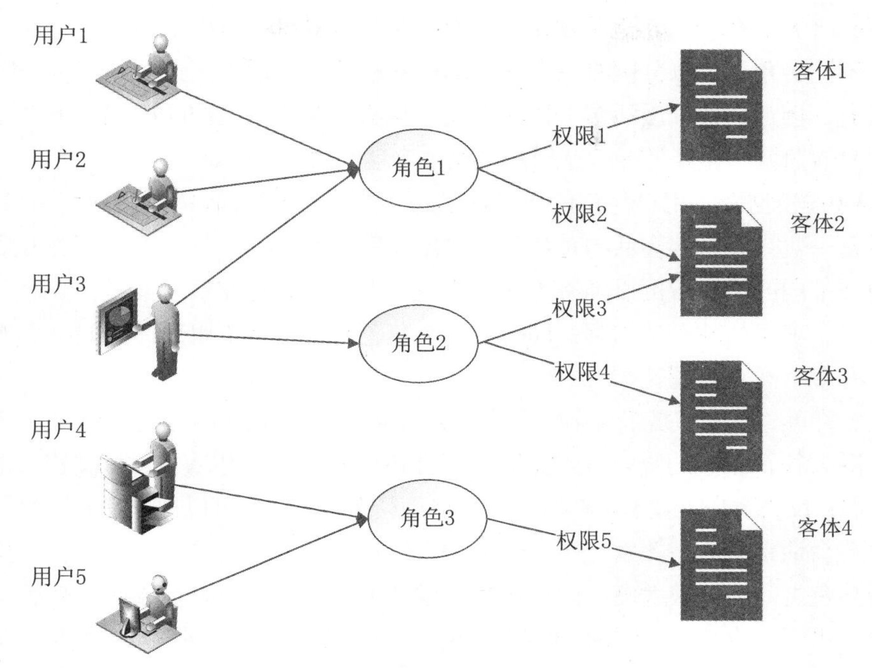

图3-12　基于角色的访问控制

在RBAC的概念提出后，许多专家和学者相应地提出了不同的RBAC模型，其中以George Mason大学的RBAC96模型最具代表性。RBAC96模型是一个模型族，其中包含了RBAC0~RBAC3四个子模型。其中：

RBAC0：基本模型，规定了RBAC系统必须具备的最小需求。

RBAC1：分级模型，在RBAC0的基础上增加了角色等级（Role Hierarchies）概念。

RBAC2：限制模型，在RBAC0的基础上增加了限制（Constraints）概念。

RBAC3：统一模型，包含了RBAC1和RBAC2，由于传递性也将RBAC0包含在内。

（1）RBAC0模型。RBAC0模型由4个实体组成，分别是用户（U，User）、角色（R, Role）、许可（P, Permission）、会话（S，Session）。其中：用户就是自然人，也就是访问控制中的主体；角色即一个企业或组织内部的工作岗位，具有明确的职责和职权；许可是指将系统中对客体进行访问的权限赋予角色；会话负责建立用户与角色之间的映射关系。它们之间的关系如图3-13所示。

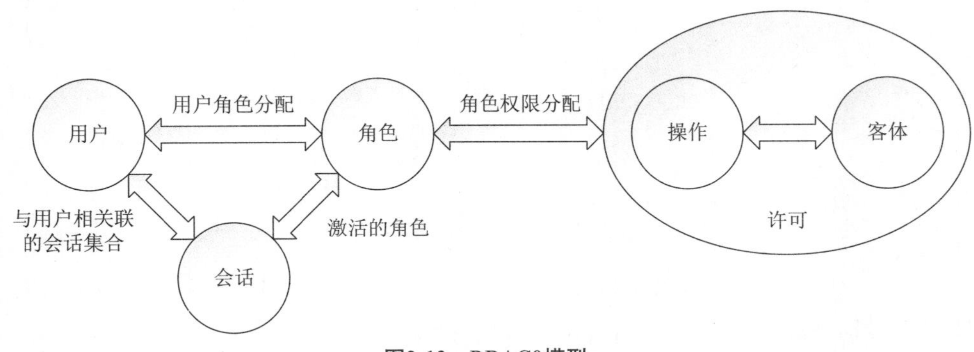

图3-13　RBAC0模型

在图3-13中，每个角色至少分配了一个权限，每个用户至少承担一个职责，对应一个角色；不同的角色可以分配有完全相同的访问权限；会话由用户控制，一个用户需要进行工作时，创建会话并激活多个用户角色，从而获取相应的访问权限，用户可以在会话中更改激活角色，完成任务后，用户可以主动地结束一个会话。

在RBAC0模型中，用户与角色是多对多的关系，角色和许可也是多对多的关系，用户与会话是一对一关系，会话与角色是一对多关系。用户和角色的多对多的关系，表示一个用户在不同的场景下可以拥有不同的角色。例如软件企业里一个项目经理，也可以同时是另一个项目的项目架构师；同时，一个角色可以给多个用户，例如一个项目组中有必然会有多个开发人员。

角色和许可（权限）是多对多的关系，表示角色可以拥有多个权限，同一个客体的权限也可以授给多个角色。这个比较好理解，比如项目经理既可以查询技术文档，也可以查询财务文件；反之类似，技术文档既可以被项目经理查询，也可以被开发人员查询。

用户与会话是一对一关系，表示会话是由用户创建的，由单个用户控制。会话负责在用户和角色之间建立映射关系。用户在完成某个特定的操作时，会话将激活其对应的角色子集。由于一个用户可以承担多个职位，所以会话与角色是一对多关系。RBAC设定了最小授权原则，每个用户对应的角色集不能超过用户完成工作所需的最大权限，会话每次激活的角色集对应的权限要小于用户所拥有的权限。

（2）RBAC1模型。RBAC1模型在RBAC0模型的基础上增加了子角色，引入了继承的概念，即子角色可以继承父角色的所有或部分权限，使角色有了访问权限的偏序关系。如某个软件开发部门，有项目经理、项目主管、程序员。项目主管的权限不能大于项目经理，程序员的权限不能大于项目主管，如果采用RBAC0模型做权限系统，极可能出现分配权限失误，最终出现主管拥有经理都没有的权限的情况。引入RBAC1模型就可以很好地解决这个问题。创建完项目经理角色并配置好权限后，项目主管角色的权限继承项目经理角色的权限，并在经理权限上删减部分权限。因此，角色就有了等级区分，如图3-14所示。

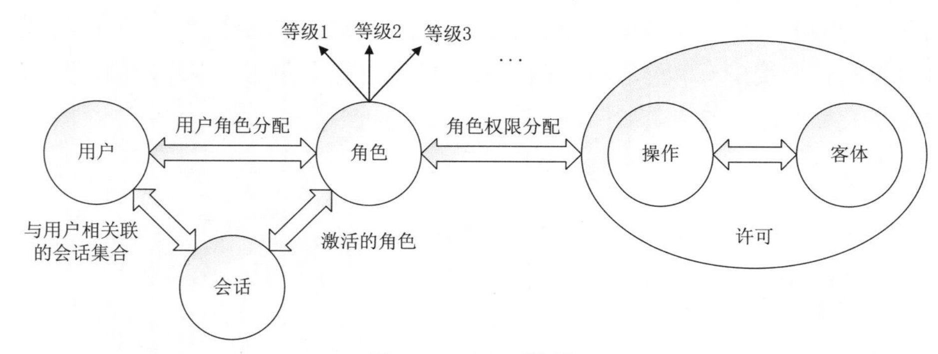

图3-14　RBAC1模型

（3）RBAC2模型。RBAC2模型在RBAC0模型的基础上引入了限制的概念，增加了对角色的限制，包括角色互斥、基数约束、先决条件角色、运行时互斥等。

角色互斥是RBAC2模型中最基本的限制，即如果一系列角色在权限上相互排斥，那么同一个用户只能分配到这一系列角色中的一个角色。例如，一个用户可以在A项目中担任软件设计人员，在B项目中担任软件测试人员，但不能同时在A项目中担任软件设计人员和软件测试人员，不能同时获得两个角色的使用权。

基数限制规定了一个角色可以被分配的最大用户数。比如在一个连队中，连长这个角色只能分配给一个人，排长则最多可以分配给三个人。同时，一个用户对应的角色数量、一个权限分配给的角色数量也是受限制的。这样可以控制高级权限在系统中的分配。

先决条件角色指要想获得较高的权限，要首先拥有低一级的权限。就像我们生活中，任何工作都得从基层干起来一样。用严格形式化描述，先决条件角色指可以分配角色给用户仅当该用户已经是另一角色的成员；对应的可以分配访问权限给角色，仅当该角色已经拥有另一种访问权限。

运行时互斥则是指允许一个用户具有两个角色的成员资格，但在运行中不可同时激活这两个角色。

添加这些限制条件就是要实现职责分离，包括静态职责分离和动态职责分离。在定义角色和权限时，以角色互斥为基础实现静态职责分离，在运行过程中通过运行时互斥保障动态职责分离。改进后的模型如图3-15所示。

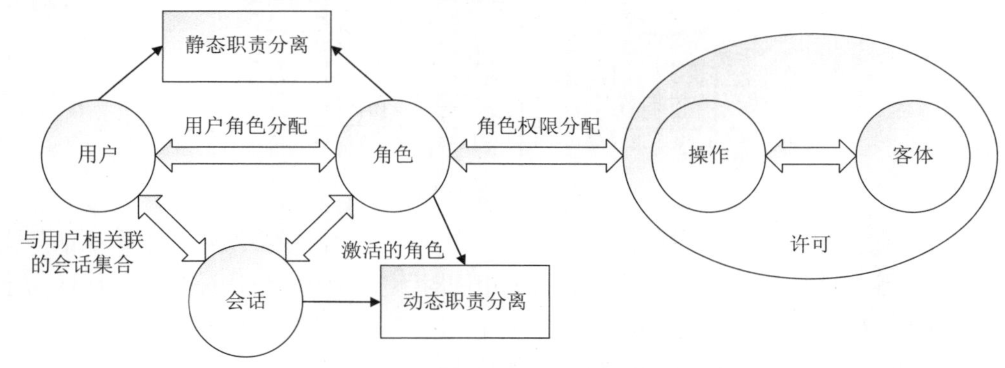

图3-15　RBAC2模型

（4）RBAC3模型。RBAC3模型在RBAC0模型的基础上，将RBAC1和RBAC2进行了整合，综合了RBAC0、RBAC1和RBAC2的所有特点，如图3-16所示。

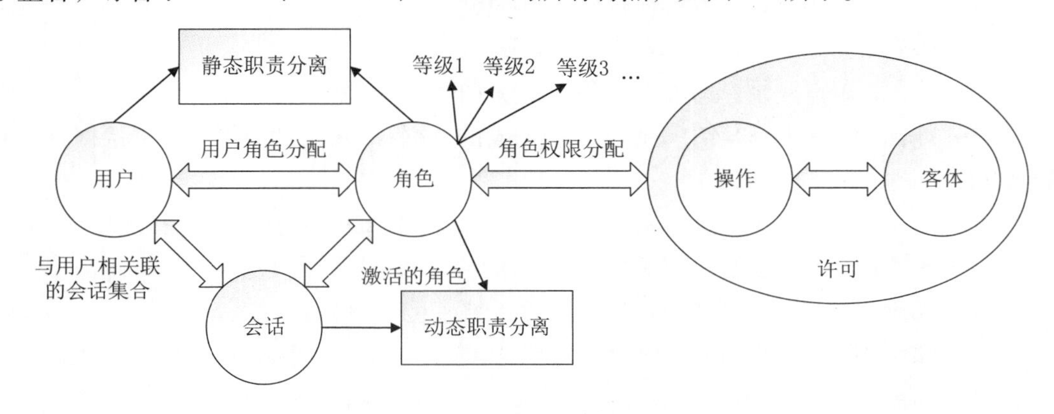

图3-16　RBAC3模型

总体而言，RBAC降低了访问控制的管理复杂性，提高了管理效率，可支持更为灵活的访问控制策略，实现了职责分离，安全性更高。但是，RBAC模型没有提供操作顺序控制机制。这一缺陷使得RBAC模型很难应用于那些有严格操作次序要求的实体系统。比如网购过程中对购买的步骤有严格控制。客户必须先进入结算，然后根据金额领取优惠券，进行打折，再付款，最后才能发货。在这种应用场景下RABC还不能提供很好的技术支持。

习题

3.1　目前银行卡的口令只能由6位数字组成，显然不满足安全口令的条件。如果频繁更换又会造成口令遗忘。请给出一种既提高现有银行卡口令安全性，又便于记忆的安全口令方法。

3.2　请基于图3-17给出一种认证方法。

	B	C	G	J	K	P	S	U	V	X
1	883	814	885	521	362	234	816	646	742	028
2	306	521	259	029	856	138	342	657	568	738
3	291	051	611	850	797	555	772	692	447	536
4	206	813	949	309	894	785	560	289	547	437
5	041	343	244	798	499	388	964	880	823	521
6	318	119	661	878	503	517	955	281	616	567
7	180	493	930	965	638	056	609	356	611	920
8	592	133	694	827	745	196	434	339	940	130

图3–17　题3.2图

3.3　生物认证是公认最可靠的认证方法。但我们在生活中会发现，生物认证只应用于设备解锁等本地认证，而跨域认证依然采用相对不安全的口令认证方法。你认为是什么原因妨碍了生物认证在跨域认证领域的应用（除了成本因素外）？

3.4　什么是字典攻击？请给出防止字典攻击的方法。

3.5　网络认证与单机认证有什么不同？

3.6　请给出一个PPP协议的身份认证实例。

3.7　什么是一次性口令？它都有哪些实现方法？

3.8　请给出一个RADIUS协议的应用实例。

3.9　什么是单点登录？请给出一个单点登录的应用实例。

3.10　请给出Kerbros V4中票据授权服务器的票据$Ticket_{TGS}$和应用服务器票据$Ticket_V$的具体内容，并解释各字段的含义。

3.11　RADIUS身份认证协议有什么特点？请描述RADIUS协议的认证过程。

3.12　访问控制的实现方法有哪些？各自的特点和区别是什么？

3.13　访问控制策略有哪些不同方式？各自的特点和区别是什么？。

3.14　请分析一下Windows 10操作系统采用的是什么访问控制策略。

3.15　请分析一下Linux操作系统采用的是什么访问控制策略。

3.16　能否在Windows 10操作系统中实现基于角色的强制访问控制？

第四章 安全电子邮件

前三章我们介绍了网络安全相关技术中最基本、最通用的技术内容。从本章起我们分别介绍一些面向特定应用或特定需求的网络安全协议和网络安全工具。电子邮件是网络中出现最早、应用最广的一种应用，我们就从电子邮件的安全性开始吧。

在讲解电子邮件的安全工具和安全协议之前我们需要先分析一下电子邮件的安全需求。我们知道，网络中的应用往往来自于现实生活中的应用，是三维空间应用在网络空间的映射。电子邮件也是如此。所以我们可以从普通邮件的安全性分析入手分析电子邮件的安全需求。

我们首先想到的邮件的一个安全需求就是保密性需求。我们可以从古今中外的许多事件中找到这样的案例。我们在第二章讲到的凯撒密码、隐写术是通过加密的方法实现邮件的保密性。还有一些例子是通过安全封装的方法实现保密性，比如《三国演义》中汉献帝交给伏完的衣带诏、《说岳全传》中多次出现的蜡丸，就是通过伪装的方式实现保密性。所以我们可以得出这样一个结论，保密性是安全电子邮件的一个安全需求。

说到《说岳全传》中的蜡丸，我们再展开讲一个《说岳全传》中一个关于蜡丸的故事。书中有个汉奸刘豫，投靠金国，无恶不作。岳飞早就想除掉他。到了三十三回，终于找到了一个机会。牛皋在藕塘关外抓了个金国奸细。岳飞装作酒醉，把奸细认成了手下的张保，责问他是不是把给刘豫的信弄丢，跑回来了，并假意重写了一封信，用蜡丸包了，缝在了奸细的腿肚子里，让奸细把信送给刘豫，不得有误。自然，这封信落到了金兀术手里。金兀术看到信的内容是刘豫暗约岳飞领兵取山东的回信，大怒，杀了刘豫。当然，这只是评书里的情节，真实的金兀术肯定没有这么容易上当。但这个故事却明明白白地告诉我们邮件的另一个安全需求，就是完整性，也就是邮件的内容不能被篡改，以及发件人和收件人信息都不能被冒充。如果当时有手段能够保障信件的完整性，就能校验出信件是否是岳飞伪造的，相信金兀术就是真的很笨，也不可能上当。

在上面的例子中隐含了一个安全需求，就是邮件必须能够从发件人送达收件人。汉献帝把衣带诏缝在玉带里，岳飞把信封在奸细的腿肚子里，除了保密性的要求外，还是要保证邮件能够传送给收件人。这就是邮件的又一个安全需求，即可用性，就是邮件能够正常收发。

这三个安全需求正好是我们在第一章讲到的CIA模型：保密性、完整性和可用性。虽然CIA模型是一个通用的安全模型，但是电子邮件中的CIA模型有其自己的特殊性。

其特殊性表现在：收件人和发件人一般不会同时在线，无法在线协商安全措施、交换加密密钥，这是电子邮件实现保密性的特殊需求。在第二章里，我们知道，完整性是基于公钥加密和单向加密实现的，合法的公钥是保证完整性的前提条件之一，但在电子邮件中收件人和发件人可能会处于空间距离非常远的两个机构，有的收件人和发件人甚至是初次打交道，很难有一个双方都认可的可信任第三方来提供可信的公钥，这是电子邮件实现完整性的特殊需求。最后，目前电子邮件都是基于SMTP协议发送，但SMTP协议基于RFC 822标准，只支持可打印的ASCII字符，而加密后的邮件不能保证密文都是ASCII字符，这是电子邮件实现可用性的特殊需求。

针对上述特殊需求，相关机构和研究者提出了很多安全电子邮件解决方案，其中影响力最大的两个方案是PGP和S/MIME。本章就来介绍这两个方案。

4.1 PGP

从2018年开始，美国政府无端打压华为公司，声称华为5G设备存在窃听风险。这是典型的贼喊捉贼。要说窃听，美国才是最大的窃听者。早在2013年，美国CIA前特工斯诺登就向英国《卫报》和美国《华盛顿邮报》公开了美国国家安全局的代号为“棱镜”的秘密项目，披露称美国国家安全局和联邦调查局通过进入微软、谷歌、苹果、雅虎等九大网络巨头的服务器，监控美国公民的电子邮件、聊天记录、视频及照片等秘密资料。这就是著名的“棱镜门”。为什么要讲这段历史呢？因为PGP在整个“棱镜门”中发挥了重要作用。

2014年2月，爱德华·斯诺登与《卫报》记者第一次取得联系时，斯诺登就要求对方安装 PGP 以保证通信安全。由于PGP上手并不是那么简单，记者对于安装 PGP 十分不情愿。直到三月末，被电视制片人提醒斯诺登泄密的重大意义之后，也就是几乎两个月时间之后，记者才安装了PGP。就在这次事件之后，PGP也被大众熟知。作为一个CIA探员的斯诺登唯一信任的居然是PGP，可见PGP的安全性是多么高。我们就来认识一下连斯诺登用了都说好的这一款安全电子邮件工具吧。

PGP的设计者是菲利普·齐默曼（Philip R. Zimmermann）。美国政府对网络空间安全极为重视，视加密算法为武器，普通程序员研发加密算法是有可能被监控的。可见网络空间安全对于一个国家的主权安全是何等重要。齐默曼本人就受到美国政府长达三年的调查。为了避开美国政府的这一限制，齐默曼于1991年将PGP源代码以书籍的方式由MIT公开出版。尽管PGP源码公开了，PGP本身还是个商业应用软件，但它也有一个开源的免费版本，名为GnuPG（GPG），有兴趣的读者可以下载一个安装试用一下。

4.1.1 PGP符号约定

PGP加密由一系列散列、数据压缩、对称密钥加密，以及公钥加密的算法组合而成。每个步骤均支持几种算法，用户可以选择一个使用。在对PGP的原理和使用方法展开讲解之前，先对PGP中使用的符号约定如下：

K_s：用于对称加密体制中的会话密钥。

KR_A：用户A的私钥。

KU_A：用户A的公钥。

EP：公钥加密。

DP：公钥解密。

EC：对称加密。

DC：对称解密。

H：散列（散列）函数。

||：串接。

Z：用Zip算法压缩。

R64：转换为Base64的ASCII码。

4.1.2　PGP工作流程

PGP满足了安全电子邮件的三个安全需求：PGP通过对称加密和不对称加密结合实现了保密性，并实现了一种安全的一次性会话密钥交换方法；PGP采用数字签名和公钥身份认证实现完整性，PGP提出了一种去中心化网络的方式来实现公钥的认证，保证了分布式环境下的发件人、收件人的身份认证；PGP基于Base64转换将压缩后的密文转换的ASCII码，从而支持SMTP协议，实现了可用性。下面我们就分别讲解PGP实现安全电子邮件的工作流程。

除了可用性外，我们在对电子邮件的安全性需求有时仅需要保证认证双方的身份，有时仅需要对邮件内容保密，有时同时需要认证双方身份和对内容保密。针对用户这些不同需求，PGP支持认证、加密、加密并认证三种工作方式。

1.认证

PGP认证服务的工作流程如图4-1所示。

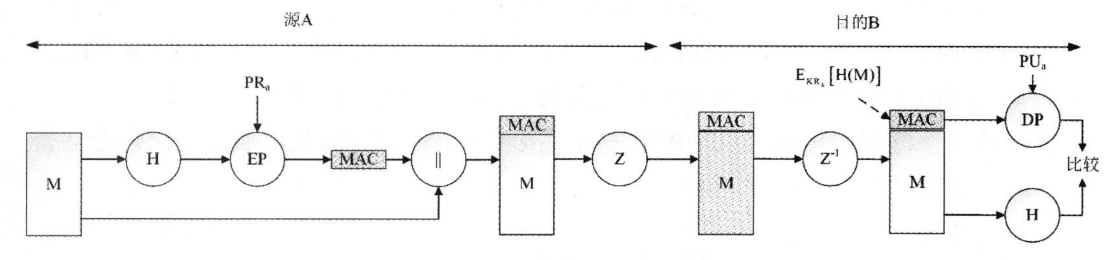

图4-1　PGP认证服务的工作流程

图4-1中具体的工作流程如下：

（1）源A，即发送方创建电子邮件消息。

（2）用SHA-1算法生成消息验证码。

（3）以发送方A的私钥为加密密钥，采用RSA算法加密消息验证码，生成数字签名。

（4）发送方将消息验证码附加在消息上，一并进行压缩，并将压缩后的消息进行Base64转换。

（5）接收方对接收到的消息进行逆Base64转换并解压缩。

（6）接收方将消息验证码和消息分离。

（7）接收方用发送方的公钥密钥解密消息验证码，即验证了A的身份。

（8）接收方生成新的消息验证码，并与解密的消息验证码进行比较，如果符合，表明邮件是A发送的，且没有被篡改。

除了上述SHA-1和RSA算法的组合外，PGP可以选用DSS算法和RSA算法组合来生成数字签名。

2.加密

在本章开始对电子邮件的特殊安全需求分析中已经指出，发送方和接收方一般不会同时在线，无法在线协商会话密钥。因此，在加密时，PGP必须首先解决密钥分发问题，如图4-2所示。

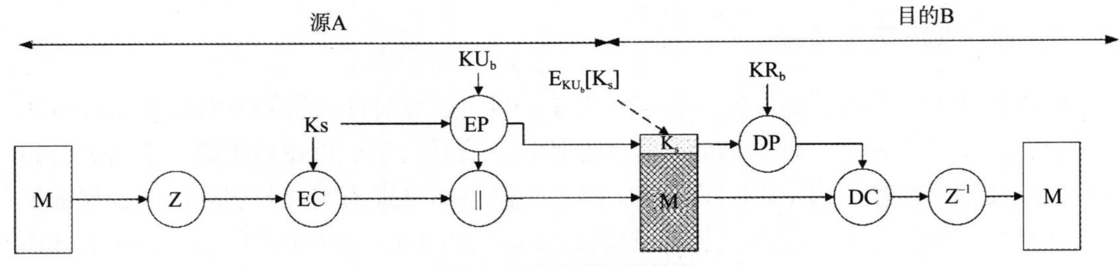

图4-2　PGP加密工作流程

图4-2中具体的工作流程如下：

（1）源A，即发送方创建电子邮件消息，并对邮件内容进行压缩。

（2）发送方生成一个只适用于当前邮件的随机128位密钥K_s，并采用CAST-128（或IDEA、TDEA）加密算法，用该密匙加密压缩后的邮件。

（3）以接收方B的公钥为加密密钥，采用RSA算法加密一次性会话密钥K_s。

（4）发送方将加密的会话密钥附加在加密邮件消息上，一并进行Base64转换。

（5）接收方对接收到的消息进行逆Base64转换。

（6）接收方提取加了密的会话密钥，并用自己的私钥解密，获得一次性会话密钥K_s。

（7）接收方用一次性会话密钥K_s解密消息，再进行解压缩，获得明文邮件。

在上述工作流程中，关键点是PGP采用了接收方公钥加密随机生成的一次性会话密钥，解决了密钥安全分发问题。

3. 认证并加密

PGP支持将加密和认证应用于同一封邮件上，其工作流程如图4-3所示。

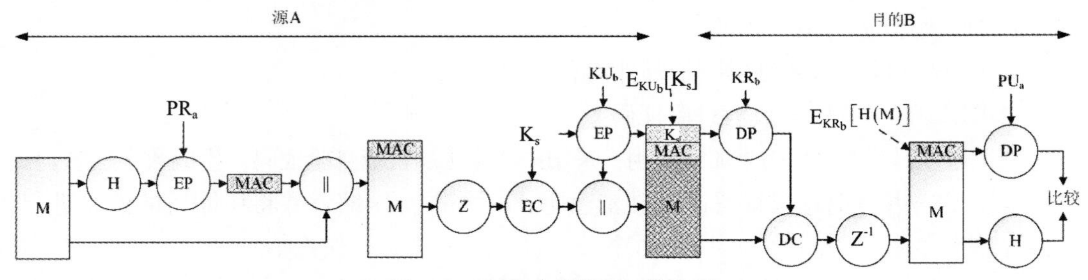

图4-3　PGP加密并认证工作流程

图4-3中具体的工作流程如下：

（1）发送方创建电子邮件消息。

（2）用SHA-1算法生成消息验证码。

（3）以发送方A的私钥为加密密钥，采用RSA算法加密消息验证码，生成数字签名。

（4）发送方将消息验证码附加在消息上，一并进行压缩。

（5）发送方生成一个只适用于当前邮件的随机128位密钥K_s，并采用CAST-128（或IDEA、TDEA）加密算法，用该密匙加密压缩后的邮件。

（6）以接收方B的公钥为加密密钥，采用RSA算法加密一次性会话密钥K_s。

（7）发送方将加密的会话密钥附加在加密邮件消息上，一并进行Base64转换。

（8）接收方对接收到的消息进行逆Base64转换。

（9）接收方提取加了密的会话密钥，并用自己的私钥解密，获得一次性会话密钥K_s。

（10）接收方用一次性会话密钥K_s解密消息，再进行解压缩，获得明文邮件。

（11）接收方将明文消息中消息验证码和消息分离。

（12）接收方用发送方的公钥密钥解密消息验证码，即验证了A的身份。

（13）接收方生成新的消息验证码，并与解密的消息验证码进行比较，如果符合，表明邮件是A发送的，且没有被篡改。

在PGP的加密并认证流程中，PGP选择先对明文生成数字签名，然后再加密的顺序。如果反过来，先对明文加密，然后对密文生成数字签名是否可行？与现有的顺序相比有什么优缺点？请读者分析思考一下。

4. 压缩

PGP在发送方签名之后、加密之前进行压缩。压缩有利于节约传送和存储的空间。在PGP中实施压缩的位置很重要，之所以选择在发送方签名之后、加密之前，原因有两个：

（1）对未压缩的邮件进行签名有利于实施不可否认性，或便于事后验证。因为为了方便阅读，接收方有可能将邮件解压缩后保存，而将压缩文件删除。如果签名是压缩后生成的，就无法对明文邮件验证完整性了。

（2）对压缩后的消息进行加密可以增强加密的安全性。压缩后的邮件比原文长度缩小，而且可以将“收件人”“发件人”“主题” “抄送”等关键字段变换为乱码，增加密文分析的难度。

PGP使用的压缩工具是一个用C语言编写的免费软件，采用LZ77算法，功能与PKZIP软件相同。

5. Base64转换

Base64转换就是将二进制值转换为可打印的65个ASCII字符。这65个ASCII字符每个字符对应6位二进制值。二进制的0~25对应大写的A~Z，27~51对应大写的A~Z，52~61对应数字0~9，62~63分别对应“+” “/” ，还引入一个 “=”用于填充。

Base64转换将每24位二进制位串转换为4个ASCII字符。由于每个ASCII字符对应6位二进制值，而计算机系统中通常以字节为基本单位，因此，Base64转换引入了循环冗余校验（CRC），生成2 个校验位与ASCII字符的6位二进制值构成一个字节。这样邮件在进行了Base64转换后，长度会增加33%。

6.分段

有些电子邮件服务器对邮件长度有最大长度限制，任何大于最大长度的邮件必须拆分成若干个小段，分开发送。为了适应这种限制，PGP支持将大邮件拆分，拆分在完成Base64转换后进行，因此，涉及安全的会话密钥字段和签名字段只在拆分后邮件中的第一段出现，PGP必须接收完所有电子邮件才能重组出整个邮件。

4.1.3 PGP的密钥管理

在第二章里，我们已经知道，加密算法的安全性取决于密钥的安全性。PGP之所以有较高的安全性就是因为它有安全的密钥管理机制。因此我们非常有必要对PGP的密钥管理机制进行详细的介绍。

分析上一节介绍的PGP工作流程，我们可以发现PGP使用的密钥包括一次性会话密钥、私钥、公钥。下面我们来分别介绍PGP中这些密钥的生成和管理方法。

1.一次性会话密钥

图4-2和图4-3中的会话密钥K_s是由PGP的随机数生成器生成的。我们以CAST-128算法为例，说明一次性会话密钥的生成。

随机数生成器的输入包括两部分，一部分是一个128位的CAST-128算法的密钥，另一部分是两个64位的明文块，由用户敲击键盘的等待时间和键值运算得到。这两部分内容本质上都是随机数。随机数越难以预测，PGP的密钥的安全性就越高。PGP使用了复杂而强大的随机数生成方案以确保PGP密钥的安全性。PGP生成的随机数分为两类：一类是真随机数，它依据用户敲击键盘的内容和时间来生成；一类是伪随机数，以真随机数为种子，由特定的方法生成。真随机数一般用于生成RSA的公私钥对，伪随机数一般用于生成一次性会话密钥。因此，伪随机数的生成步骤基本上等同于会话密钥的生成过程。

我们先来说明一下真随机数的生成方法：PGP维护了一个256字节的随机数缓冲区。每当PGP期望用户进行键盘输入操作时就开始计时，以32位长度来记录等待的时间长度。当接收到键盘输入时，就记录对应键盘的键值，占用8位。记录的时间长度和键值用于生成密钥，加密当前随机数缓冲区内的值，生成真随机数。

下面，用一个算法表格来说明伪随机数的算法。该算法基于ANSI X9.17算法。我们有必要先介绍一下ANSI X9.17算法的伪随机数生成器，如图4-4所示。

图4-4中各符号的意义如下：

DT_i：表示当前生成随机数阶段的开始时间。

V_i：表示当前生成随机数阶段的种子。

R_i：表示第i个随机数生成阶段生成的伪随机数。

K_1,K_2：表示DES加密算法的密钥。

V_i：表示下一个生成随机数阶段的种子。

EDE：表示使用DES算法连续进行加密、解密、加密。具体而言，如$EDE_{K_1,K_2}[V_i]$表示对V_i使用双密钥K_1，K_2的三重DES进行了加密。

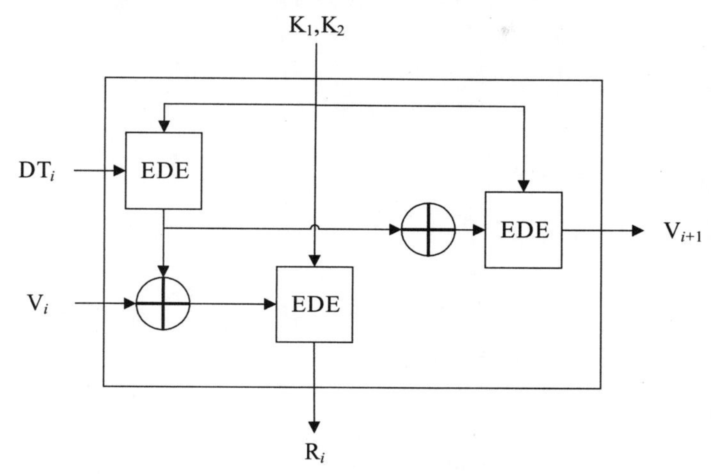

图4-4　ANSI X9.17伪随机数生成器

由图4-4可知，生成的伪随机数为

$$R_i=EDE_{K_1,K_2}\left[V_i\oplus\left[EDE_{K_1,K_2}\left(DT_i\right)\right]\right]$$

PGP对伪随机数的生成过程优化后，其生成会话密钥共需要8个步骤，其中步骤1和步骤8是用于迷惑对手的步骤，以减少攻击者获得random.bin内容的可能性。其算法见表4-1。

表4-1　PGP会话密钥（伪随机数）生成算法

输入： 1. random.bin（24字节），若该文件为空，则填充24字节的真随机数。 2.待发送的消息（注：将消息作为生成为该消息加密的密钥和初始化向量IV的输入参数，将进一步增加密钥和IV的随机性）。 输出： 1. K（24字节的数组），其中K[0~15]为会话密钥，K[16~23]为IV。 2. random.bin（24字节），存储新生成的随机数种子。 内部数据结构： 1. dtbuf（8字节的数组），其中dtbuf[0~3]初始化为当前时期/时间的值。 2. rkey（16字节的数组），CAST-128算法的加密密钥。 3. rseed（8字节的数组），生成伪随机数的种子，相当于X9.17中的V_i。 4. rbuf（8字节的数组），生成的伪随机数，相当于X9.17中的R_i。 5. K'（24字节的数组），random.bin的临时缓冲区。	
Step 1：	a.将random.bin的内容复制到K[0~23]。 b.求消息的散列值（如果消息已经有散列值，则使用该值，否则对消息的前4K字节求散列值）。将获得的散列值作为密钥，使用空初始化向量IV，使用CFB（密文反馈）方式对K进行加密，并将加密结果写回K。
Step 2：	a.将dtbuf [0~3]设置为4字节的本地时间，dtbuf [4~7]设置为0。将K[0~15]拷贝到rkey，将K[16~23]拷贝到rseed。 b.以rkey为密钥，用ECB（电子密码本）方式对dtbuf进行加密，并将加密生成的密文写回dtbuf。

续表

Step 3： for $k \in [0,23]$	a.设置rcount=0，表示rbuf未被使用的八进制随机数的个数。从8减到0，运算3次，生成24个字节随机数。 b.设置$k \leftarrow 23$，启用Step 4~Step 7的循环，循环24次。
Step 4：	if rcount==0 goto Step5 else goto Step7
Step 5：	a. $rseed \leftarrow rseed \oplus dtbuf$ b. $rbuf \leftarrow E_{rkey}[rseed]$（注：以ECB模式加密，生成一个新的八进制随机数）
Step 6：	a. $rseed \leftarrow rbuf \oplus dtbuf$ b. $rseed \leftarrow E_{rkey}[rseed]$（注：以ECB模式加密，生成下一个随机数的种子） c. $rcount \leftarrow 8$
Step 7：	a. $rcount \leftarrow rcount - 1$ b.生成一个字节的真随机数b c. $K[k] \leftarrow rbuf[rcount] \oplus b$
Step 8： endfor	if k=0 goto Step 9 else $k \leftarrow k-1$ goto Step 4
Step 9：	a.通过Step4~Step7的方法再生成24个字节，但在Step7中不执行步骤c的异或操作。将结果写入缓冲区K’中。 b.将K[0~15]作为密钥，K[16~23]作为初始化向量IV，以CFB（密文反馈）模式对K’进行加密，将加密结果写入文件random.bin中。 c.返回K。

通过表4-1所示步骤可以为PGP提供安全的随机数和一次性会话密钥。

2.密钥标识符

在图4-2和图4-3中的会话密钥K_s是由接收方的公钥加密后发送给接收方的。只有用接收方的对应私钥才能解密获得此会话密钥，从而保障了加密的安全性。如果一个用户只有一个公钥/私钥对，这个操作当然没有问题。但实际情况是一个用户可能拥有多个公钥/私钥对。为什么会有这种情况呢？首先我们一般会拥有多个邮件账号，自然的做法是一个公钥/私钥对绑定一个邮件账号，那么有多少个邮件账号就会有多少个公钥/私钥对；其次，为了安全性的需要，我们会定期更新我们的公钥/私钥对，但是更新后的公钥/私钥对并不一定会及时通知并发送给所有联系人，因此可能会有联系人用未更新的公钥与我们通信，所以我们会将更新前的公钥/私钥对保留一段时间。这些都造成了用户可能会在同一时间拥有多个公钥/私钥对。

那么，接收方需要通过什么手段才能知道发送方到底使用了哪一个公钥加密了会话密钥呢？一个简单的方法就是将公钥和消息一起发送给接收方，反正公钥是公开的，不用保密，接收方收到了完整的公钥，当然可以找到对应的私钥。这种方法简单、粗暴，但是可行。不过一个RSA公钥通常有数百个十进制数字，占用了太多的空间。另一种可行的方法是给每个公钥分配一个公钥ID，通过用户ID和公钥ID的组合，可以很容易地定位一个公钥。在发送消息时只需要发送一个较短的公钥ID就可以了。这种方法虽然比第一种方法减少了发送数据的长度，但却带来密钥管理的开销。用户必须为每一个公钥建立并存储公钥ID。在PGP中，公钥ID一般为64位，比如公钥K_{U_b}的ID为$(KU_b \bmod 2^{64})$。这样长度的ID对于标识一个公钥已经足够了，极大概率不会产生冲突。

在PGP的保密功能里，需要用接收方的公钥加密会话密钥，发送给接收方。在认证功能里，需要用发送方的私钥加密散列值，接收方用对应的公钥解密散列值。接收方同样需要知道发送方的公钥ID，以确定用来解密的对应公钥。所以PGP在发送消息时，需要将接收方的公钥ID和发送方的公钥都打包一同发送给接收方。打包的方式就是PGP的消息格式。PGP的消息格式如图4-5所示。

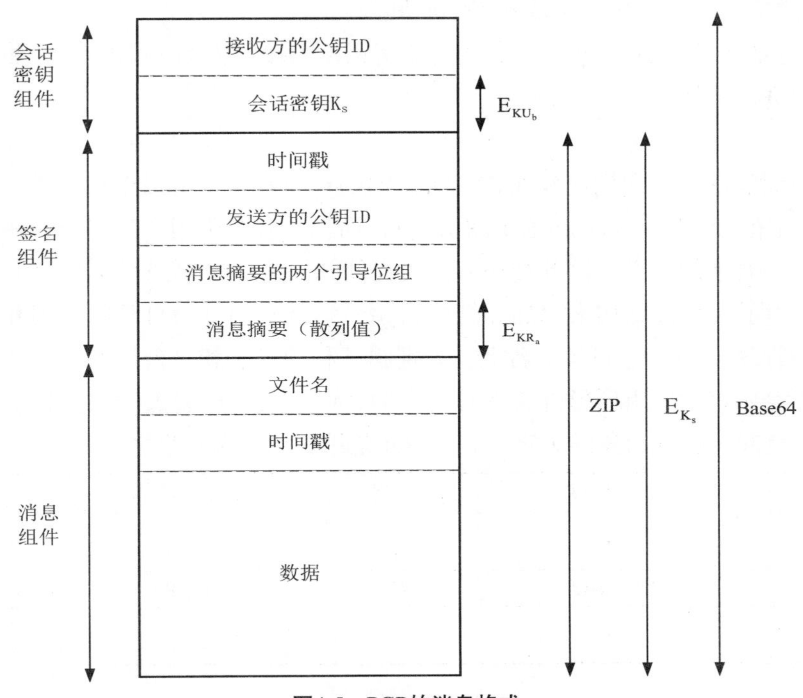

图4-5　PGP的消息格式

图4-5中：

E_{KU_b}表示用接收方B的公钥进行加密。

E_{KR_a}表示用发送方A的私钥进行加密。

E_{K_s}表示用会话密钥K_s进行加密。

ZIP表示对消息进行压缩。

Base64表示对消息进行Base64转换。

图4-5表示的是PGP支持加密并认证功能的、完整的消息格式，根据功能需求，“会话密钥组件”和“签名”两部分是可选的。现在对图4-5所示消息中的各个组件进行说明。

（1）消息组件：包括被存储和被发送的消息（PGP支持文件加密的本地存储功能）、文件名和创建消息的时间戳。

（2）签名组件：包括下述四部分。

1）对消息的摘要（散列值）：由SHA-1算法生成，并用发送方的私钥加密。签名覆盖从签名的时间戳和消息的数据部分。在签名中覆盖签名的时间戳是为了防止对签名的重放攻击。签名不覆盖消息组件中的“文件名”和“时间戳”字段。这样做的原因是，如果PGP应用于文件的加密本地存储，这两个字段内容可能会发生改变。签名覆盖这两个字段会造成验证时生成的签名与签名组件中的签名不相符。签名用发送方的私钥加密。

2）消息摘要的两个引导位组：是未加密的签名消息的前两个八进制明文副本。通过比较解密后摘要的前两个八进制数的内容与此部分的内容，接收方能够确定是否使用了正确的公钥解密签名消息。这些8位元也作为消息的16位帧检查序列。

3）发送方的公钥ID：用于检索解密签名的公钥。

4）生成签名的时间戳：生成签名的时间。

（3）会话密钥组件：包括一次性会话密钥K_s和接收方的公钥ID。会话密钥K_s用接收方的公钥进行了加密。

3.密钥环

通过前面的学习，我们已经知道了密钥ID的重要性，也可以得到这样一个结论，即PGP的用户不但拥有多个自己的公钥/私钥对，而且持有多个用户的多个公钥。这些公钥与用户ID是多对多的关系。因此如何有效地存储并快速地检索密钥就变得非常重要。

PGP采用了一种表结构来存储和管理密钥，它将密钥分为自己的密钥和其他用户的密钥来分别管理，并给它们起了名字，分别叫“私钥环”和“公钥环”。注意：这里的“环”并不表示PGP采用环形链表来管理密钥，而是因为过去人们往往将钥匙穿在钥匙环上，所以就起了这个形象的名字。其实PGP是用表结构来管理密钥的，如图4-6所示。

时间戳	密钥ID	公钥	加密的私钥	用户ID
⋮	⋮	⋮	⋮	⋮
T_i	$KU_i mod 2^{64}$	KU_i	$E(KR_i)$	UID_i
⋮	⋮	⋮	⋮	⋮

（a）

时间戳	密钥ID	公钥	拥有者信任	用户ID	密钥合理性	签名	签名信任
⋮	⋮	⋮	⋮	⋮	⋮	⋮	⋮
T_i	$KU_i mod 2^{64}$	KU_i	$OwnerTrust_i$	UID_i	$KeyTrust_i$	Sign	$SignTrust_i$
⋮	⋮	⋮	⋮	⋮	⋮	⋮	⋮

（b）

图4–6　PGP的密钥环结构

（a）PGP私钥环结构；（b）PGP公钥环结构

图4-6（a）中，私钥环的各字段内容为：

- 时间戳：表示密钥的创建时间和创建日期。

- 密钥ID：64位的公钥ID。
- 公钥：公钥/私钥对中的公钥部分。
- 私钥：公钥/私钥对中的私钥部分。这个字段是加密存储的。
- 用户ID：一般为用户的电子邮件地址。但是，用户也可以选择一个易于记忆的名字。用户ID是可以重复的。

在私钥环中，用户的私钥是加密存储的。私钥的安全性对于PGP的安全性至关重要。PGP设计了一种安全的方法来加密存储私钥，方法如下：

（1）用户选择一个用于加密私钥的口令短语（passphrase）。

（2）PGP系统创建公钥/私钥对。

（3）采用SHA-1算法求出口令短语的128位散列值，并抛弃口令短语。

（4）以该128位散列值为密钥，采用CAST-128加密算法加密私钥，并存储在私钥环中。然后该128位的散列值也被抛弃。

以后用户访问在私钥环获得私钥时，提供口令短语，PGP生成口令短语的散列值，并用散列值解密私钥获得明文私钥。这是一个非常有效的安全方案，因为明文口令，甚至密文口令在PGP系统中都是不存储的，攻击者很难获得用户的私钥。

图4-6（b）中，公钥环的各字段内容为：

- 时间戳：表示密钥的创建时间和创建日期。
- 密钥ID：64位的公钥ID。
- 公钥：此条目对应的公钥。
- 拥有者信任：密钥环所有者对公钥拥有者分配的信任程度。
- 用户ID：公钥环所有者的用户ID，注意用户ID和公钥并不是一一对应的关系。
- 密钥合理性：标明公钥环所有者对此公钥有效性的评价值，评价值越高的用户ID与此密钥的绑定关系就越强。这个字段由PGP计算得到，与该公钥获得的签名以及对应签名的签名信任字段相关。
- 签名：其他用户给予此公钥的签名。
- 签名信任：公钥环所有者对其他用户给予此公钥签名的信任程度。

在上述 8 个字段中，拥有者信任、密钥合理性、签名、签名信任均用于分布式环境中保障公钥的合法性。

上述私钥环和公钥环中，均将密钥ID和用户ID作为表的索引字段。用户在发送和接收邮件时，均通过这两个索引字段（主要还是密钥ID字段）从密钥环中提取对应的公钥或私钥，进行加密和解密操作。读者可自行将密钥提取步骤添加到图4-1~图4-3中，以获得PGP完整的工作流程图。

4.公钥管理

我们在本章开始分析电子邮件的安全性需求时指出，在电子邮件中收件人和发件人可能会处于空间距离非常远的两个机构，有的收件人和发件人甚至是初次打交道，很难有一个通信双方都认可的可信任第三方来提供可信的公钥，这是电子邮件实现完整性的特殊需求。PGP必须解决这个问题，这个问题的实质是用户的公钥可能会被冒充。由于没有引入证书中心等可信任的第三方，攻击者C可以冒充用户B向用户发送假冒为用户B的公钥。另外攻击者C也可以实施中间人攻击，对B提供一个冒充为用户A的公钥，对A提供一个冒充为用户B的公钥，A和B以为的A和B之间的通信实际上是$A \leftrightarrow C \leftrightarrow B$。

PGP支持多种公钥的分发方法，以实现公钥的安全性。这些方法包括：

（1）基于物理方式分发公钥：用户B将生成的公钥存储在U盘上，通过物理方式直接交给A，A从U盘中将B的公钥导入PGP系统。这种方法安全性最高，但具体应用时受到的限制也最多，甚至可能无法实现。

（2）通过电话验证公钥：用户A收到用户B的公钥（可以是通过电子邮件，也可以是通过电子公告板）后，电话通知用户B，双方采用同样的散列函数、相同的密钥对B的公钥求散列值，并通过电话验证散列值是否一致。如果一致，表明收到的公钥的确是B本人生成的公钥。显然，这种方法的限制条件也很多。

（3）从可信任的个体T处获得B的公钥：如果用户A信任用户T，则经用户T签名的用户B的公钥对于用户A来说是可信任的。用户T为用户B的公钥创建的签名证书内容包括用户B的公钥、公钥的创建时间、公钥的有效期。用户T为上述内容生成散列值，并对散列值用T的私钥加密，形成对用户B公钥的签名证书。如果用户A能够通过用户T的公钥验证此证书，则可以信任该公钥。

（4）从可信任的第三方权威机构处获得B的公钥：如果用户A是从权威机构处获得用户B的公钥，则可以完全信任此公钥。

上述这四种方法虽然提供了安全的公钥分发方法，但是电子邮件的应用特点限制它们的应用范围。这些方法只能在小范围、用户之间已经建立信任关系的条件下应用。因此，PGP公钥管理的难点在于如何在无可信任第三方的条件下实现对用户公钥的真实性认定。

我们在本章开始时讲过，网络中的应用往往来自于现实生活中的应用，是三维空间应用在网络空间的映射。网络空间里的问题往往可以从现实生活的经验中找到解决方案。PGP的公钥管理问题映射到生活中的例子就是如何与初次见面的陌生人建立信任关系。我们可以想一下在生活中我们是怎么做的。我们在生活中初次结识一个陌生人的时候，我们是怎样建立对他/她的信任关系的呢？稍加分析我们就可以知道，我们对一个初次见面陌生人的信任度取决于是谁把他/她介绍给我们的。比如，在一次学院的全体员工大会上，由组织部部长宣布为学院从国外引进了一位新院长，估计谁也不会怀疑新院长的身份。因为我们对组织部部长是终极信任的，由一个终极信任的人介绍的人，我们一般也会对他的身份持非常信任的态度。如果这位陌生人只是由你的一个一般交往的朋友引见的，那么你对这个陌生人的信任度也就一般。但是如果不断有你的一般交往的朋友给你引见同一个人，那么你对这人的信任度就会相应地提高。其实PGP引入“信任”机制和刚才这个过程差不多。让我们具体分析一下PGP对公钥的“信任”管理机制。

我们看图4-6（b），在图中有一个字段叫“密钥合理性”。这个字段代表用户是否信任这个公钥是用户的有效公钥。这个值越大，对应公钥与用户的绑定程度就越高。而这个“密钥合理性”的取值是由PGP计算得到的。计算的依据就是其他用户对该公钥的签名，以及签名的信任度。显然，一个用户的公钥获得的签名越多、签名者的信任度越高，密钥的“密钥合理性”的取值也就越大。假设用户A在维护他的公钥环，PGP对公钥“信任”的处理过程如下：

（1）A收到一个新的公钥，并将其加入公钥环时，PGP要求A必须给“拥有者信任”字段赋值。PGP中规定“拥有者信任”字段的取值为：未定义信任（undefined trust）、未知用户（unknown user）、一般不信任（usually not trusted）、一般信任（usually trusted）、总是信任（always trusted）或完全信任（ultimate trusted）。当这个公钥同时出现在私钥环中时，PGP自动为此公钥的“拥有者信任”字段赋值为完全信任。其他情况下，A需要自己核定这个公钥对应的用户的信任度，给“拥有者信任”字段赋值。

（2）A收到一个新公钥时，可能会有其他用户已经为此公钥进行了签名。而且随着通信的进行，还会有后续其他用户的签名加进来。PGP会检查签名者是否已经在公钥环内。如果在公钥环内，就将签名者的“拥有者信任”字段的值分配给此签名的“签名信任”字段；如果不在公钥环内，此签名的“签名信任”字段赋值为“未知用户（unknown user）”。“签名信任”字段的取值范围与“拥有者信任”字段的取值范围相同。

（3）公钥的“密钥合理性”字段的赋值以该公钥的“签名信任”字段为基础。当签名中至少一个签名的“签名信任”的值是“完全信任（ultimate trusted）”时，这个公钥的“密钥合理性”字段就被赋值为“complete”，即密钥是有效的。否则，该字段由PGP计算“签名信任”字段的加权和获得。如果收到是一个“签名信任”字段为“总是信任（always trusted）”，则定义此签名的权值为“1/X”；如果收到是一个“签名信任”字段为“一般信任（usually trusted）”，则定义此签名的权值为“1/Y”。X和Y是用户可配置的参数。当收集到的公钥签名加权和达到1时，就可以将该公钥的“密钥合理性”字段赋值为“complete”。例如当X=3，Y=6时，如果收到该公钥2个“签名信任”字段为一般信任的签名、2个“签名信任”字段为总是信任的签名，就可以将该公钥的“密钥合理性”字段赋值为“complete”。这样，即使一个公钥没有收到“完全信任”签名，只要收集到足够多的部分信任签名，一样可以达到完全信任，成为有效的公钥。

PGP的设计者菲利普·齐默曼绘制了一个实例图来说明PGP信任的信任模型，如图4-7所示。

图4-7表示与用户“你”对应的公钥环中的一个条目。“你”的“密钥合理性”字段的值为“有效”，“拥有者信任”字段的值为“完全信任”。图4-7说明了以下内容：

（1）用户“你”为其所有完全信任或部分信任用户的公钥进行了签名，除了节点“L”。这表明用户为其信任用户的公钥进行签名不是强制的。但在实际应用中，大多数用户都为其信任的用户签名公钥。一个用户的公钥也会被多个用户签名，如图4-7中的用户“F”的公钥，就被用户“你”和“E”签名。用户“F”同时又为不知名的用户提供签名。

（2）由完全信任用户签名的公钥被认为是有效的，如图中用户“A~F”的公钥由

“你”签名，用户“L”的公钥由完全信任的用户“D”签名，用户“M~O”的公钥由用户“E”签名，用户“P~Q”的公钥由用户“L”签名。

（3）由多个部分信任用户签名的用户公钥也可以认为是有效的。如图4-7中的用户“H”的公钥就是由部分信任的用户“A”和“B”签名的，PGP通过计算将该公钥设为有效公钥（即Y取2）。

（4）由不信任的用户签名的用户公钥不会被认为是有效的，如图4-7中的用户“I~K”。由不知名的用户签名的公钥也不被认为是有效的，如图4-7中的用户“R~S”。图4-7中还有一个孤立节点“S”，它有两个未知用户给予的签名。用户“S”的公钥可能是直接从一个安全的公钥服务器上获得的，但PGP不会因为它来自于一个安全的服务器就认为它是有效的，有可信任的用户进行签名是判定一个公钥为有效的前提条件。

由上述的PGP信任模型可知，如果我们采用PGP作为安全电子邮件工具，我们可以不再依赖于第三方权威机构为我们提供用户公钥的真实性保证，我们可能通过自己和相关用户的协作来确保公钥是真实的。这里面蕴含的去中心化的理念将为我们带来更可靠、更安全的加密通信。

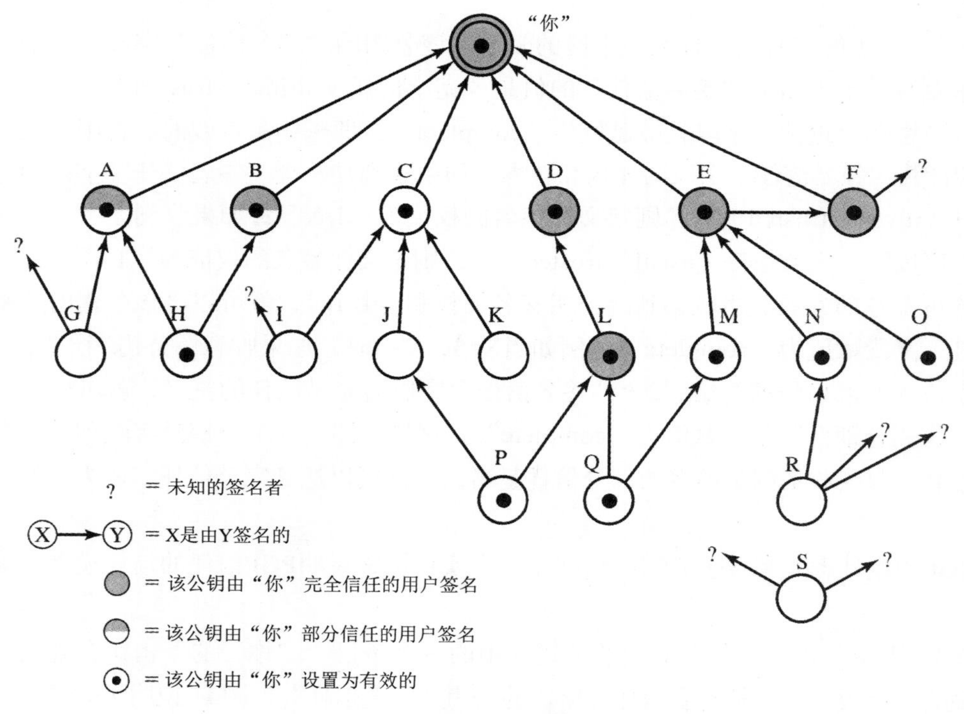

图4-7　PGP信任模型实例

4.2　S/MIME

如果说PGP代表了以去中心化为安全理念的安全电子邮件的一个武功流派，那么S/MIME就是代表了以第三方证书认证机构为安全基础的另一个武功流派，S/MIME在使用前必须在计算机上安装数字证书。PGP的信任关系是一个无中心的分布式网状结构，S/MIME的信任关系依赖于层次结构的证书认证机构，基本是树状的，这就是所谓的信任树（Tree of Trust）。S/MIME更像是一个专门为大型企业或机构所使用的安全电子邮件工具，而PGP更像是为个人用户量身打造的安全电子邮件工具。

S/MIME协议全称“安全的多用途互联网邮件扩展”（Secure/Multipurpose Internet Mail Extensions），是通过在RFC 1847中定义的多部件媒体类型在MIME中打包安全服务的一个技术。它提供验证、信件完整性、数字签名和加密。S/MIME是在MIME基础上实现的安全电子邮件，因此，我们先来认识一下什么是MIME。

4.2.1　MIME

在分析电子邮件安全性需求时，我们已经知道标准的电子邮件协议SMTP基于RFC 822标准只支持可打印字符，限制了电子邮件传输多媒体类型的邮件。MIME是对RFC 822的扩展，采用RFC 822兼容的方式，解决电子邮件仅能够传送可打印字符的问题，支持非英语字符消息和二进制文件、图像、声音等非文字消息在电子邮件中的传送，并支持超长电子邮件。

MIME采用的方法是在原来RFC 822标准的“From”“To”“Subject”“CC”报头之外添加了5个新的报头字段，通知接收端邮件中的消息类型，以便接收方可以进行适当的处理。引入的扩展报头字段包括：

- MIME版本（MIME-Version）：用一个版本号码指明消息遵从的MIME规范的版本。目前版本是1.0。形式如：

MIME-Version: 1.0

- 内容类型（Content-Type）：给出邮件中消息的类型，使接收方的邮件用户代理（Mail User Agent，MUA）能够选择合适的代理、插件、机制或程序来向接收方用户显示数据或适当地处理数据。一般以下面的形式出现：

Content-Type: [type]/[subtype]; parameter

其中类型（type）和子类型（subtype）的形式见表4-2。

- 内容传输编码（Content Transfer Encoding）：这个字段说明了邮件消息的字符编码方式。形式如下：

Content-Transfer-Encoding: [mechanism]

其中，mechanism的值可以指定为“7bit”“8bit”“binary”“quoted-printable”和“base64”。

- 内容配置（Content-Disposition）：对邮件内容的描述，这在邮件内容不可读时（如发送了一个音频文件），非常有用。形式如下：

Content-Disposition: attachment; filename=genome.jpeg;
modification-date="Wed, 12 Feb 1997 16:29:51 -0500";

- 内容ID（Content-ID）：唯一地标识MIME实体。这是一个可选的字段。当Content-Type是message/external-body或multipart/alternative时，这个字段就有用了。

表4-2 MIME内容类型和子类型

类 型	说 明	子类型	说 明
Text	表明消息是纯文本，且可以是多种字符集	Plain	纯文本
		Html	HTML文档
Multipart	说明消息是由多个部分构成。各部分可以是不同类型的数据	Mixed	分段邮件有顺序
		Parallel	分段邮件无顺序
		Alternative	不同分段部分邮件是相同信息的可替代版本
		Digest	与Mixed类似，但以RFC 822封装
Message	说明邮件封装方式	RFC822	RFC8 22封装
		Partial	邮件分段封装
		External-body	消息没有包含在邮件正文中，此为指向指针
Image	说明消息为静态图片	jpeg/gif等	图片文件类型
Video	说明消息为视频数据	Mpeg等	视频文件类型
Audio	说明消息为音频数据	Basic等	音频文件类型
Application	说明消息为应用程序数据或者二进制数据	Octet-stream	常规二进制数据
		Pdf/msword等	处理消息的程序

4.2.2 S/MIME的功能

S/MIME将电子邮件的安全性要求进行了梳理，提供了下述4种安全功能：

（1）封装的数据（Enveloped data）：即加密功能，对邮件内容和加密密钥进行加密，支持多个收件人。

（2）签名的数据（Signed data）：生成签名的方法与PGP相同，即对要保护的消息求出其散列值，并对散列值用发件人的私钥加密。在S/MIME中，这种消息要求接收方的邮件代理也具有S/MIME功能，否则收件人无法查看邮件内容。

（3）明文签名的数据（Clear-signed data）：“签名的数据”要求收件人的邮件代理程序支持S/MIME，但是有许多用户并没有安装S/MIME，为了支持这些用户，S/MIME提出的“明文签名的数据”这项功能，使没有安装S/MIME的用户可以阅读明文消息，但用户无法验证签名。

（4）签名并封装的数据（Signed and enveloped data）：支持既加密又签名的消息。也可以对只加密和只签名的消息进行嵌套。这样S/MIME就可以不用像PGP那样先签名后加密，可以对加密的密文进行签名。

表4-3总结了S/MIME为实现上述安全功能对发送方/接收方所支持的加密算法的要求。表中，对加密算法的支持分为“必须”和“应当”两个级别。表中“双方”指发送

方和接收方。

- “必须”：是S/MIME规范的绝对要求，发送方和接收方的邮件用户代理必须支持此功能。
- “应当”：在特殊的条件下，可以不支持提供此功能，但S/MIME建议用户邮件代理提供此功能支持。

表4-3　S/MIME中使用的加密算法

功　能	要　求
生成消息摘要	双方都必须支持SHA和MD5 接收方应当支持MD5
签名消息摘要	双方都必须支持DSS 发送方应当支持RSA加密 接收方应该支持密钥大小为512~1 024位的RSA验证
加密会话密钥	双方都应该支持Diffie-Hellman 双方都必须支持密钥长度为521~1 024位的RSA
加密消息	双方必须支持3DES加密 接收方必须支持RC2/40加密 接收方应当支持3DES加密
生成验证消息	接收方必须支持HMAC和SHA-1 发送方应当支持HMAC和SHA-1

由于发送方和接收方支持的加密、解密算法可能不一致，所以S/MIME在发送安全邮件前必须进行判断。首先，发送方需要判断，对于给定的密码算法，接收方是否有解密能力；其次，如果接收方不能使用给定的算法进行解密，发送方必须判断决定，能否接受使用一个较弱的密码算法来处理邮件。为了支持上述安全功能，发送方在发送时应遵循以下步骤：

步骤1：若发送方保存了一份来自接收方的解密方式优先选择列表，则应该选择具有最高优先级的那种算法。

步骤2：若没有上述列表，但是保存了若干来自接收方的邮件，则应该选择接收方最近使用的那种密码算法。

步骤3：发送方未掌握上述信息，且能够承受接收方可能无法解密所带来的风险，用3DES。

步骤4：发送方未掌握上述信息，且不能承受接收方无法解密带来的风险，用RC2/40。

如果邮件有多个收件人，又无法选出适用于各方的加密算法，则发送方用户邮件代理就需要发送两个消息，一个高安全副本，一个低安全副本。在这种情况下，由于低安全副本的存在，消息的安全性就降低了。

与PGP将安全邮件统一转换为RFC 822支持的格式不同，S/MIME扩展了MIME的报头字段以支持不同的安全选项，这些扩展报头见表4-4。

表4-4 S/MIME扩展报头

类 型	子类型	smime参数	消息说明
Multipart	Signed		签名的消息，如果是明文签名的消息则包含两部分：明文消息和消息签名
Application	pkcs7-mime	signedData	一个经过签名的实体
	pkcs7-mime	envelopedData	一个经过加密的实体
	pkcs7-mime	Degenerate signedData	仅包含公钥证书的实体
	pkcs7-mime	CompressedData	一个经过压缩的实体
	pkcs7-signature	signedData	Multipart/Signed类型中的签名消息

注：表中的“实体”表示除报头外的消息，或者分段后的一个或多个分段消息。

在引入了扩展的S/MIME报头后，如果发送方和接收方的用户邮件代理均支持S/MIME，双方就可以收发安全的电子邮件了。我们来看一下具体的工作流程。

- 封装的数据（Enveloped data）：对应类型为“Application/pkcs-7mime”，其工作流程为：

步骤1：用伪随机数算法为对称密码算法（3DES、RC2/40）生成一个会话密钥。

步骤2：用接收方的公钥加密会话密钥。

步骤3：准备RecipientInfo（接收方信息），包含接收方公钥证书标识、密码算法标识、加密后的会话密钥。

步骤4：用会话密钥加密MIME实体。

步骤5：进行Base64转换。

最终形成的消息封装如下：

base64	加密后的MIME实体	接收方信息

接收方在收到邮件后，首先进行Base64逆转换，然后用接收方的私钥解密会话密钥，最后用会话密钥解密消息内容。

- 签名的数据（Signed data）：对应类型为“Application/pkcs-7mime”，其工作流程为：

步骤1：选择散列算法（SHA或MD5）。

步骤2：计算消息的散列值。

步骤3：用发送方的私钥加密散列值，形成签名。

步骤4：准备SignerInfo（签名者信息），包含签名者的公钥证书、散列算法标识、签名算法标识、加密后的散列值。

步骤5：进行Base64转换。

最终形成的消息封装如下：

接收方在收到邮件后，首先进行Base64逆转换，然后用发送方的公钥解密消息的散列值。接收方独立计算出消息的散列值，与解密的散列值进行比较，验证签名。

- 明文签名的数据（Clear-signed data）：对应的类型为“multipart/signed”。如前所述，这部分数据包括两部分实体，一部分是明文的实体，但要保证从发送方传送到接收方的过程中不会发生改变，因此，该部分实体如果不是RFC 822标准格式（7bit ASCII码），就要提前进行Base64转换。这部分的封装如下：

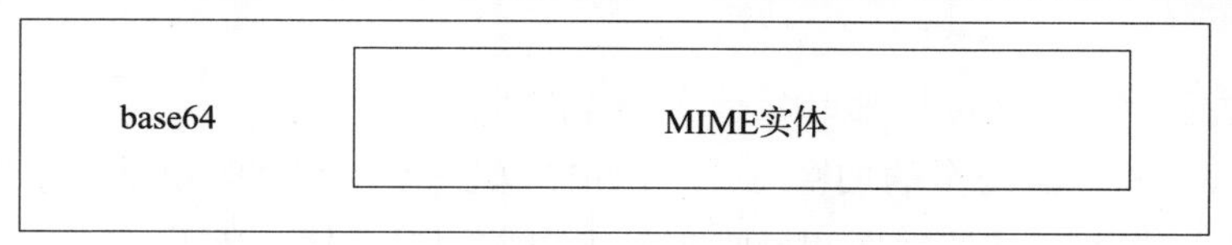

另外一部分是签名数据，签名的生成方法与“签名的数据”部分的生成方法相同。但这部分的消息内容部分是空置的。这部分的封装如下：

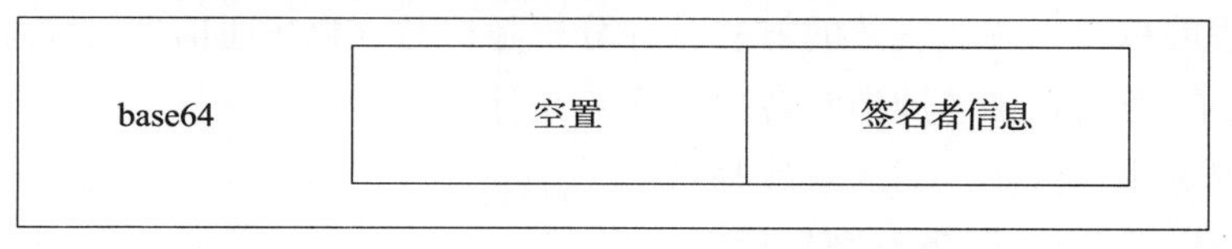

- 签名并封装的数据（Signed and enveloped data）：S/MIME加密和签名可以独立进行，然后嵌套封装，就是上述步骤的组合，不再赘述。

最后要说明一下，S/MIME必须绑定在用户邮件代理上运行。S/MIME要求用户邮件代理具有如下功能：

- 密钥生成：为DSS、Diffie-Hellman、RSA算法产生密钥。
- 密钥注册：将密钥在认证中心（CA）认证，得到X.509公钥证书。
- 证书存储与恢复：用来验证外来签名、加密会话密钥。

S/MIME是建立在第三方证书权威机构基础上的安全电子邮件工具。目前在S/MIME工具中广泛采用的证书是VerSign证书。VeriSign公司提供了与S/MIME功能兼容的多项CA服务，它给邮件用户代理或浏览器颁发的证书叫“Digital ID”。“Digital ID”证书内容包括：

- 所有者的公钥。
- 所有者名字或别名。
- 该ID的失效日期。
- 该ID的序列号。
- 颁发该ID的CA的名称。
- 颁发该ID的CA的数字签名。

■ 额外的用户信息，如地址、E-mail、国别、邮政编码、年龄等。

至此，我们对两种主要的安全电子邮件工具的主要原理和工作流程就介绍完了。比较PGP和S/MIME我们会发现：PGP与S/MIME相比，在应用时的前提条件相对更少，安全功能的处理相对底层和复杂；而S/MIME由于有第三方证书权威机构的支持，实施安全功能时效率更高。PGP好比是全真派的功夫，而S/MIME好比是古墓派的功夫。古墓派功夫易于上手，提高快，但内功的修为比不上全真派的功夫。要想达到武林至尊的地位，还得学习全真派的功夫。所以在笔者看来，PGP的工件原理和工作流程对于网络安全的技术开发人员具有更高的参考价值。希望读者在学习PGP时能够深刻理解并灵活应用PGP的原理和工作机制。

习题

4.1 请说明PGP如何保证其口令是安全存储的。

4.2 一次一密是最安全的加密方式。PGP在发送加密邮件时也采用了这种机制。但是，我们知道，电子邮件的发送和接收不要求双方同时在线，因此，无法通过协商的方式生成一次性会话密钥。请问，PGP是如何实现会话的一次一密的密钥分配的？

4.3 请描述PGP对邮件进行身份验证和加密／解密的流程。

4.4 请说明PGP生成随机数的方法，并分析随机数在PGP通信中的作用。

4.5 PGP的密钥有哪些种类？各自的作用是什么？

4.6 PGP为什么要在压缩前生成签名？

4.7 PGP提供的5种服务分别是什么？

4.8 PGP是如何建立信任关系的？

4.9 X.509和PGP在信任关系管理方式上的区别是什么？

4.10 什么是MIME？它有什么作用？

4.11 什么是S/MIME？它有什么作用？

4.12 请使用C或C++编程实现Base64转换功能。

4.13 请比较分析一下PGP和S/MIME之间的区别和共同点。

4.14 请使用PGP生成自己的密钥对，并发送一封加密的邮件。

第五章 Web安全

在第四章介绍S/MIME时讲过，用户使用电子邮件用户代理（MUA）收发邮件。知名MUA有微软Office套件中的Outlook、Windows系统自带的Outlook express、国产的Foxmail等等。不过这些很优秀的软件，现在用的人却越来越少了。现在许多人已经习惯直接在Web页面登录邮件系统收发邮件了。这也就意味着电子邮件系统已经开始从一个C/S架构的应用向Web环境下的B/S架构转变了。不仅邮件系统向Web方式转变，随着社交网络、微博、视频分享等一系列新型的Web应用的诞生，基于Web环境的应用越来越广泛。不只是个人用户，企业在信息化的过程中也逐渐将各种应用架设在Web平台上。Web应用的领域是如此之广泛，Web安全问题就应该引起高度的重视。

与安全电子邮件一样，在讲解Web安全工具和安全协议之前我们需要先分析一下Web安全需求。

首先要明确一点，Web应用与电子邮件是完全不同的两类网络应用。电子邮件的通信双方基本都是个人用户，而Web应用一方是个人用户，一方是提供服务的企业或厂商。对于Web应用，服务的双方在安全需求和安全义务的要求上是不对称的。对于企业用户来说，任何一点安全的瑕疵都会对整个业务造成很大影响，因此企业安全责任更大，对安全的要求也更高。但是，企业一般不会单独解决Web安全问题，Web安全是作为企业用户整体网络安全中的一环来处理的。Web的安全性依赖于企业整体的安全解决方案。因此，对于企业用户的Web安全需求，我们将在后续章节中再进行分析和介绍，本章主要关注个人用户所涉及的Web安全需求。

我们刚学习了安全电子邮件，所以就从Web邮件系统的安全需求分析开始吧。在第四章中，考虑到发件人和收件人采用MUA收发邮件，双方不会持续在线通信，因此PGP和S/MIME主要关注邮件内容的安全性。而在Web邮件系统中，用户会持续在邮件系统中进行操作，因此在用户浏览器和邮件服务器之间会存在一个持续的连接。在这种情况下，对于普通的个人用户而言，最大的安全威胁在于通信的信道被窃听，造成通信内容被泄露，尤其是用户名和口令被泄露。要知道我们大多数个人用户都是一组用户名和口令包打天下的，邮件系统的用户名和口令被泄露也就意味着其他应用系统的用户名和口令被泄露。因此，我们可以认为通信链路的保密性是Web应用的首要安全需求。保密性的需求同样存在于其他常见的Web应用中，如微博、网上银行等，我们都要保护我们的用户名和口令不会被泄露。

此外，随着网络基础设施的不断发展，我们的生活逐渐数字化，我国的电子交易量和电子交易水平已经达到世界领先水平。电子交易已经成为Web应用的一个重要分支。在电子交易中，身份认证是首要的安全需求。不但电子商务网站要确保用户身份的真实性，用户更要确保网站的真实性，不能上了一个钓鱼网站。在交易过程中，用户还会要求订单信息不能够出错，比如商品种类、数量和收货地址不能出错。这些都是对完整性的要求。当然，电子交易还有其他安全需求，我们将在5.3节中详细讨论。

Web服务的安全需求中当然少不了对可用性的要求。Web服务的提供商需要保障其提供的服务是持续不间断的，尤其是对一些时间敏感性较高的服务，如网上银行、网络证券交易等。但是Web服务商不可避免地会受到各种网络攻击，尤其是拒绝服务攻击，造成业务的中断。Web服务的可用性必须建立在整体的企业网络安全解决方案的基础上，关于这部分的内容我们将在后续的章节中进行介绍。本章我们将注意力主要放在保密性和完整性的解决方案上。

由第二章我们知道，保密性和完整性是通过加密算法来保证的。在第四章安全电子邮件中，PGP和S/MIME都是通过适当地实施加密、安全地分发密钥来保证保密性和完整性的。与安全电子邮件不同，PGP和S/MIME保护的是一段消息的保密性和完整性，而Web安全保护的则是流量的保密性和完整性，即浏览器和Web服务器之间的流量是被保护的。

5.1 HTTPS

要实现浏览器和Web服务器之间流量的安全保护，就需要对流量进行加密。要加密，浏览器就不能使用传统的HTTP协议来访问Web站点了，因为在HTTP协议中，消息是明文传送的，攻击者可以使用网络嗅探工具获得敏感数据，如手机号码、身份证号码、信用卡号等重要信息，导致严重的安全事故。HTTP协议也不对消息进行完整性检测，唯一的数据完整性检验就是在报文头部包含了本次传输数据的长度，而对消息是否被篡改不作验证。攻击者可以很容易地修改浏览器和服务端传输的数据，甚至在传输数据中插入恶意代码，导致客户端被引导至恶意网站或被植入木马。

为了实现HTTP协议的安全性，提出了HTTPS（Hypertext Transfer Protocol over Secure Socket Layer），即安全优化后的 HTTP协议。它是在HTTP的基础上通过传输加密和身份认证保证了浏览器和Web服务器之间流量的安全性。HTTP协议占用的是80端口，HTTPS协议占用的是443端口。不过对于一个普通的浏览器用户来说，不用查看端口号就可以很容易分辨一个Web站点是否采用了HTTPS协议进行保护。如果在浏览器的地址栏中，URL地址是以“https://”开始，该Web站点就是采用了HTTPS协议进行通信，而以“http://”开始，该Web站点就是采用了传统的HTTP协议进行通信，没有提供安全保护。

在采用了HTTPS协议后，浏览器与Web站点之间通信的如下元素被加密保护：

- 浏览器请求访问文件的URL；
- 浏览器访问文件的内容；
- 浏览器表单的内容；
- 从浏览器到Web服务器及从Web服务器到浏览器的Cookie；

● HTTP报头内容。

HTTPS的工作流程如图5-1所示。

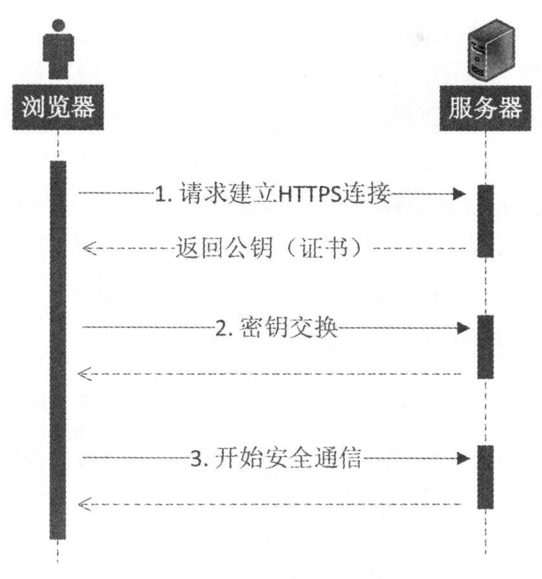

图5-1　HTTPS的工作流程

图5-1中的交互内容如下：

（1）客户端浏览器使用HTTPS的URL访问Web服务器，要求与Web服务器建立SSL连接。

（2）Web服务器收到客户端请求后，会将网站的证书信息（证书中包含公钥）传送一份给客户端。

（3）客户端的浏览器与Web服务器开始协商SSL连接的安全等级，也就是信息加密的等级。客户端的浏览器根据双方同意的安全等级，建立会话密钥，然后利用网站的公钥将会话密钥加密，并传送给Web服务器。

（4）Web服务器确认会话密钥，并传送给浏览器。

（5）Web服务器利用自己的私钥解密出会话密钥。

（6）Web服务器利用会话密钥加密与客户端之间的通信。

注意，HTTPS协议在浏览器和Web服务器之间建立的是SSL连接，也就是说HTTPS的安全功能是由SSL协议提供的，那么SSL协议是个什么协议？它有哪些功能呢？

5.2　SSL

SSL（Secure Sockets Layer，安全套接字）协议不仅为HTTPS协议提供了加密和完整性支持，也可以为MUA与SMTP服务器、MUA与POP3服务器之间提供加密通道，感兴趣的读者可以试着在Foxmail或Outlook Express的账户配置中添加SSL支持。

在介绍SSL协议的细节之前，先来了解一下SSL协议的两个重要概念。

（1）连接：在传输层之上为客户机和服务器之间提供合适的安全服务。在SSL协议中，连接指的是点对点连接，而且是短时有效的。每一个连接都会与一个会话关联。

（2）会话：SSL会话是客户机和服务器之间的关联。会话通过SSL协议的握手子协议创建。会话定义了一组可以在客户机和服务器之间多个连接中共享的密码安全参数。会话用于避免为每个连接进行新的安全参数协商，从而避免不必要的流量开销。

会话与连接之间的关系如图5-2所示。关于会话和连接我们可以这样理解。一个浏览器与Web服务器建立一个TCP的连接后，用户会办理多个业务。比如用户登录网上银行后，可以查询账户余额、购买理财产品、活期储蓄转为定期、给他人转账等等。可以认为SSL会话对应的是浏览器与Web服务器建立的TCP连接，SSL连接对应的是该TCP连接上运行的不同业务。由于客户端和服务器端的运算能力不同，SSL会话负责为双方建立一个双方能力都可以支持的最大安全能力集合。根据业务的需求，SSL连接在SSL会话支持的安全能力集合内选择合适的安全参数。

图5-2　SSL会话和连接

具体而言，SSL会话约定的参数包括：

- 会话标识符：由服务器端选择的一个任意字节序列，用于标识当前活动的或可恢复的会话。
- 对等实体证书：会话对方的X.509 v3证书。该参数可以为空。
- 压缩方法：用来压缩数据的算法。与PGP相同，SSL协议中的压缩在加密之前进行。
- 密码规格：说明采用的加密算法和散列算法。
- 主密钥：客户端和服务器之间共享的一个48字节长的秘钥。
- 可恢复性：用于指示会话是否可以用于初始化新的连接。

SSL连接约定的参数包括：

- 服务器和客户器的随机数：是服务器和客户端为每个连接选择的用于标识该连接的随机字节序列。
- 服务器写MAC密钥：用于服务器发送数据时生成MAC（消息摘要）的密钥。
- 客户端写MAC密钥：用于客户端发送数据时生成MAC（消息摘要）的密钥。
- 服务器写密钥：用于服务器发送数据时，对数据进行加密的密钥。
- 客户端写密钥：用于客户端发送数据时，对数据进行加密的密钥。
- 初始化向量（IV）：当使用CBC模式的分组密文算法时，为加密算法维护的初始化向量。每个连接的第一个初始化向量由SSL握手协议初始化。之后，每次加密数据的最后一块密文将被保留下来作为后续加密的初始化向量。
- 序列号：通信的双方都为每个连接中的发送和接收的报文维护单独的序列号。当有任何一方发送或接收了修改密码规格消息时，序列号会被置0。序列号最大不超过$2^{64}-1$。

在了解了SSL的会话和连接后，我们来详细分析介绍一下SSL协议。SSL协议不是一个单独的协议，其实是一个协议族，如图5-3所示。

SSL握手协议	SSL修改密码规格协议	SSL警告协议	HTTP、SMTP…
SSL记录协议			
TCP			
IP			

图5-3　SSL协议栈

从图5-3中可以看出，SSL协议位于传输层之上，由二层、4个子协议构成，高层的SSL握手协议、SSL修改密码规格协议、SSL警告协议用于协商SSL会话和SSL连接的安全参数。SSL记录协议实现对数据的加密及完整性封装，支持应用层不同应用的安全传输。SSL记录协议是SSL协议的核心协议，我们先从SSL记录协议开始介绍。

5.2.1　SSL记录协议

SSL记录协议提供了两种安全服务：保密性和完整性。其用于实现加密和消息验证的密钥来源于SSL握手协议，关于SSL握手协议我们将在5.3节介绍。

图5-4给出了SSL记录协议的工作流程。如图5-2所示，SSL记录协议首先会对原始消息进行分段，然后再分段对数据进行压缩，接下来对压缩数据生成散列值（这点与PGP不同，PGP是对原始消息生成散列值），最后再对数据加密，添加报头后，以TCP分组的方式发送出去。对于接收的TCP分组，首先解密，然后校验散列值，解压缩，最后重组，将明文数据交给上层应用程序或进程。

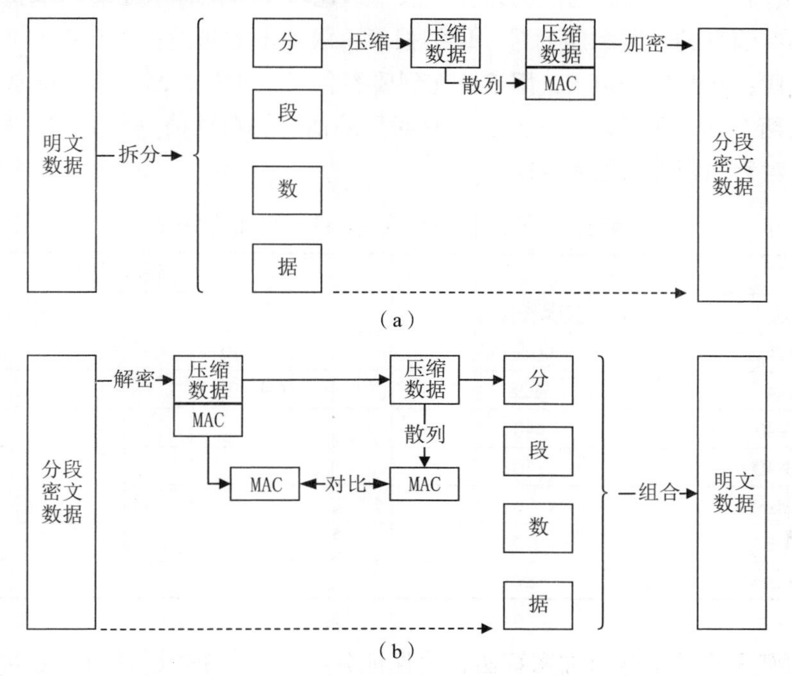

图5-4　SSL记录协议工作流程

（a）加密过程；（b）解密过程

在图5-4中，SSL记录协议首先将应用层的消息报文分割为不大于2^{14}（16 384）字节的分块。后续的压缩是可选的。如果选择压缩，压缩算法必须是无损的。如果原始数据较短，压缩后的数据长度有可能会增加，SSL协议要求增加的长度不能大于1 024字节。

接下来就是要对分段后的压缩数据（也可能是未压缩数据，取决于第二步的选择）生成散列值。生成散列值的计算方法如下：

$$\begin{aligned}&\text{hash}(\text{MAC\_write\_secret} \,\|\, \text{pad\_2} \,\|\\ &\quad \text{hash}(\text{MAC\_write\_secret} \,\|\, \text{pad\_1} \,\|\, \text{seq\_num} \,\|\, \text{SSLCompressed.type}\\ &\quad \|\, \text{SSLCompressed.length} \,\|\, \text{SSLCompressed.fragment}))\end{aligned} \tag{5-1}$$

式（5-1）中：

‖：表示连接。

MAC_write_secret：客户端和服务器端共享的密钥。

pad_1：如果散列算法采用MD5，字节0x36（0011 1010）重复48次；如果散列算法采用SHA-1，字节0x36（0011 1010）重复40次。

pad_2：如果散列算法采用MD5，字节0x5C（0011 1100）重复48次；如果散列算法采用SHA-1，字节0x5C（0011 1100）重复40次。

seq_num：消息的序列号。

SSLCompressed.type：SSL协议处理的上层协议类型。

SSLCompressed.length：压缩后的分段长度。

SSLCompressed.fragment：压缩后的分段数据。

在SSL记录协议生成散列值的计算方法中，比较特殊的作法是签名保护对象不仅仅有数据，还有消息的长度和序列号，以加强对重放攻击的防护；还有双方共享的密钥、两个填充字段：pad_1和pad_2，用于填充到要签名消息的前面，相当于将原来的MAC写密钥转换为两个随机子密钥。之后，就是对压缩消息和散列值进行对称加密。SSL记录协议支持的对称加密算法见表5-1。

表5-1　SSL记录协议支持的对称加密算法

分组密码		序列密码	
算法	密钥长度/位	算法	密钥长度/位
AES	128或256	RC4-40	40
IDEA	128	RC4-128	128
RC2-40	40		
DES-40	40		
DES	56		
3DES	168		
Fortezza	80		

如果加密采用的是分组加密算法，为保证分组对齐，SSL记录协议要对明文数据进行填充。由于解密时需要知道填充数据的长度，因此填充时，最后一个字节填充字节要保留下来写入填充长度，以通知接收方。最终形成的加密内容包括明文（或压缩后的明

文）、MAC和填充。总长度应该是加密算法中分组长度的倍数。例如，假设明文的长度是58字节，MAC的长度为20字节，分组加密算法的分组长度是8字节。现有消息的长度是78字节，不是8的倍数，因此需要进行填充，考虑到填充长度占用1B，于是再填充1字节，达到最终长度为80字节，是8的倍数，满足要求。

SSL记录协议的最后一步是添加SSL报头，形成SSL协议报文。SSL报头包括以下字段：

内容类型（1字节）：用于处理这个分段数据的上层协议。共有四种选项，包括：修改密码规格协议、警告协议、握手协议和应用层协议。其中应用层协议是用户数据所使用的协议，前面三种协议是SSL的特定协议。

主版本号（1字节）：表明当前分段使用的SSL主版本号，对于SSL v3.0，此值为3。

次版本号（1字节）：表明当前分段使用的SSL次版本号，对于SSL v3.0，此值为0。

压缩后的消息长度（8字节）：说明此分段明文的长度。

SSL记录协议的封装格式如图5-5所示。

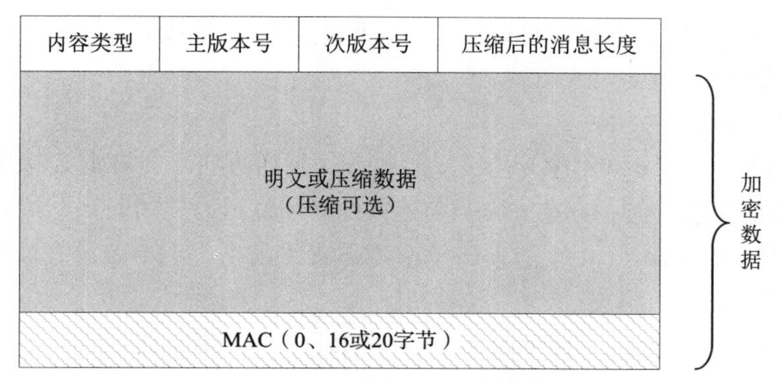

图5-5　SSL记录协议的封装格式

5.2.2　SSL修改密码规格协议

SSL修改密码规格协议是SSL协议族中最简单的协议。该协议只包含一条消息，由一个值为1的字节组成，如图5-6（a）所示。SSL规定通信双方直到他们发送或收到更改密码规格协议信息时才能开始使用前面已经协商好的密钥。该协议的作用就是启用挂起的、协商好的密钥。该协议也可以用于定时更新密钥，以获得更高的安全性。

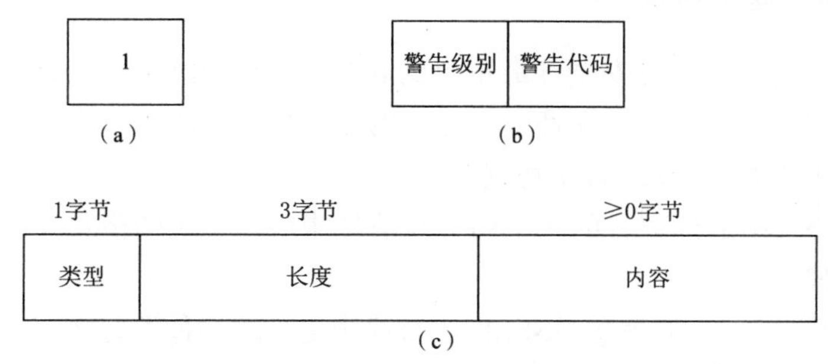

图5-6　SSL上层协议格式

（a）SSL修改密码规格协议；（b）SSL警告协议；（c）SSL握手协议

5.2.3 SSL警告协议

SSL警告协议用于当通信双方中有一方发现异常时，给对方发送一条警告消息。警告消息由两个字节组成，第一个字节为警告级别，第二字节为警告代码，如图5-6（b）所示。警告级别包括警告（warning）和致命（fatal）两个级别。致命级别要求通信双方立即中止当前SSL连接。不过当前SSL会话中其他的连接仍可继续，但不允许建立新的SSL连接。致命警告包括以下几种类型：

- 非预期消息（unexpected_message）：收到了不适当的报文。
- MAC记录出错（bad_record_mac）：收到了错误的MAC。
- 解压缩失败（decompression_failure）：解压缩函数收到了不正确的输入（无法解压缩或压缩数据长度大于最大允许长度）。
- 握手失败（handshake_failure）：在发送者发出的安全参数可选范围内无法选出一组可接收的安全参数。
- 不合法的参数（illegal_parameter）：握手消息中的某个字段超出可选范围或与其他域的内容发生冲突。

警告包括以下几种类型：

- 关闭通知（close_notify）：通知接收方，发送方将不再在此连接中发送消息。SSL协议要求任何一方在关闭当前连接前必须发送“关闭通知”给对方。
- 无证书（no_certificate）：对方请求本方提供证书，但本方没有证书时，给对方发送“无证书”消息。
- 证书不可用（bad_certificate）：收到的证书不可用（如包含了一个无法通过验证的签名）。
- 不支持的证书（unsupported_certificate）：不支持接收到的证书。
- 证书作废（certificate_revoked）：证书被签发者撤销。
- 证书过期（certificate_expired）：证书超过有效期。
- 未知证书（certificate_unknown）：处理证书过程中引起的其他问题，导致该证书无法被系统识别或接受。

5.2.4 SSL握手协议

SSL协议中最复杂，对安全性最重要的就是SSL握手协议。在SSL握手协议的支持下，通信双方可以相互认证，协商安全通信的加密算法、散列算法、密钥。在开启一个安全通信前首先需要运行SSL握手协议。

SSL握手协议由通信双方的一系列交互消息构成，协议的格式如图5-6（c）所示。其包含三个字段：

类型（1字节）：表明消息是SSL握手协议中定义的10种类型之一，具体的消息类型见表5-2。

长度（3字节）：消息长度。

内容（≥0字节）：与本条消息类型相关的参数，也在表5-2中列出。

表5-2　SSL握手协议消息类型及参数

消息类型	参　数
hello_request	空
client_hello	版本号，随机数，会话ID，加密套件，压缩方法
server_hello	版本号，随机数，会话ID，加密套件，压缩方法
certificate	X.509 v3证书链
server_key_exchange	参数，签名
certificate_request	类型，授权
server_done	空
certificate_verify	签名
client_key_exchange	参数，签名
finished	散列值

通信双方通过SSL握手协议协商安全参数的工作流程如图5-7所示。

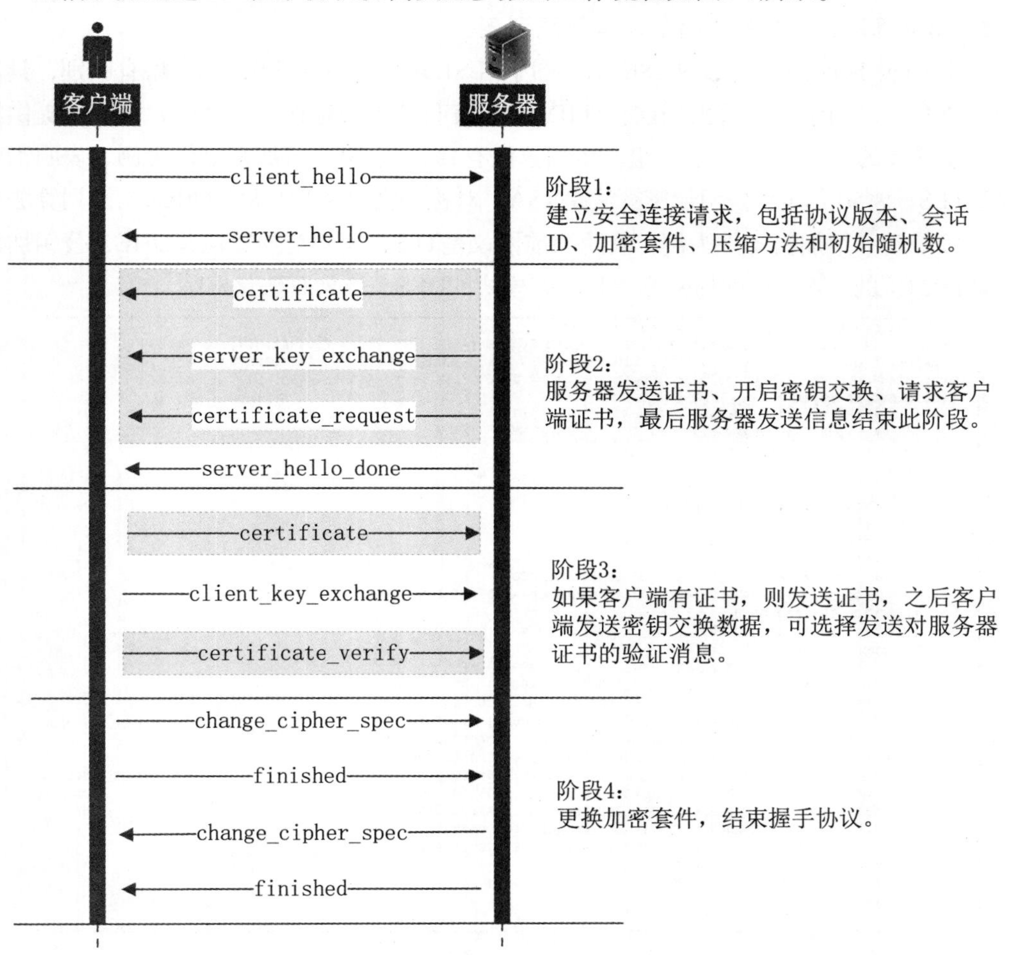

图5-7　SSL握手协议协商安全参数的工作流程

注：图中深色背景部分为可选步骤。

图5-7中各步骤具体完成的工作如下。

1. 阶段1：建立安全能力

由客户端发送client_hello消息启动，客户端收到server_hello消息结束。客户端发送的lient_hello消息中的字段包括：

- 版本：客户端可支持的SSL协议的最高版本号。
- 随机数：客户端生成的随机数结构体，包括一个32位的时间戳和一个由安全随机数生成器生成的28字节的随机数。该字段内容的目的在于防止重放攻击。
- 会话ID：可变长度的会话标识符。非零值表示客户端希望更新现有连接的安全参数，或为当前会话创建一条新连接。零值表示客户端希望创建一个新会话，并在新会话上创建一条新连接。
- 加密套件：客户端支持的加密算法的列表，按照优先级的降序排列。算法包括四类：密钥交换算法、身份验证算法、对称加密算法和单向散列算法。
- 压缩算法：客户端支持的压缩算法列表。

一个client_hello的封包如图5-8所示。图中TLS1.0相当于SSL 3.0，二者略有区别，具体区别下节介绍。图中可以看出当前会话ID为0，表明是要新建立一个会话。客户端提供给服务器端选择的加密套件共有11 组，压缩算法有1组。以第一组加密套件为例，表明当前协议是TLS，密钥交换和公钥加密算法是RSA，对称加密算法是128位的RC4，散列算法是MD5。以最后一组加密套件为例，表明当前协议是TLS，密钥交换算法是DHE，公钥加密算法是1 024位的DSS，对称加密算法是CBC模式的DES，散列算法是SHA。

```
⊞ Frame 4 (124 bytes on wire, 124 bytes captured)
⊞ Ethernet II, Src: Cisco_ec:fd:3f (00:22:55:ec:fd:3f), Dst: Dell_37:28:95 (00:24:e8:37:28:95)
⊞ Internet Protocol, Src: 10.175.8.173 (10.175.8.173), Dst: 10.175.13.77 (10.175.13.77)
⊞ Transmission Control Protocol, Src Port: hpstgmgr (2600), Dst Port: https (443), Seq: 1, Ack: 1, Len: 70
⊟ Secure Socket Layer
  ⊟ TLSv1 Record Layer: Handshake Protocol: Client Hello
      Content Type: Handshake (22)
      Version: TLS 1.0 (0x0301)
      Length: 65
    ⊟ Handshake Protocol: Client Hello
        Handshake Type: Client Hello (1)
        Length: 61
        Version: TLS 1.0 (0x0301)
      ⊟ Random
          gmt_unix_time: Jul  2, 2010 15:04:52.000000000
          random_bytes: 27A29093D685EEA3566F6A0338CD7A47D3E7510997858D33...
        Session ID Length: 0
        Cipher Suites Length: 22
      ⊟ Cipher Suites (11 suites)
          Cipher Suite: TLS_RSA_WITH_RC4_128_MD5 (0x0004)
          Cipher Suite: TLS_RSA_WITH_RC4_128_SHA (0x0005)
          Cipher Suite: TLS_RSA_WITH_3DES_EDE_CBC_SHA (0x000a)
          Cipher Suite: TLS_RSA_WITH_DES_CBC_SHA (0x0009)
          Cipher Suite: TLS_RSA_EXPORT1024_WITH_RC4_56_SHA (0x0064)
          Cipher Suite: TLS_RSA_EXPORT1024_WITH_DES_CBC_SHA (0x0062)
          Cipher Suite: TLS_RSA_EXPORT_WITH_RC4_40_MD5 (0x0003)
          Cipher Suite: TLS_RSA_EXPORT_WITH_RC2_CBC_40_MD5 (0x0006)
          Cipher Suite: TLS_DHE_DSS_WITH_3DES_EDE_CBC_SHA (0x0013)
          Cipher Suite: TLS_DHE_DSS_WITH_DES_CBC_SHA (0x0012)
          Cipher Suite: TLS_DHE_DSS_EXPORT1024_WITH_DES_CBC_SHA (0x0063)
        Compression Methods Length: 1
      ⊟ Compression Methods (1 method)
          Compression Method: null (0)

0000  00 24 e8 37 28 95 00 22  55 ec fd 3f 08 00 45 00   .$.7(.." U..?..E.
0010  00 6e 4e 5e 40 00 7f 06  81 d4 0a af 08 ad 0a af   .nN^@... ........
0020  0d 4d 0a 28 01 bb da 3f  54 15 7f 9b 61 2f 50 18   .M.(...? T...a/P.
0030  ff ff 08 11 00 00 16 03  01 00 41 01 00 00 3d 03   ........ ..A...=.
0040  01 4c 2d 8f 94 27 a2 90  93 d6 85 ee a3 56 6f 6a   .L-..'.. .....Voj
0050  03 38 cd 7a 47 d3 e7 51  09 97 85 8d 33 24 5b 50   .8.zG..Q ....3$[P
0060  1a 00 00 16 00 04 00 05  00 0a 00 09 00 64 00 62   ........ .....d.b
0070  00 03 00 06 00 13 00 12  00 63 01 00               ........ .c..
```

图5-8 client_hello封包

服务器端在收到客户端的client_hello消息后，将生成对client_hello消息的回复消息server_hello消息。该消息与client_hello消息中的字段相同，用于对client_hello消息的响应，响应遵循如下规则：

- 版本：比客户端支持的SSL协议的最高版本低的、服务器端可支持的最高版本，即服务器端的SSL版本不能高于客户端的版本。
- 随机数：服务器端产生一个与客户端随机数无关的随机数结构体。
- 会话ID：如果client_hello中的会话ID为非零值，则采用相同的会话ID。否则，服务器端生成一个新的会话ID。
- 加密套件：从客户端支持的加密算法的列表中选择一个加密套件。
- 压缩算法：从客户端支持的压缩算法列表中选择一个压缩算法。

在阶段1中，最重要的内容就是加密套件的选择。通过选择加密套件确定客户端和服务器端之间通信使用的各种加密算法。如图5-9所示，服务器端选择的是RSA+RC4+MD5加密套件，即第一优先级的加密套件。图5-9中显示服务器端已经为客户端新分配了一个会话ID。

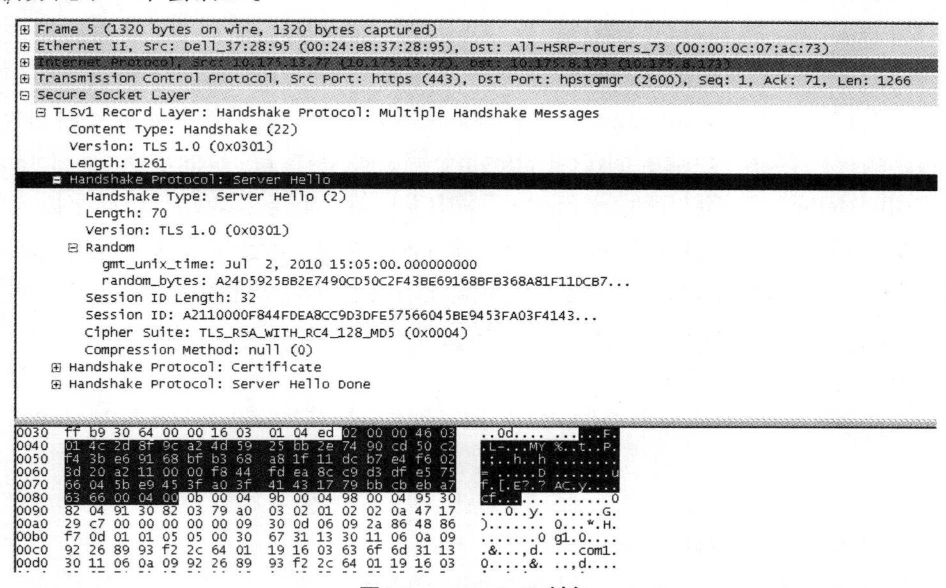

图5-9 server_hello封包

2. 阶段2：服务器认证和密钥交换

如果需要认证，服务器端通过发送自己的X.509证书和证书链来启动此阶段。注意，除非在阶段1选择了匿名Diffie-Hellman密钥交换算法，否则服务器认证是必需的，也就是说证书消息是必须发送的。

如果密钥交换算法选择了匿名Diffie-Hellman算法，或者选择了暂态Diffie-Hellman算法、Fortezza算法，或者选择了RSA算法，但是只有一个用于签名的RSA密钥（因为出于安全考虑，用于签名的公钥/私钥对和用于密钥交换的公钥/私钥对应当是有区别的），服务器将发送一个server_key_exchange消息。该消息包括两部分内容：其中一部分是用于密钥交换的算法参数，如Diffie-Hellman算法中的p和g；另一部分是签名消息，是对

client_hello和server_hello消息中的随机数和服务器参数的散列值，用于防止重放攻击。对于这个步骤可以这样理解，就是当服务器发送的证书内容没有携带足够的信息时，通过此步骤让客户可以预共享主密钥。

接下来的步骤依然是一个可选步骤，即certificate_request，就是请求客户端提供其证书。只要服务器使用的不是匿名Diffie-Hellman算法，就可以请求客户端提供证书。该消息包括两个参数：证书类型（certificate_type）和证书机构（certificate_authorities）。

最后，以服务器端发送sever_done来结束此阶段。

3. 阶段3：客户端认证和密钥交换

在客户端server_done消息后，验证服务器证书是否有效、安全参数是否可接受。如果验证通过，则开启此阶段交互。

如果在阶段2中服务器发送了certificate_request消息，则客户端发送一个certificate消息，向服务器提交自己的X.509证书和证书链。如果客户端没有证书，则向服务器端发送一条“no_certificate_alert”警告消息。

接下来就是发送client_key_exchange消息。客户端在阶段2中收到服务器端的公钥后，就可以利用此公钥开启密钥交换了。具体的交换内容由阶段2中服务器端选择的密钥交换算法确定。如果选择的是RSA算法，内容是客户端生成一个48字节的预共享主密钥，并以sever_key_exchange中的服务器端公钥加密；如果选择匿名或暂态Diffie-Hellman算法，内容是客户端的Diffie-Hellman公钥；如果选择的是固定Diffie-Hellman算法，其Diffie-Hellman公钥已经在certificate证书中发送给了服务器端，所以此字段为空。

此阶段的最后一步是客户端发送certificate_verify消息，是客户端对服务器端证书的认证结果。这一步骤也是可选的。仅当客户端证书具有签名功能时才可选。这个消息是对前面发送消息的一个散列值的签名，散列值的计算方法如下：

$$\text{CertificateVerify.signature.md5\_hash=}\\ \text{MD5(master\_secret} \parallel \text{pad\_2} \parallel \text{MD5(handshake\_message} \parallel \text{master\_secret} \parallel \text{pad\_1))} \tag{5-2}$$

$$\text{CertificateVerify.signature.sha\_hash=}\\ \text{SHA(master\_secret} \parallel \text{pad\_2} \parallel \text{SHA (handshake\_message} \parallel \text{master\_secret} \parallel \text{pad\_1))} \tag{5-3}$$

式（5-2）和式（5-3）中的pad_1和pad_2与式（5-1）中的定义和作用一样。两式中的handshake_message是客户端在发送client_hello消息之后，发送和接收到的所有消息，但不包含client_hello消息；master_secret是一个主密钥，其生成方法在下一小节介绍。根据用户选择的公钥算法不同，对散列值的签名方法略有不同。如果用户选择的是DSS算法，那么签名是用户私钥加密SHA的散列值；如果用户选择的是RSA算法，那么签名是用户私钥加密MD5散列值和SHA散列值的串接。

4. 阶段4：完成

此阶段最终建立客户端和服务器端的安全连接。客户端首先发送一个change_

cipher_spec消息，将阶段1中选择但未正式启用的密码规格复制到当前密码规格内。注意，这个消息不是SSL握手协议的一部分，而是采用SSL修改密码规格协议发送的。然后，客户端用新加密算法、新密钥和新秘密值发送一个finish消息。该消息是如下两个散列值的串接：

MD5(master_secret || pad_2 || MD5(handshake_message || Sender || master_secert || pad_1))

（5-4）

SHA(master_secret || pad_2 || SHA(handshake_message || Sender || master_secert || pad_1))

（5-5）

式（5-4）和式（5-5）中的“Sender”是一个标识符，用于将客户端和服务器端的握手消息“handshake_message”区分开来。握手消息“handshake_message”包括除本条消息之外，之前所有的握手消息。finish消息非常关键，一是能证明握手数据没有被篡改过，二也能证明客户端确实是密钥的拥有者。

服务器端将同样发送change_cipher_spec消息和finish消息，用于对客户端的响应。到此为止，握手协议完成，客户端和服务器端可以开始交换应用层数据。

在阶段3中，客户端需要创建一个双方共享的主密钥，加密传送给服务器端。我们现在就来介绍一下这个主密钥的生成算法和相关参数的生成方法。

（1）创建共享主密钥。创建共享主密钥的过程包括两步：第一步，由客户端生成预备主密钥；第二步，客户端和服务器端分别独立计算主密钥生成一个48字节、仅供本次会话使用的一次性密钥。对于生成预备主密钥，根据密钥交换算法不同，有两种情况：

如果使用的是RSA算法，客户端生成一个48字节的预备主密钥，用服务器方的公钥加密后，发送给服务器。服务器用自己的私钥解密获得预备主密钥。

如果使用的是Diffie-Hellman算法，服务器和客户端各自产生一个Diffie-Hellman公钥，交换公钥之后，再分别做Diffie-Hellman计算获得预备主密钥。

在获得预备主密钥后，客户端和服务器分别计算主密钥，计算方法如下：

```
Master_secret=
    MD5(pre_master_secret || SHA('A' ||
            pre_master_secret || clientHello.random || ServerHello.random)) ||
    MD5(pre_master_secret || SHA('BB' ||
            pre_master_secret || clientHello.random || ServerHello.random)) ||
    MD5(pre_master_secret || SHA('CCC' ||
            pre_master_secret || clientHello.random || ServerHello.random))
```

（5-6）

式（5-6）中，clientHello.random和serverHello.random都是在阶段1中服务器和客户端交换的hello消息中的随机数。

（2）生成密钥参数。密码规格中用户除了主密钥外，还需要指定客户端写MAC密钥、服务器写MAC密钥、客户端写密钥、服务器写密钥、客户端写初始向量IV、服务器写初始向量IV。这些参数都是由主密钥按顺序生成的。方法是以主密钥为输入生成散列值序列，序列长度足够长，以满足所有的安全参数都可以从序列中提取。生成散列值的计算方法与生成主密钥的基本相同，只是将pre_master_secret换成了master_secret，如下式所示。

```
key_block
MD5(master_secret || SHA('A' ||
        master_secret || clientHello.random || ServerHello.random)) ||
MD5(master_secret || SHA('BB' ||
        master_secret || clientHello.random || ServerHello.random)) ||
MD5(master_secret || SHA('CCC' ||
        master_secret || clientHello.random || ServerHello.random))          (5-7)
```

5.2.5 TLS协议

TLS（Transport Layer Security，安全传输层）是SSL协议的升级版，TLS协议与SSL协议的协议格式完全相同，报头中各字段的含义也相同。二者协议格式之间不同的只是版本号。TLS 1.0通常被标示为SSL 3.1，TLS 1.1被标示为SSL 3.2，TLS 1.2被标示为SSL 3.3。

TLS协议和SSL协议之间在功能细节上略有不同：

（1）生成散列值的计算方法不同。在TLS协议中，计算散列值时，不但覆盖了SSL的所有域，还多包含了一个TLSCompressed.version的域。

（2）TLS使用了一个称为PRF的随机数生成函数来生成各种密钥。

（3）TLS扩充了警告代码，可以报告更多的警告信息。

（4）TLS在加密套件中取消了SSL协议中支持的Fortezza算法。

（5）TLS支持的证书类型比SSL协议略有减少。

（6）由于TLS采用了新的随机数生成函数PRF，所以certificate_verify消息和finish消息的散列值计算方法不同。

（7）由于TLS采用了新的随机数生成函数PRF，所以TLS协议和SSL协议生成主密钥的算法不同。

（8）TLS协议和SSL协议的填充长度不同。SSL协议的填充长度是满足长度为分组长度的最小整数倍。在TLS中填充长度只要不超过255字节，可以是分组长度的任意整数倍。

虽然有这些不同，但TLS协议和SSL协议基本上可以认为是一个协议的不同版本，所以现在大家在许多文献上看到的都是SSL/TLS协议。

5.3 SET协议

前面我们学习了HTTPS协议和为HTTPS协议提供安全性支持的SSL协议。通过学习我们知道，目前HTTPS协议可以为我们的Web应用中客户端与服务器端的流量提供很好的安全保护，所以有大量的有安全需求的Web应用被开发出来。在基于HTTPS和SSL协议的Web应用中，除了Web电子邮件系统，我们在日常生活中使用最多的Web应用大概就是网上购物了。目前国内较大的电子交易服务提供商有京东、淘宝等。为了保护用户的财产安全，支付宝、京东均做了大量的工作，实现了安全的电子交易系统。但是，在

第一章里我们已经强调过，世界上没有100%安全的系统。基于SSL的安全电子交易的基点是商家对客户信息保密的承诺，其安全隐患在于：①电子商务服务商的安全解决方案可能存在安全隐患，比如在第三章，我们就介绍了一个支付宝的安全隐患的例子；②我们可能会遭遇到恶意的电子商务提供商，比如2017年许多人遇到的“酷骑单车”事件。

上述安全隐患虽然发生的概率很低，但是如果发生在一个具体的人身上，那么对这个人来说概率就是100%。由于涉及资金安全，其后果还有可能是灾难性的。因此，我们需要提出更为安全的安全电子交易解决方案。那么电子交易都有哪些安全需求呢？

经历过“酷骑单车”事件，我们知道，为了保护用户的财产安全，一个安全的做法就是把钱放在银行，只有在支付时才将钱转给商家。银行系统经过数百年的发展，已经形成了完善的管理制度，我们放在银行里的资金可以认为是安全的。而且将资金存放在银行，只有在发生交易时才将资金转账给商家也符合我们日常的消费习惯。这样，电子交易的参与者就由SSL协议模式下的用户、商家两方，转变为用户、商家和银行三个参与方。

三方参与的电子交易在交易流程上无疑要比两方参与的电子交易复杂。在两方参与的电子交易中，订单消息和支付消息都是由用户发送给商家的。其安全性需求就是要保证订单消息和支付消息的保密性和完整性，并对双方进行身份认证。而在三方参与的电子交易中，从保护用户账户安全的角度出发，商家不应当获得用户的支付消息；从保护用户隐私的角度出发，银行不应当获得用户的订单消息。所以在三方参与的电子交易中，银行支付消息和订单消息不但要保证其保密性、完整性，还应当是分离的。支付消息和订单消息分离又引入了新的安全问题：订单消息如何与支付消息对应？即商家在收到了转账后，如何确定是哪个订单的支付款项？银行收到订单消息后，如何在打款时确定订单是没有经过篡改的？商家如何验证用户是某个银行的合法用户？商家的签约银行与用户的存款银行可能不是同一家银行，那么应该如何安全地在商家、两家银行间交换转账消息？为了应对如此复杂的安全需求，SET（Secure Electronic Transaction，安全电子交易）协议应运而生。

SET协议是由Master Card和Visa联合Netscape、Microsoft等公司，于1997年6月1日推出的一种以保护网上信用卡交易安全为目的的开放式加密和安全协议。SET 提供了用户、商家和银行之间的认证，确保了交易数据的安全性、完整可靠性和交易的不可否认性，特别是具有保证不将用户银行卡号暴露给商家的优点。因此，2012年，它成为了公认的信用卡/借记卡的网上交易的国际安全标准。SET协议的规范要比SSL/TSL协议复杂得多，其规范有971页，而SSLv3规范只有63页，TLS也只有71页。

5.3.1　SET协议中的角色

我们上面已经讲到，SET协议涉及的角色包括用户、商家和银行。考虑到实际的金融运行机制，SET协议涉及的角色不止这三个。SET协议中的角色如图5-10所示，下面分别说明。

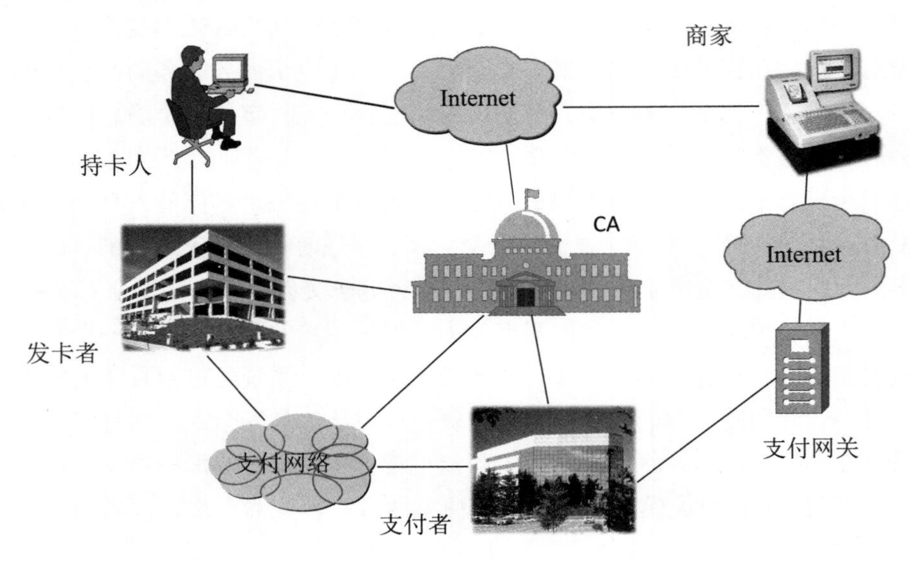

图5-10　SET协议中的角色

持卡人：在SET协议中，将参与电子商务的购买方，包括个人用户和团队用户统称为持卡人。持卡人是发行者发行的信用卡的合法授权持有者，也是SET协议框架中的消费者或客户。

商家：提供货物或服务给持卡人的个人或团体。

发卡者：为持卡人提供信用卡的金融组织。在我国，发卡者通常都是银行。

支付者：不同的持卡人可能持有不同金融机构颁发的信用卡，因此，商家必须接受不同金融机构的信用卡，但商家也不愿意同每个金融机构建立结算关系，通常商家会选择一家金融机构为主要结算机构，这家金融机构就是支付者。商家在收到持卡人的账单后，由支付者支付结账。支付者在约定的时间把一个周期内该商家所有该发卡机构的账单再与发卡机构进行结算。

支付网关：是连接银行专用网络与Internet的一组服务器，其主要作用是完成两者之间的通信、协议转换和进行数据加、解密，以保护银行内部网络的安全。其主要功能有：将Internet传来的数据包解密，并按照银行系统内部的通信协议将数据重新打包；接收银行系统内部反馈的响应消息，将数据转换为Internet传送的数据格式，并对其进行加密。

证书权威机构（CA）：为持卡人、商家、支付网关、银行颁发可信的X.509证书，它是SET协议可以正常运行的基础。

上述的角色完成一次完整的SET安全电子交易的流程如下：

（1）消费者开立账户。首先消费者要在有支持电子支付及SET协议的银行建立信用卡账户，比如MasterCard或Visa。

（2）消费者收到证书。银行签署的X.509 v3数字证书。这个证书用来核对消费者的RSA公开密钥及密钥的有效期限。同时，也建立了消费者的密钥组与信用卡之间的关系，并由银行来保证这个关系。

（3）商家证书。接受某家公司的信用卡的商家必须拥有两个证书，分别包含一把公开密钥：一个用来签署信息，一个用于密钥交换。商家也要保留一份支付网关的公开密钥证书。

（4）消费者订购下单。

（5）商家核对。除了订购单，商家会给消费者发送他们的证书副本，而消费者可以核对所消费的商店是否为合法有效的。

（6）发送订单及支付。消费者将其订单、支付命令与其证书传送给商家。这份订单对所支付的款项进行核对。支付命令中包含信用卡的细节。因此支付的信息要经过加密，才不会被商家获取其中的重要信息。而消费者的证书可以让商家核对消费者身份。

（7）商家请求支付认证。商家在这个时候会向支付网关传送支付命令，并且请求核对消费者的信用卡是否能支付这笔款项。

（8）商家核准订单。商家将核准的订单信息传送给消费者。

（9）商家提供货物或服务。将消费者订购的商品装运，或提供给消费者其他服务。

（10）商家请求支付。商店将请求支付的消息送到支付网关，支付网关会处理支付工作。

在这个交易流程中，SET协议最突出的优点就是隔离了支付消息和定单消息，商家和金融机构都只能获取与自身业务相关的信息，极大地提高了电子交易系统的安全性。我们现在就来学习一下，SET是如何实现消息隔离的。

5.3.2 双重签名

在本书的第一章我们讨论过，对于一个安全系统，有时要在易用性和安全性之间做个折中。如果一个安全系统的安全性很高但用户体验很差，最终会造成用户绕过保护安全的系统，反而起不到保护安全的作用。因此，在电子交易系统中，尽管从安全角度需要隔离订单消息和支付消息，但不能让用户分别生成订单消息和支付消息。这样做，不但用户体验差，也为商家和金融机构带来极大的工作量。SET协议提出了一个有效的机制，既保证了用户操作的便捷性，又隔离了订单消息和支付消息，这个机制就是双重签名。这是SET协议最重要的创新点。

我们先来分析一下电子交易的安全需求，再来看看双重签名的具体解决方案。

（1）第一个安全需求是消息需要隔离，即商家只能读取订单消息，金融机构只能读取支付消息。

（2）第二个安全需求是商家虽然不能读取支付消息内容本身，但必须能够验证支付消息是真实可用的，或没有被篡改过的，该支付消息一定是与本次订单消息相关联的。

（3）第三个安全需求是商家要能够验证用户的订单消息是否被篡改过。

（4）第四个安全需求是金融机构虽然不能读取订单消息内容本身，但必须能够验证订单消息是否被篡改过。

（5）第五个安全需求是金融机构虽然不能读取订单消息，但可以判断该订单消息一定是与本次支付消息相关联的。

（6）第六个安全需求是参与电子交易的各方均能够相互认证其身份。

（7）第七个安全需求是最后的支付行为应当是与订单匹配的。

SET协议以双重签名为核心提出的解决方案满足了上述安全需求。我们先来给出双重签名的定义。

客户要发送的消息包括客户签名的支付消息PI（Payment Information）和客户签名的订单消息OI（Order Information）。客户分别对PI和OI进行散列运算得到支付消息的散列值PIMD（Payment Information Message Digest）和订单消息的散列值OIMD（Order Information Message Digest）。客户将PIMD和OIMD连接后再进行一次散列运算，得到支付订单消息的散列值POMD（Payment Order Message Digest），对POMD用客户的私钥签名就得到了双重签名DS（Dual Signature），其流程如图5-11所示。

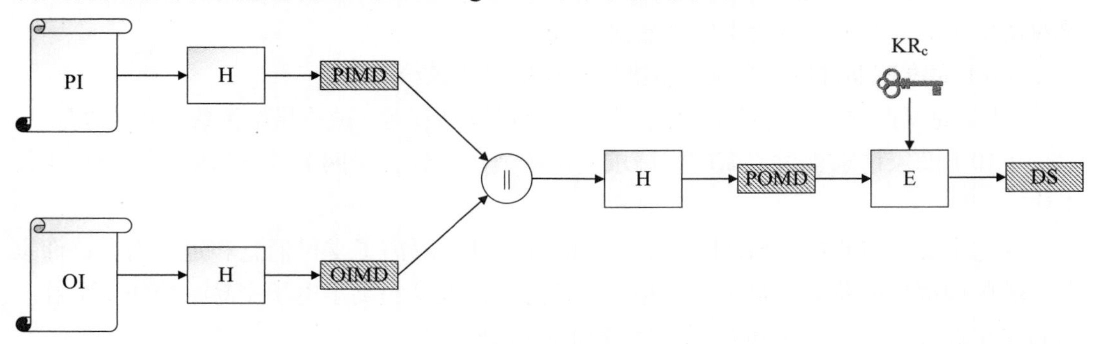

图5-11　双重签名

图5-11中，H表示散列函数，E表示加密，KR_c是客户的私钥。

双重签名可用公式表示为

$$DS=E_{KR_c}\left(H\left(H(PI)\parallel H(OI)\right)\right) \tag{5-8}$$

有了双重签名后，商家可持有双重签名、订单消息OI、支付消息的摘要PIMD，商家用客户的公钥解密双重签名得到POMD，并做以下运算：

$$H\left((PIMD)\parallel H(OI)\right) \tag{5-9}$$

如果得到的结果与解密得到的POMD相等，则表明客户的支付消息和订单消息都是完整的，没有被篡改过。

金融机构可持有双重签名、支付消息PI、订单消息的摘要OIMD，金融机构也用客户的公钥解密双重签名得到POMD，并做以下运算：

$$H\left(H(PI)\parallel (OIMD)\right) \tag{5-10}$$

如果得到的结果与解密得到的POMD相等，则表明客户的支付消息和订单消息都是完整的，没有被篡改过。这样，就实现了对商家和金融机构隔离订单消息和支付消息的条件下，双方都可对订单消息和支付消息进行验证，即保证了隔离条件下的消息完整性。

有了双重签名，并结合不对称加密和对称加密，客户就可以实现只向商家发一次消息来启动并完成电子交易，避免了分别与商家和金融机构连接的不便利性。我们现在就来看看引入了双重签名后的SET交易流程。

5.3.3　SET交易流程

SET协议中的交易流程包括客户提交购买请求、商家获得支付授权和商家获得支付三个主要步骤，在上述流程结束后，商家可以为客户提供服务。

1.客户提交购买请求（Purchase Request）

我们假定客户已经完成了浏览和选购，开始下订单，于是客户将向商家发送如图5-12所示的购买请求消息。这个消息的构成包括了支付消息、订单消息和客户的数字证书三部分。

在支付消息中，包含PI、以用户的私钥加密的双重签名和OIMD。其中，OIMD是金融机构用于验证双重签名的。上述三部分内容用一个随机生成的一次性会话密钥K_s进行对称加密。而会话密钥K_s用金融机构的公钥KU_b加密，生成数字信封。由于商家没有金融机构的私钥，所以他不可能解密数字信封获得会话密钥K_s，也就是说商家无法获得客户的信用卡账号等支付消息。商家只是负责把支付消息向支付网关进行转发。

在订单消息中，包含OI、以用户的私钥加密的双重签名和PIMD。其中，PIMD用于商家验证数字签名。

客户的数字证书中包含了客户的公钥，用于商家和金融机构解密双重签名。

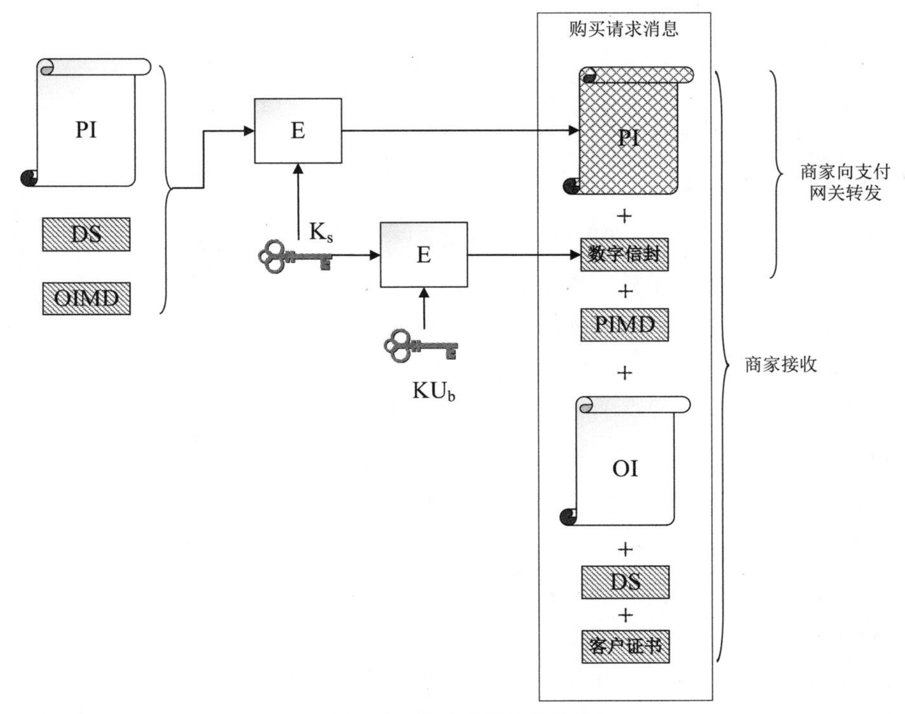

图5-12　客户发送购买请求

图5-12中，H表示散列函数，E表示加密，KU_b是金融机构的公钥。

商家在收到购买消息后，进行以下操作：

（1）验证客户的证书。

（2）从客户证书中提取客户公钥，以解密双重签名。

（3）通过解密的双重签名验证订单消息和支付消息的完整性。

（4）处理购买请求，将支付消息转发给支付网关。

（5）给客户发送购买响应。

具体的验证订单消息和支付消息的过程如图5-13所示。

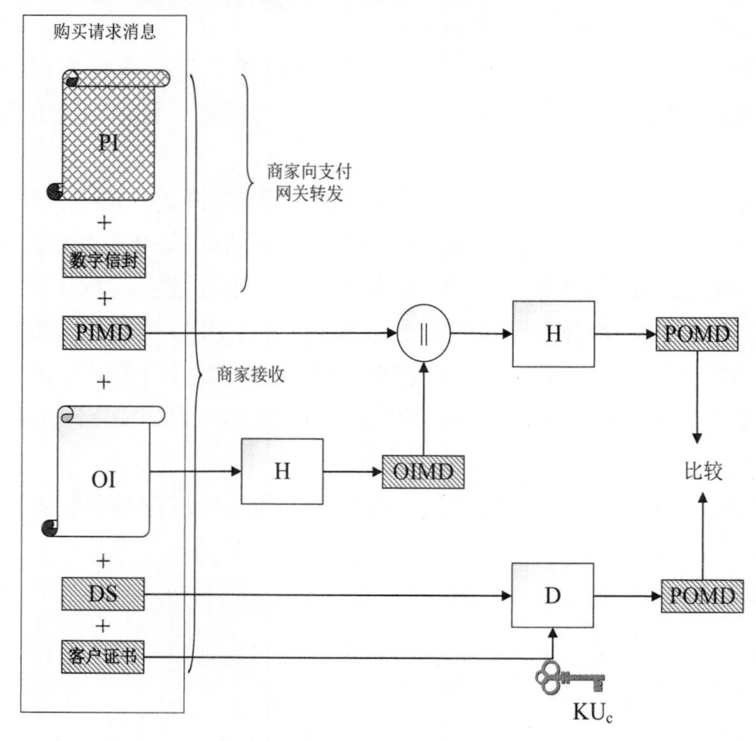

图5-13　商家验证客户购买请求

图5-13中，H表示散列函数，D表示解密，KU_c是客户的公钥。

2.商家获得支付授权（Payment Authorization）

商家在处理了客户的购买请求后，需要向支付网关提出支付授权请求，以保证交易可以完成。授权请求消息包括由商家转发的客户购买相关信息、商家生成的授权相关信息和证书。

购买相关信息，包含PI、以用户的私钥加密的双重签名、OIMD和数字信封。

授权相关信息，包含：交易ID，该消息用商家的私钥签名，并用商家生成的临时对称密钥加密；数字信封，与客户的数字信封功能一样，是用支付网关的公钥加密的商家生成的临时对称密钥。

证书，包含客户的证书、商家的密钥交换证书和商家的签名密钥证书。

支付网关在收到商家的授权请求后，执行以下操作：

（1）验证所有证书。

（2）解密授权消息的数字信封，获得对称密钥，以此密钥解密授权消息。

（3）验证授权消息上的商家签名。

（4）解密商家转发的客户支持消息的数字信封，获得支持消息的对称密钥，并解密支付消息。

（5）验证客户的双重签名。

（6）验证从商家获得的交易ID是否与客户的支付消息相符。

（7）向发卡者请求获得支付授权。

支付网关在收到发卡者的支付授权后，返回商家一个签名的授权响应消息，响应中包括以下内容：

（1）发卡者的授权消息。

（2）支付网关的证书。

（3）一个可选项，叫作捕获令牌（capture token），支付网关将基于此令牌处理捕获请求（capture request）消息。这一消息仅当商家的签约金融机构提出需求时才可选。

授权消息也由一个随机产生的会话密钥加密，会话密钥则由商家的公钥进行加密。

商家在收到授权响应消息，并通过验证后，就可以给客户提供服务了。

3.商家获得支付（Payment Capture）

商家最终要获得支付，还需要和支付网关进行交互。交互包括两个阶段：

（1）捕获请求（capture request）：商家生成捕获请求消息，内容包括最终的支付金额和由OI消息生成的交易ID。捕获请求消息用一个随机密钥加密，而随机密钥用支付网关的公钥进行加密。支付网关收到捕获请求消息并解密验证后，生成结算请求发送给发卡者，该请求将会使发卡者将资金转到商家的账户上。

（2）捕获响应（capture response）：转账成功后，支付网关生成捕获响应消息并发送给商家，内容是支付网关的一个签名证书，用一个随机生成的会话密钥加密，而会话密钥用商家的公钥加密。商家解密并验证捕获响应消息，并将其作为收据保存下来。到此，交易流程结束。

5.3.4 SET与SSL对比

SET协议和SSL协议者是主流的安全电子交易协议，但它们之间有明显的不同，百度百科中对它们之间的差别总结如下。

1.协议层次和功能

（1）SSL属于传输层的安全技术规范，它不具备电子商务的商务性、协调性和集成性功能。SET协议位于应用层，它不仅规范了整个商务活动的流程，而且制定了严格的加密和认证标准，具备商务性、协调性和集成性功能。

（2）SSL可以很好地封装应用层数据，不用改变位于应用层的应用程序，对用户是透明的。同时，SSL只需要通过一次“握手”过程就可以建立客户与服务器之间的一条安全通信通道，保证传输数据的安全。但是，SSL并不是专为支持电子商务而设计的，只支持双方认证，商家完全掌握消费者的账户信息。

（3）SET协议位于应用层，其认证体系十分完善，可以实现多方认证，SET中消费者账户信息对商家来说是保密的。但是SET协议十分复杂，交易数据需要进行多次验证，用到多个密钥以及多次加密、解密，规范了整个商务活动的流程，从持卡人到商家，到支付网关，到认证中心及信用卡结算中心之间的信息流走向及必须采用的加密、认证都制定了严密的标准，从而最大限度地保证了商务性、服务性、协调性和集成性。

2.安全性

（1）SET协议由于采用了公钥加密、信息摘要和数字签名，可以确保信息的保密性、可鉴别性、完整性和不可否认性，且SET协议采用了双重签名来保证各参与方信息的相互隔离。

（2）SSL协议虽也采用了公钥加密、信息摘要和MAC检测，可以提供保密性、完整性和一定程度的身份鉴别功能，但缺乏一套完整的认证体系，不能提供完备的防抵赖功能。

3.处理速度

（1）SET协议非常复杂、庞大，处理速度慢。一个典型的SET交易过程需验证电子证书9次、验证数字签名6次、传递证书7次，进行5次签名、4次对称加密和4次非对称加密，整个交易过程可能需花费1.5~2min。

（2）SSL协议则简单得多，处理速度比SET协议快。

4.用户接口

（1）SSL协议已被浏览器和Web服务器内置，无须安装专门软件。

（2）SET协议中客户端需安装专门的电子钱包软件，在商家服务器和银行网络上也需安装相应的软件。

5.认证要求

（1）早期的SSL协议并没有提供身份认证机制，虽然在SSL 3.0中可以通过数字签名和数字证书实现浏览器和Web服务器之间的身份验证，但仍不能实现多方认证，而且SSL中只有商家服务器的认证是必须的，客户端认证则是可选的。

（2）SET协议的认证要求较高，所有参与SET交易的成员都必须申请数字证书，并且解决了客户与银行、客户与商家、商家与银行之间的多方认证问题。

习题

5.1　SSL连接和SSL会话之间的区别和关系是什么？

5.2　SSL协议由哪些子协议组成？各子协议的功能是什么？

5.3　SSL协议为什么要有一个独立的密码修改协议，而不是在记录协议中定义一个密码修改消息？

5.4　SSL记录协议在执行过程中有哪些关键步骤？

5.5　SSL协议中的接收者能否对接收到的无序的SSL记录协议数据进行重新排序？如果能请解释如何做到。如果不能，请说明原因。

5.6　什么是双重签名？它有什么作用？

5.7　请说明双重签名是如何在保证支付有效性的前提下，实现对商家隔离支付消息的。

5.8　请描述基于双重签名的电子交易过程和具体步骤。

5.9　现在我们在淘宝上购物时，采用支付宝进行支付。支付宝是知悉订单内容的。

如果我们希望商家不知道我们的支付宝账户信息、支付宝不知道我们的订单信息，我们应该如何对支付宝的支付流程进行改进?

5.10　HTTPS协议的目的是什么?

5.11　SSL协议能否保护Web应用过程中的穷举攻击? 请说明原因。

5.12　SSL协议能否保护Web应用过程中的中间人攻击（即一攻击者对用户伪装成服务器，对服务器伪装成用户）? 请说明原因。

5.13　SSL协议是如何防止重放攻击的?

5.14　SSL协议能否防止假冒IP地址的攻击?

第六章　IP安全

上述两章我们讨论的都是如何对用户的某个具体应用程序提供安全保护。也就是说，这些安全措施保护的是网络上两台主机上运行的应用程序（进程）之间的通信。那么两台主机之间会不会有多个应用程序同时需要安全保护呢？当然会有。

我们设想一下这样一个场景吧。假设华为公司参与了一个境外的5G项目的建设活动。在建设过程中，前方施工人员遇到了技术问题，需要获得总部的远程技术支持。由于在技术支持过程中交互的资料可能会涉及商业秘密，而前方施工的技术主管与总部技术支持人员之间的通信又是通过公网进行的，因此他们之间的通信必须受到安全保护。由于技术支持涉及的业务较多，比如有音视频通信、高清图片传输、文件共享等等，如果为每一种业务开辟一个安全通道的话，维护起来无疑十分麻烦，且容易出错。一个有效的解决方法就是对这两台主机上的所有应用程序之间的通信都进行安全保护。显然，这种安全保护只能在网络层实现。我们把在网络层实现的主机-主机之间的安全通信称为IP安全。

我们再来分析一下，如果前方施工遇到的问题比较复杂，需要总部多个部门的技术人员协同参与，那么前方施工主管的主机就需要与总部的多个主机之间建立安全通道。如果施工主管的主机与总部出口网关之间建立安全通道，就不用依次与相关人员建立安全通信了，大大简化了安全管理与部署。主机与网关之间的安全通道显然也只能在网络层来实现。

我们再把上面的例子扩展一下，如果前方施工人员不仅仅是主管与总部进行通信，而是总部的多名对口支持人员同时对相应施工人员提供技术支持，这就需要在前方的多台主机和总部的多台主机之间建立安全通道。显然，合理的做法是在前方施工人员所在网络的网关与总部的网关之间建立安全通道。网关-网关之间的安全通道显然也只能在网络层来实现。

从上面的例子我们可以知道，在现实生活中存在着主机-主机、主机-网关、网关-网关之间安全通信的需求，目前有一个成熟的安全协议能够满足这一安全需求，它就是IPSec（Internet Protocol Security）协议。

6.1　IPSec体系结构

IPSec协议设计的目标是为了提供公网上端到端（即上文中的主机-主机）之间、入口对入口（即上文中的网关-网关，主机-网关可视为网关-网关的特例）之间安全通信。

根据其设计目标，可以分析出IPSec具备下述基本功能：

（1）IPSec可以为IP分组提供加密服务，以保证分组在公网传输过程中不会被泄露；更进一步，IPSec也应当保证IP流量不被分析。

（2）IPSec可以验证通信双方的身份，并确认分组在传输过程中没有被篡改。

为了实现上述两个功能，IPSec协议提供了通信双方协商密钥及安全参数的机制。

这些功能组合构成了IPSec的体系结构，如图6-1所示。

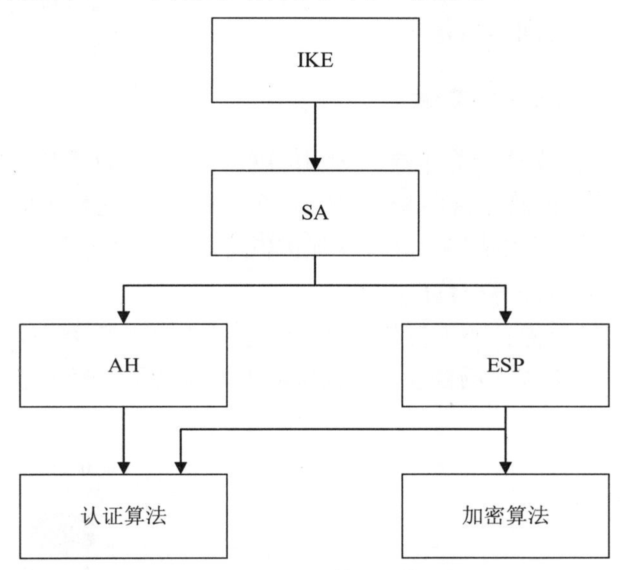

图6-1　IPSec体系结构

图6-1中，各部分解释如下：

SA（Security Associations）：安全关联，是IPSec最关键的概念。SA是通信双方对安全的一些约定，比如IPSec的工作模式（传输模式或隧道模式）、加密算法、密钥、密钥的生命周期等等。在IPSec中SA是一个单向关系，通信双方要实现安全通信需要约定一对SA，分别对应输入流和输出流。

IKE（Internet Key Exchange Protocol）：Internet密钥交换协议，用于动态创建并管理SA。

AH（Authentication Header）：验证报头，用来保证被传输的IP分组的完整性和可靠性。此外，它还可以用于防止重放攻击。

ESP（Encapsulating Security Payload）：封装有效载荷，对IP分组提供了源可靠性、完整性和保密性的支持。

认证算法和加密算法定义并描述了一系列用于加密和认证的算法、伪随机数生成函数和密钥交换方法。

6.2　IPSec的应用场景

IPSec提供了跨越因特网、公网的安全通信，如图6-2所示，其可能的应用场景包括：

（1）为大型企业不同分支机构之间提供跨公网的安全通信。还是以华为为例，华为公司有东莞松山湖基地、西安研究所、南京研究所、上海研究所、北京研究所等多家分支机构，基于IPSec可以建立起运行于公网上的不同分支机构之间的安全通信，而不必建立私有的网络或专线，大大节约运营成本。

（2）为个人用户提供安全的远程访问。通过IPSec可以为出差或像2020年受疫情影响而居家办公的人员建立从个人主机到企业内网的安全通信，提高工作效率。

（3）为商业伙伴之间提供安全的通信。基于IPSec可以在企业和合作伙伴之间建立安全的通信，实现企业之间的信息共享。

6.3 IPSec的工作模式

IPSec的第一种工作模式与前面两章介绍的PGP、SSL协议类似，都是对要保护的对象进行加密、签名来保护其保密性和完整性。在IPSec中，这种工作模式被称为传输模式，即IPSec通过AH协议和ESP协议来提供保护IP协议的有效负载。有效负载指的是IPv4报头或IPv6扩展报头之后的所有数据。

如图6-2所示，IPSec保护的不仅仅是两个端系统之间的某个业务流，两个机构之间的流量也要进行保护，在很多场合下，仅仅保护有效负载是远远不够的。

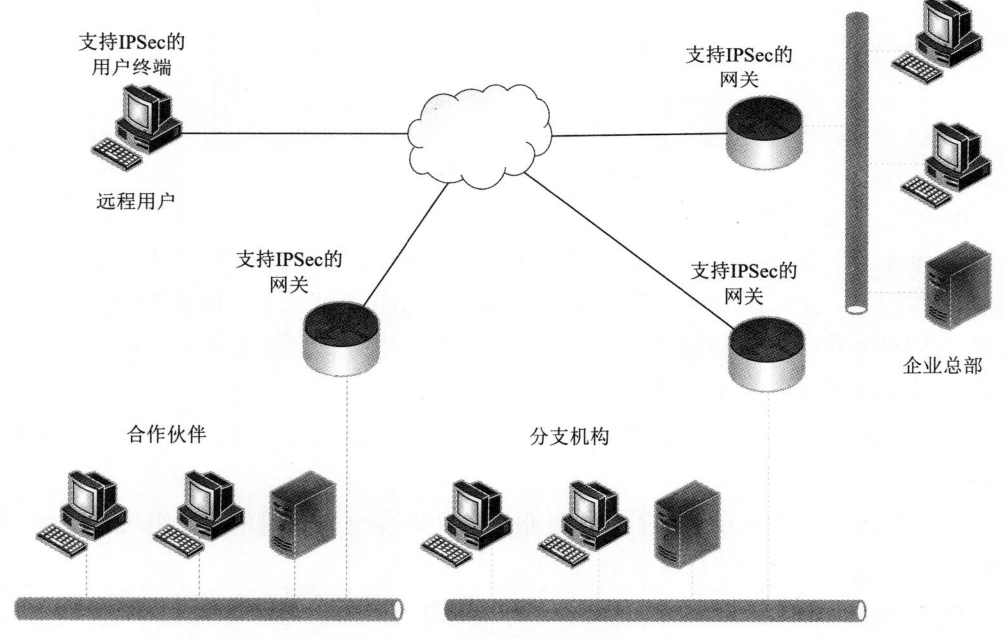

图6-2 IPSec应用场景

在继续展开讨论之前，我们先暂时离开一下网络安全，来看一段小说中的情节。这是一部比较精彩的悬疑小说——《死亡通知单》，作者是周浩晖。先把这段情节中涉及的人物和背景介绍一下。韩灏——A市刑警队长；罗飞——龙洲市刑警队长，在本案中客串；熊原——特警队长；尹剑——韩灏的手下；韩少虹——被暗杀的对象。

杀手向警方挑战，给韩少虹写了匿名信，信的内容是死亡通知单，声称要在十月二十三日杀了韩少虹。根据警方的前期侦查，想要袭击韩少虹的人应该是个青壮年的男子， 此人体格偏瘦，身高在一米六四至一米六七之间，手部有新鲜的刀伤。根据这些线索，韩灏布置了13名便衣保护韩少虹。于是就有了下面一段情节：

十月二十三日，下午十六点

接近晚高峰的时间了。德业大厦门前广场上人车的流动量又大了起来，一些出租车和黑营运则开始在广场的周围排队趴活。在韩少虹的时间表里，一天的工作已经结束，她正和熊原走下德业大厦内的电梯，一步步地向着大厦门口走去。韩少虹是在一种不安的情绪中度过这个工作日的，好在一切平安，一直没有什么意外的情况发生。不过熊原的心情却轻松不起来，他早已料到案犯闯入大厦行凶的可能性微乎其微，最危险的考验仍然是韩少虹从大厦门口走向停车场的那个过程，而这一刻终于要到来了。广场上，刑警队的便衣们早已各就各位。他们对于凶犯的体貌特征烂熟于胸，而到目前为止，他们尚未发现符合条件的可疑人物。

监控室内，韩灏等人的神经再次紧绷起来。如果凶犯真的要动手，接下来的几分钟便是他最后的机会。只要韩少虹安全地上了宝马车，那警方的口袋便已扎紧，凶犯将无空可钻。

当然，这也就意味着警方将错过抓捕凶犯的最佳时机。

韩灏在窗口紧盯着广场上的风吹草动，他的目光中甚至有一丝掩饰不住的期待。

罗飞则仍然在屋内守着那台监视器，他的眉头越皱越紧——他似乎感觉到有些不对劲的地方，可具体哪里不对却又说不出来。

便在此时，熊原和韩少虹已经走出了大厦。与来时相同，散布在广场上的便衣们立刻以他们俩为中心，组成了一道密不透风的警戒圈。

所有的事情都按照韩灏的计划在进行，可是那个人呢，他真的会跳进圈子里来吗?

罗飞紧紧地盯着监视器的屏幕。

在广场的东南角上停着一辆出租车，副驾驶的位置上似乎有个人影闪动了一下。这个微小的变化也没能逃过罗飞的眼睛，他眉头一挑，轻呼道：“这里有些不对。”

“怎么了？”韩灏转头询问。

罗飞快步冲到窗前：“东南角上那辆红色的出租车已经停了十多分钟了，可是你仔细看，副驾驶的位置上有人——那不是一辆空车。”

韩灏顺着罗飞手指的方向看去，那辆出租车距离宾馆的位置较近，隐约可看见车窗内的情形，果然与罗飞所言吻合。这倒的确是个反常的现象，不过韩灏并未因此过分紧张，因为那辆出租车尚在警戒圈之外，同时没有超出广场便衣的可控范围。

韩灏打开麦克风呼叫：“我是001，005请注意，在你南方偏东十米处，红色出租车异常。”

005是在广场东边角落看自行车的那名便衣，可疑出租车就位于他的监控 范围内。收到呼叫后他略略侧过身，显然对那辆出租车提高了警戒。与此同时，出租车副驾驶室的车门打开了，一名男子从车里走了出来。罗飞等人虽然相隔较远，但那男子的基本体貌还是能看得出来。只见他身形瘦小，右手中提着一个不透明的塑料袋。下车后，此人略张望了一下，目光很快便捕捉到了正在广场中行走的韩少虹，随即他便快步向着韩少虹追了过去。他的左臂因迈步而甩开，可以看到左手白花花的一片，竟是缠满了纱布。所有的特征都与事先分析的吻合！韩灏的心中一阵狂跳，对着麦克风大喊："005，拦截下车男子，拦截下车男子！"

其实不用韩灏吩咐，那个假扮看车人的便衣早已看出苗头，如猛虎一般向着来人扑了过去。他此前在车棚附近左右溜达的时候步履散漫拖沓，像是个病秧子，但这一扑却迅猛异常。瘦小男子还没走出两步便被结结实实地摔在了地上。他竭力想起身反抗，可完全不是便衣的对手，只能徒劳地在对方身下扭曲挣扎着。

韩灏先是一喜，可随即又有些惘然：这男子如此孱弱，怎么会是杀害郑郝明警官的凶手?

广场上的风云却在瞬间又发生了突变：就在那可疑男子被扑倒的同时，西边的一辆黑出租中又走下了一名男子——同样身形瘦小，右手提塑料袋，左手缠着白色纱布，并且此人下车后也是直奔韩少虹而去!

当然这个人也没能突破警方的防线。不远处的另一名便衣冲了上去，同样将这名男子扑倒在地上。

韩灏和罗飞看到这个情形，刚刚有些松懈的心情又紧张起来，而令他们更加惊讶的事情仍在发生：在广场周边众多趴活的出租车中，接二连三地有类似体貌的男子钻出，他们散布于各个角落，总数竟有十余人之众！这些人毫无例外地都把目标指向了韩少虹，从不同的方向冲着这个少妇直扑而去!

韩灏埋伏在广场上的警戒圈也立刻显示出强大的战斗威力。每一个便衣都在各自的方向上进行了拦截，在一对一的较量中，警方占据了绝对的上风，可疑男子纷纷被扑倒，有的很快被戴上手铐，稍有反抗者则领教到了刑警们凶狠的近身搏击技术，叫苦不迭。

然而在指挥室督战的韩灏此刻却笑不出来。因为这些突然出现的男子在数量上已经超出了警方的便衣。为了对付他们，连隐藏在白色面包和桑塔纳小车中的同志也投入了战斗，但仍有漏网的可疑男子闯入了警戒圈内部，其中有两人很快已欺近到距离韩少虹不足三米远的地方!

然而他们终究还是没能接触到韩少虹。因为有个铁塔般的汉子忽然从女人身边闪了出来，他的拳头像铁锤一般分别击在那两人的软肋和下颌上，瘦小的男子哼声都发不出来，便软软地倒了下去。

这男子自然便是在韩少虹身边贴身守护的熊原。他发现情况突变，局面复杂，因此下手不留情，一招便直接将来人致于昏迷。随后赶到的三个瘦小男子显然被此情形吓住了，他们隔着五六米的样子停了下来，不敢上前，但也没有离开，脸上的神色一片茫然。

熊原也不出击，只是紧紧地守护在韩少虹身边，目不转睛地瞪视着那三人。无论谁想要再接近，都必然会遭受到他铁拳的重击。

宾馆窗口处的罗飞低声喝彩："好身手！"

的确，以熊原那副威风凛凛的气势，便是再来十个男子也别想靠近韩少虹。这一切都是发生在瞬息之间的事情。广场上的无关群众此时才回过神来，胆小的惊叫逃散，胆大的远远围观，现场局势变得更加混乱。可韩灏此时的心情却反而沉稳下来：熊原已经镇住了局势，剩下的男子不敢再往上冲。他手下的便衣很快就可以腾出手，到时候内外一夹，这些男子一个也别想漏网！

果然，一个戴黑色绒帽的便衣已经在向圈子的核心处增援过来，他位于熊原的背侧：这里靠近宝马车，是一个相对安全的位置，然后他冲着韩少虹招了招手。

韩少虹早已吓得哆嗦成了一团，她立刻向着那个人高马大的便衣奔了过去。广场中心那三个可疑男子兀自呆立着，因为中间隔着熊原，他们自然不敢上前追赶。

韩少虹步履不稳，看来是双腿已吓得发软。那个高大的便衣迎上几步搀住了她的胳膊，然后架着她向着宝马车而去。

“快把车门打开！”在快要接近宝马车的时候，那个便衣提醒了韩少虹一句。

韩少虹颤巍巍地掏出遥控器，好几下才按开了车门，便衣把她扶进了驾驶室，然后抢过遥控器，“嘀嘀”两声，重新锁好了车门。

韩灏等人在高处看到这一幕，一颗心算是真正放了下来：宝马车的安全性能是值得信赖的。即使再有可疑的男子出现，他在短时间内也难以伤害到车内的韩少虹。

此时又陆续有便衣制伏了自己的目标，赶到圈中增援，愣在圈心的三个男子很快也被控制住。熊原这才转身，向宝马车这边走来。在广场外围，距离宝马车不远的地方，一个男子刚刚从出租车上下来。他的体貌与先前那些男子类似，可不知为何，他的行动却晚了很多，此时只能呆呆地站在车门口，不知该怎么办才好。

守在宝马车前的便衣大喝了一声：“警察！”然后翻过停车场的围墙，向着那名男子扑去。男子显然被吓坏了，拔腿就跑。便衣翻墙耽误了时间，一下被落出了好几十米，但他脚程迅捷，飞也似地追了出去。

“这是哪个小子？跑这么快？”

韩灏远远地看见，禁不住转头问了尹剑一句。

尹剑也纳闷地摇了摇头。为了不让凶犯起疑，不少便衣下午回岗的时候已经换过了衣裤，仅从一顶帽子实在看不出是谁。罗飞的目光也一直被这个便衣吸引着，直到后者为追赶嫌疑人而跑出了众人的视线之外。然后他又把目光转了回来，在广场上巡视了一圈之后，诧异地说道：“奇怪，那不是你们布置的人？”

“什么？”

韩灏神色愕然。

“你手下的十三个便衣都还在广场上，那个人是谁？”

罗飞的语调变得紧张起来。韩灏数了数留在广场上的便衣人数，果然如罗飞所言。他心中蓦地一沉：如果刚才那个不是自己的便衣，那他又会是谁？

韩灏几乎不敢再深想下去，他急急忙忙拿起麦克风呼叫着：“我是001，立刻检查目标是否安全，立刻检查目标是否安全！”

而熊原此刻已经来到了宝马车前，他拍了拍车门，车内的韩少虹却毫无反应。熊原隐隐感觉有些不对劲，他把脸贴在车窗上向内窥视着，很快，他的表情便凝固成了一块坚硬的石头。

韩少虹软软地趴在方向盘上，脑袋歪向一边。大量的鲜血从她的脖颈处流淌出来，染红了她右半侧的衣襟。她的右手垂在体侧，引导着鲜血，使得那白色真皮包裹的挡柄变得腥红刺眼。

如果从网络安全的角度来分析上面这次警方和杀手的对抗。警方失败的原因在于采用了“传输模式”来保护被保护对象。虽然实施了严密的保护措施，虽然动用了包括特警队长在内的14个人来保护韩少虹，但韩少虹这一被攻击目标始终是明确的，对于杀手来说是可见的。所以，在经过了一番“拒绝服务攻击”，耗尽了警方的防御力量后，杀手直奔目标，完成任务。而对于杀手来说，则采用了“隧道模式”来保护自己，广场上出现了多个符合警方限定特征的目标，使警方无法锁定真正的目标，从而使杀手可以接近韩少虹，完成预定的任务。

隧道模式就是IPSec的第二种工作模式，它保护的范围涵盖了IP报头以及IP协议的有效负载。通过这种方法，内部数据在公网上以加密方式传输时，会隐藏真实的源和目的端的IP地址。攻击者想要对特定主机进行攻击的话，就需要破解所有的IP流量。这无疑会耗费攻击者大量的计算资源。如果因此而使攻击者破解信息的时间延长，超过了信息的有效期，根据第一章的结论，就可以认为系统是安全的。另外，采用隧道模式，通过散列覆盖包括IP报头在内的所有IP载荷，则可以确保不会收到假冒IP地址的虚假信息，或者确保信息不会被假冒IP的主机篡改。采用隧道模式也可以强制流量通过防火墙，以提供更高的安全性。

这里讲到的散列方式或加密方式对信息进行保护的方法分别对应了IPSec的两个子协议，分别是验证报头（Authentication Header，AH）和封装有效载荷（Encapsulating Security Payload，ESP）。

6.4 验证报头

验证报头的设计目的是保证被传输的IP分组的完整性和可靠性。其报头格式如图6-3所示。

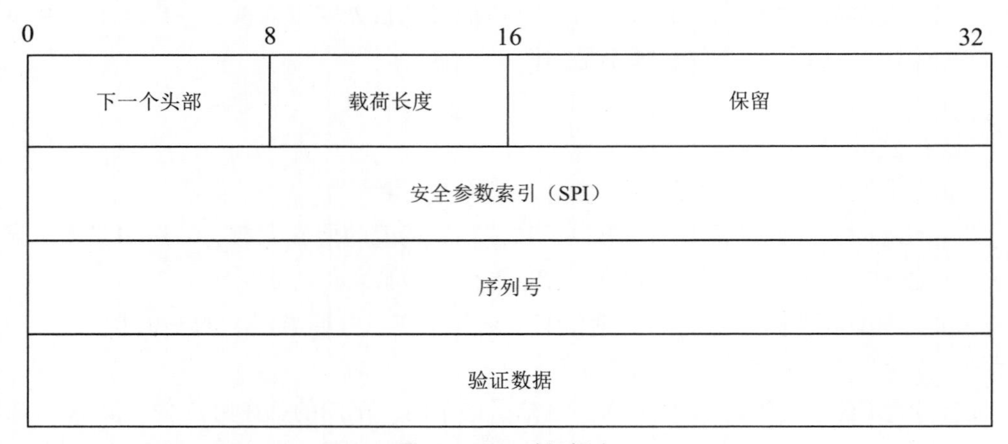

图6-3 IPSec验证报头

图6-3中，各部分解释如下：

下一个头部（Next Header，8位）：指明AH报头后紧跟的协议的类型，如AH报头后紧跟的是TCP协议，则该字段为6；如AH报头后紧跟的是UDP协议，则该字段为17。采用下一个头部，而不是IPv4中使用的“协议（Protocol）”字段是为了和IPv6兼容。其作用可以通过图6-4来说明。图中IPv4报头中的“协议”字段取值为“51”，表明承载的是AH协议数据，AH报头中的“下一个头部”取值为6，表明AH报头后紧跟的是TCP协议报头。

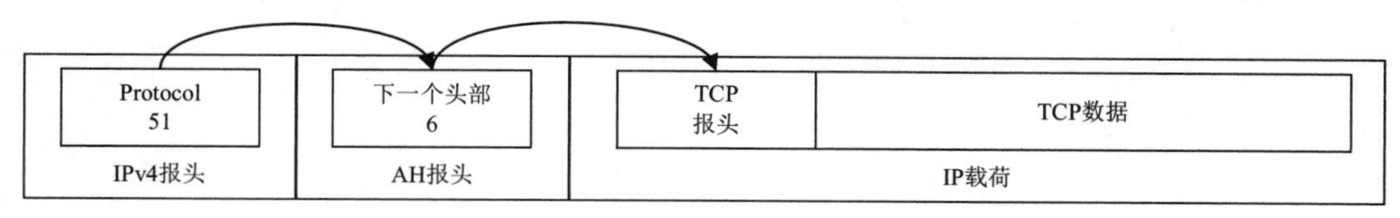

图6-4 IPSec验证报头

载荷长度（Payload Length，8位）：以32位的字长为计数单位的AH报头的长度减2。比如，AH报头中的验证数据字段默认长度为的3个32位字，加上下一个头部、载荷长度、保留、安全索引、序列号共有3个32位字，总长为6个32位字，则此字段的取值为4。在RFC 2402中并没有解释为什么该字段的取值是AH报头总长度减2，笔者分析可能是前两个32位字中的字段均为协议的握手内容，只有序列号和验证数据才是AH提供的完整性和反重放服务的功能字段，而这两个字段的长度正好是AH报头的总长度减2。

保留（Reserved，16位）：用于将来协议扩展。必须设为零。

安全参数索引（Security Parameters Index，SPI，32位）：用于标识本次数据报所采用的安全关联（Security Association，SA，SA的具体内容将在6.6节中介绍）。注意该字段中“1~255”取值范围是IANA （Internet Assigned Numbers Authority）保留的取值范围，用于将来使用。如果该字段取值为“0”，则表明当前无可用的安全关联。

序列号（Sequence Number，32位）：单调递增的计数器值。在建立新的SA时，序列号初始化为0，每次发送加1。当用于防止重放攻击时，序列号达到$2^{32}-1$，当前SA就要作废，并协商新的SA。如果启用了反重放服务，IPSec将建立一个基于滑动窗口机制的反重放窗口，如图6-5所示。具体的操作流程如下：

（1）如果接收的报文序列号落在窗口内，且是新接收到的，则检查验证数据。如果验证通过，则在相应的槽位标记为已接收。

（2）如果新接收的报文落在窗口右侧，且通过了验证，则窗口向右移动。

（3）如果接收的报文落在窗口左边，或者验证未通过，则丢弃该报文。

验证数据（Authentication Data，默认96位，长度可变）：是一个可变长度的字段，但长度必须是32位的整数倍。其内容是对当前报文完整性的校验值（Integrity Check Value，ICV）以及为保证该字段长度为32位的整数倍（IPv4）或64位的整数倍（IPv6）的填充。ICV验证覆盖的内容包括IP报头中在传输过程中不会发生改变或在接收端可以预测的部分、AH报头（AH报头中的验证数据部分在计算ICV时置为0）、上层数据。

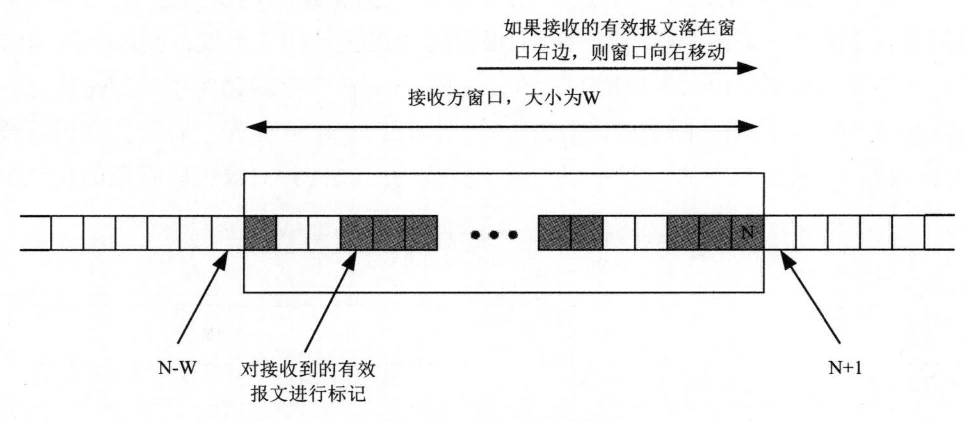

图6-5　IPSec反重放窗口

IPSec的验证报头有传输模式和隧道模式两种工作模式，如图6-6所示。

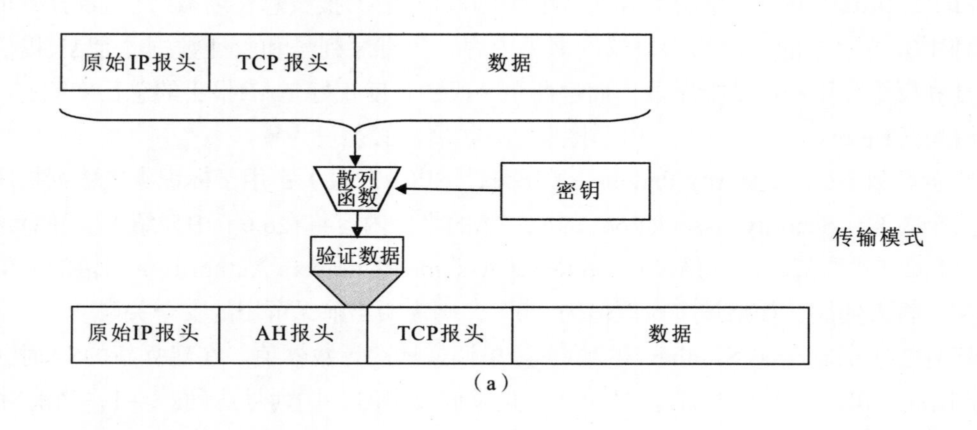

（a）

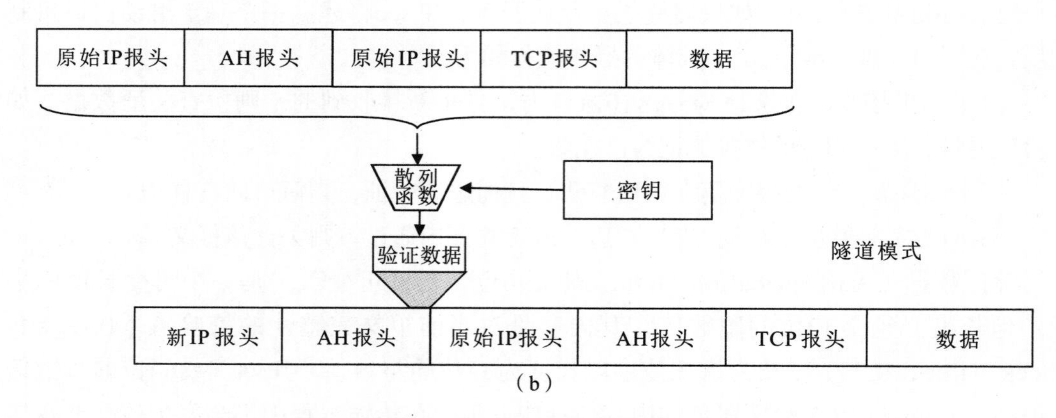

（b）

图6-6　IPSec验证报头的工作模式

（a）传输模式；（b）隧道模式

6.5　封装有效载荷

验证报头的设计目的是对IP分组提供源可靠性、完整性和保密性的支持。其报头格式如图6-7所示。

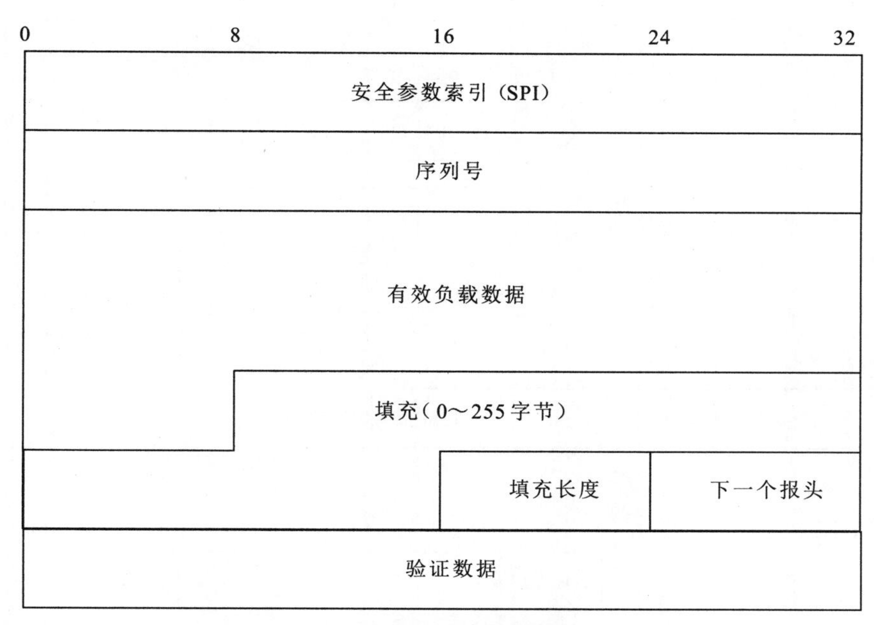

图6-7　IPSec封装有效载荷

图6-7中，各部分解释如下：

安全参数索引（Security Parameters Index，SPI，32位）：用于标识本次数据报所采用的安全关联。

序列号（Sequence Number，32位）：单调递增的计数器值，用于防止重放攻击。其功能与AH中的序列号相同。

有效负载数据（Payload Data，可变长度）：加密的有效负载，内容是传输层的数据（传输模式）或被保护的IP报文（隧道模式）。

填充（Padding，0~255字节）：填充用于保证下一个报头字段在32位右对齐。如果加密算法对明文长度有要求，该字段可满足加密算法的要求。

填充长度（Pad Length，8位）：填充用于保证下一个报头字段在32位右对齐。

验证数据（Authentication Data，长度可变）：ESP报文除去“验证数据”字段进行散列计算得到的验证值。

IPSec的封装有效载荷也有传输模式和隧道模式两种工作模式，如图6-8所示。

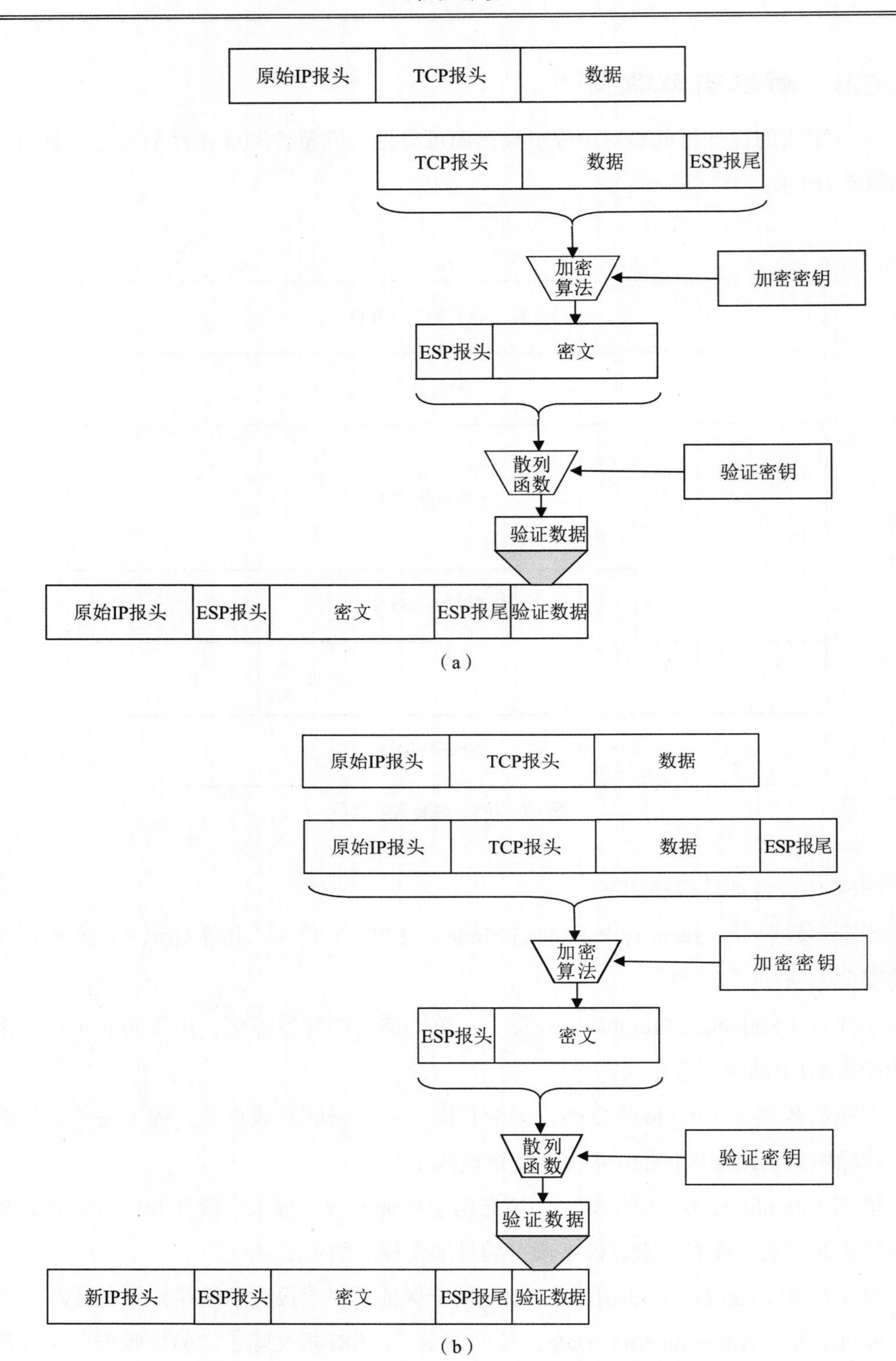

图6-8　封装有效载荷的工作模式

（a）传输模式；（b）隧道模式

6.6　安全关联

安全关联是IPSec的一个重要核心概念。在网络中，任何两个实体之间的安全通信都需要基于协商好的安全参数，如加密算法、加密密钥、密钥长度等。上述PGP、S/MIME、SSL莫不如此。安全关联就是IPSec协议族中对安全参数的约定方式。SA是通信的两台设备之间关于在通信过程中如何保护信息的协议。它指明了双方安全通信的参数，如密钥和算法。

SA约定的是发送方到接收方之间的单向关系，所以正常的双向通信需要约定两个SA。SA通过三个参数实现唯一性的标识：

（1）安全参数索引（Security Parameter Index，SPI）：是一个由发送方产生的32位随机数，在通信双方之间唯一地标识一个SA。接收方会根据SPI选择合适的SA。

（2）目的IP地址：是SA的终点地址，可以是一个端系统的地址，也可以是路由器、网关或防火墙的地址。

（3）安全协议标识符：表明该SA关联的是AH还ESP。

6.6.1　安全关联数据库

协商好的SA被存储在安全关联数据库（Security Association Database，SAD）中。每一个SA在发送和接收方的SAD中都分别有一个对应的条目。在SAD中，每一个SA条目约定了以下安全参数：

（1）安全参数索引：由接收方选定的一个32位的数值，唯一地标识一个SA。在发送端的SAD中，SPI用于填充AH和ESP协议中的“安全索引”字段。在接收端的SAD中，SPI用于索引，将流量映射到对应的SA。

（2）序列号计数器：一个64位的计数器，取其低32位作为序列号。当启用了反重放服务时，序列号不允许循环，在达到$2^{32}-1$后，必须重新协商SA。在RFC4301中约定，默认采用的是64位序列号，32位序列号由双方协商选择。

（3）序列号计数器溢出：一个标识位，用于表明产生序列号溢出后是否生成一个可审计事件，并阻止该SA继续传输数据。审计日志必须包括SPI、当前时间、本地地址和对端地址。

（4）反重放窗口：一个64位的计数器和一个位图，用于防止重放攻击。

（5）AH信息：认证算法、密钥等用于AH的参数。

（6）ESP信息：加密和认证算法、密钥、初始向量等用于ESP的参数。

（7）安全关联的生命周期：一个时间间隔，在此时间间隔之后，SA必须被新的SA替换或终止。它可以表示为时间或字节计数，或者同时使用这两者，并优先使用第一个过期的生命周期。

（8）最大传输单元路径（Path MTU）：任何观察到的最大传输单元。

6.6.2 安全策略数据库

通信双方之间会存在多条通信业务流，不同的业务流对安全性的需求一般是不同的。IPSec需要根据业务流的特点，选择不同的安全策略、不同的SA来对业务流的流量进行保护。IPSec的安全策略保存在安全策略数据库（Security Policy Database, SPD）中。IPSec策略定义了要保护哪些流量以及如何保护。发送端主机通过检查安全策略数据库，根据各种“选择器”来确定适合数据包的策略。“选择器”可以包括源和目的IP地址、名称（用户ID或系统名）、传输层协议（TCP或UDP）或源和目的端口。每个IP数据报文根据报文的源IP地址、目的IP地址、源端口、目的端口等选择器查找安全策略库，并根据查找到的安全策略库中的条目执行相应的操作。表6-1所示是安全策略库的一个例子。表6-1中对主机1.2.3.101访问1.2.4.10上的站点的流量执行ESP传输模式的保护。

表6-1 一个安全策略库的例子

协 议	本地IP	本地端口	远程IP	远程端口	动 作
UDP	1.2.3.101	500	Any	500	通过
ICMP	1.2.3.101	Any	Any	Any	通过
Any	1.2.3.101	Any	1.2.3.0/24	Any	保护，ESP传输模式
TCP	1.2.3.101	Any	1.2.4.10	80	保护，ESP传输模式
TCP	1.2.3.101	Any	1.2.4.10	443	通过
Any	1.2.3.101	Any	1.2.4.0/24	Any	丢弃
Any	1.2.3.101	Any	Any	Any	通过

在RFC 4301中没有定义安全策略库和安全关联库的具体实现方式，不同的IPSec厂家可自行定义安全策略库如何实现。

6.7 IPSec处理流程

对安全关联的内容进行总结，可以得到IPSec对出站和入站的处理流程。图6-9所示为IPSec出站处理流程。

图6-9中涉及的步骤解释如下：

（1）IPSec对出站的报文根据选择器查找安全策略库。

（2）如果在安全策略库中没有找到匹配的条目，则丢弃报文并生成错误信息。

（3）如果发现有匹配条目，处理方式根据第一个匹配的条目来决定。如果策略是“丢弃”，则丢弃该报文；如果策略是“通过”，则不做任何处理，直接发送。

（4）如果匹配的策略是“保护”，则查询安全关联库。如果查找到了匹配的SA条目，则根据SA的约定进行相应的加密、认证处理，并选择对应的传输模式或隧道模式。

（5）如果在安全关联库中没有匹配的SA条目，则调用IKE，生成新的SA，并以新的SA对报文进行相应的处理。

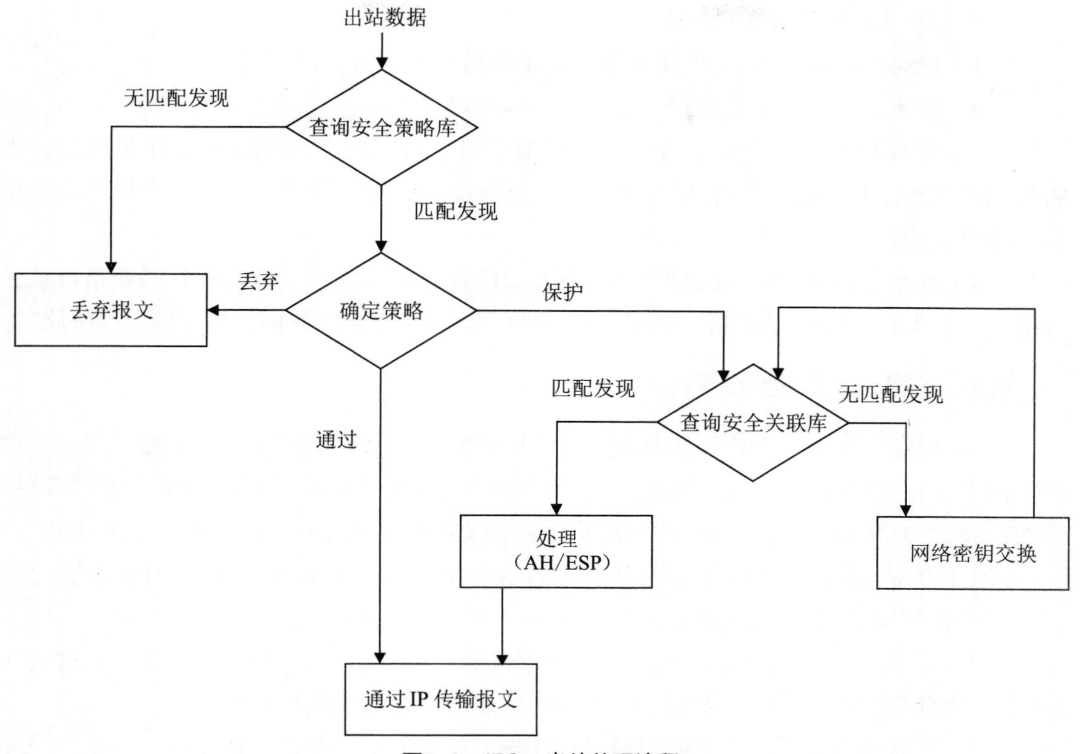

图6-9 IPSec出站处理流程

图6-10所示为IPSc入站处理流程。

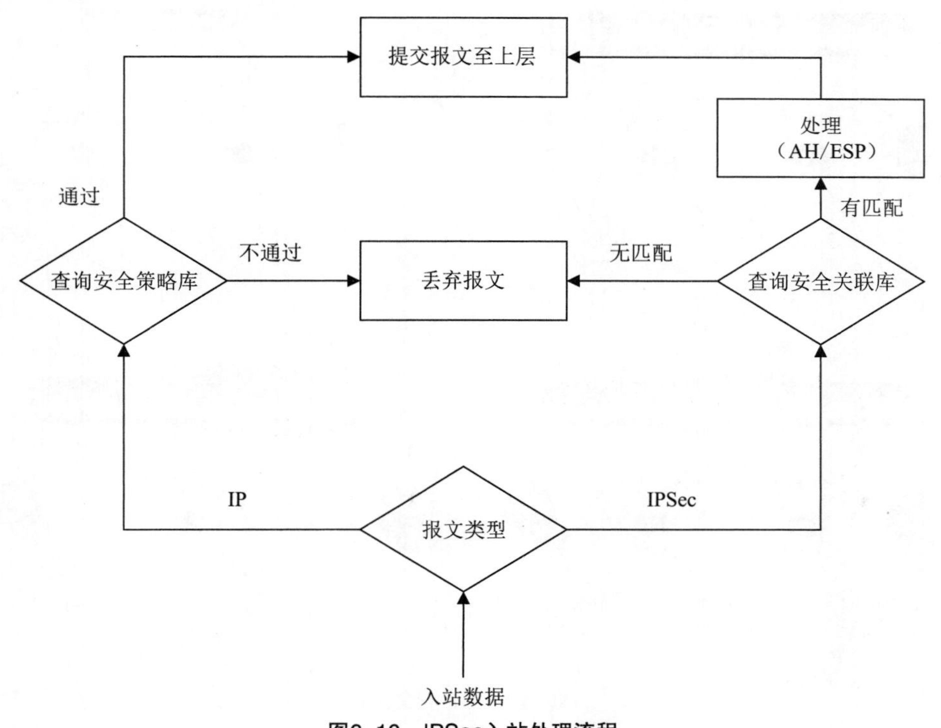

图6-10 IPSec入站处理流程

图6-10中涉及的步骤解释如下：

（1）IPSec检查接收到的报文是普通的IP数据报还是 IPSec数据报。

（2）如果是普通的IP数据报，则查找安全策略库。

（3）如果在安全策略库中查找到了匹配条目，且匹配条目规定的操作是通过，则将数据提交到上层协议。如果有匹配条目，但条目的操作不是通过，或没有找到匹配条目，均丢弃该报文。

（4）如果收到的是IPSec数据报，则IPSec检查安全关联库。没有找到匹配条目就丢弃报文；如果有匹配的SA条目，则根据SA的约定，剥离出原始数据，提交给上层协议。

6.8 组合安全关联

IPSec规定单个SA只能实现AH或ESP，不能同时实现AH和ESP。如果想要在一个流量中同时支持AH和ESP，就只能组合使用多个SA才能获得想要的IPSec功能。多个SA组合在IPSec中被称为安全关联束。IPSec规定了可以通过如下两种方式实现安全关联束。

（1）传输邻接：在不启用隧道模式的情况下，对一个IP数据报应用多个安全协议。在传输邻接方式下，AH和ESP仅允许在一个层次进行组合。

（2）重复隧道：通过隧道模式，以多层嵌套的方式实现多个SA的组合。不过这些SA的起点和终点可以不同，我们将在下面的基本组合方式中进行介绍。

IPSec体系结构文档RFC 2401中列举了IPSec主机（如工作站、服务器）和安全网关（如防火墙、路由器）必须支持的4个SA基本组合的例子，如图6-11所示。

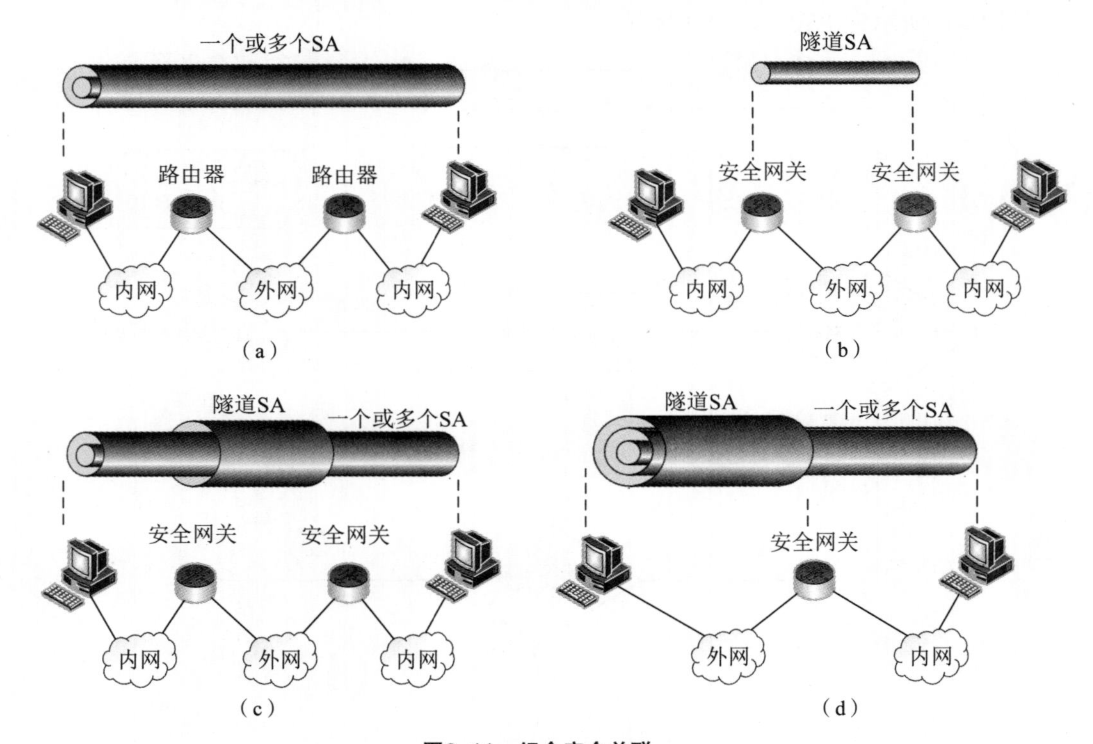

图6-11 组合安全关联

（a）第一种情况；（b）第二种情况；（c）第三种情况；（d）第四种情况

在图6-11中的第一种情况里，IPSec提供了跨越公网的端-端的安全通信。其可能的SA组合方式见表6-2。

表6-2　SA组合方式

传输模式	隧道模式
[原始IP][AH][上层协议]	[新IP][AH] [原始IP] [上层协议]
[原始IP][ESP][上层协议]	[新IP][ESP] [原始IP] [上层协议]
[原始IP][AH][ESP][上层协议]	

在图6-11中的第二种情况里，IPSec仅在网关之间提供安全性，主机不用提供IPSec保护，且只采用隧道工作模式。

在图6-11中的第三种情况是在第二种情况的基础上增加了端-端的安全保护。网关之间通过隧道模式为所有端系统之间的通信提供安全保护。而端系统之间通过采取不同的SA来实现更严格的安全通信。这种情况对应的实际应用场景就是两个分支机构中的两个端系统之间的安全通信，例如两个分支机构中的主管之间的通信。

图6-11中的第四种情况对应于一个远程用户安全访问内网的场景。远程主机和网关之间通过隧道模式在外网环境中提供流量保护。通过附加不同的SA提供内网中的安全防护。这种情况对应实际应用中出差用户访问内网的场景。

6.9　网络密钥交换协议

IPSec在对一个数据报提供保护前，必须先建立一个SA。当网络规模较小时，可以手工配置SA。当网络规模较大，且参与的节点的位置不固定时，就需要对SA进行自动配置和管理。网络密钥交换协议（Internet key exchange，IKE）就是用于动态建立和管理SA的一个混合型协议。IKE目前有两个版本：IKEv1和IKEv2。默认的IKEv1由两部分协议组成：

（1）Oakley和SKEME密钥交换协议：定义了一系列的密钥交换方法。

（2）互联网安全关联和密钥管理协议（ISAKMP）：提供了一个身份认证和密钥交换的框架。

在IKEv2中，不再使用术语Oakey和ISAKMP，在使用方法上也有明显不同，但基本功能还是相同的。

IKEv1建立在ISAKMP定义的框架之上，使用了两个阶段的ISAKMP来协商建立SA。第一个阶段是建立一个用于协商交换SA的主安全通道，称为产生IKE SA。IKEv1阶段1主要协商以下3项任务：

（1）协商建立IKE SA所使用的参数：加密算法、完整性验证算法、身份认证方法和认证字、DH组、IKE SA生存周期等等。

（2）使用DH算法交换与密钥相关的信息（生成各种密钥的材料）：对等体双方设备能够使用这些密钥信息各自生成用于ISAKMP消息加密、验证的对称密钥。

（3）对等体之间验证彼此身份：使用预共享密钥或数字证书来验证设备身份。

这3项任务都协商成功后，IKE SA就建立成功了。

第3个阶段则是在第一阶段建立的安全通道的基础上，为某一个具体的通信业务协商SA，称为产生IPSec SA。

在这两个阶段的协商中，得到的SA有两种：一种是IKE SA，由第一阶段协商建立；另一种是IPSec SA，由第二阶段协商建立。建立IKE SA目的是为了协商用于保护IPSec隧道的一组安全参数，建立IPSec SA的目的是为了协商用于保护用户数据的安全参数，但在IKE动态协商方式中，IKE SA是IPSec SA的基础，因为IPSec SA的建立需要用到IKE SA建立后的一系列密钥。

IKE为两阶段的协商定义了5种交换模式。第一阶段有两种模式可以被采用，分别是主模式（Main mode）和野蛮模式（Aggressive mode）。野蛮模式和主模式的区别在于所采用的协商方式不同。具体而言，主模式在协商的时候要经过3个阶段：SA交换、密钥交换、身份交换和验证，需要交互6个消息。野蛮模式只有两个阶段：SA交换和密钥生成、身份交换和验证，只需要交互3个消息。在第二个阶段使用快速交换模式协商IPSec SA。另外，IKE还定义了两种用于专门用途的交换模式：一种是为通信双方协商一个新的Diffie-Hellman组类型的新组模式，另一种是在通信双方传递错误信息和状态信息的ISAKMP信息交换模式。用于协商SA的只有前面3种模式：主模式、野蛮模式和快速模式。它们之间的关系如图6-12所示。

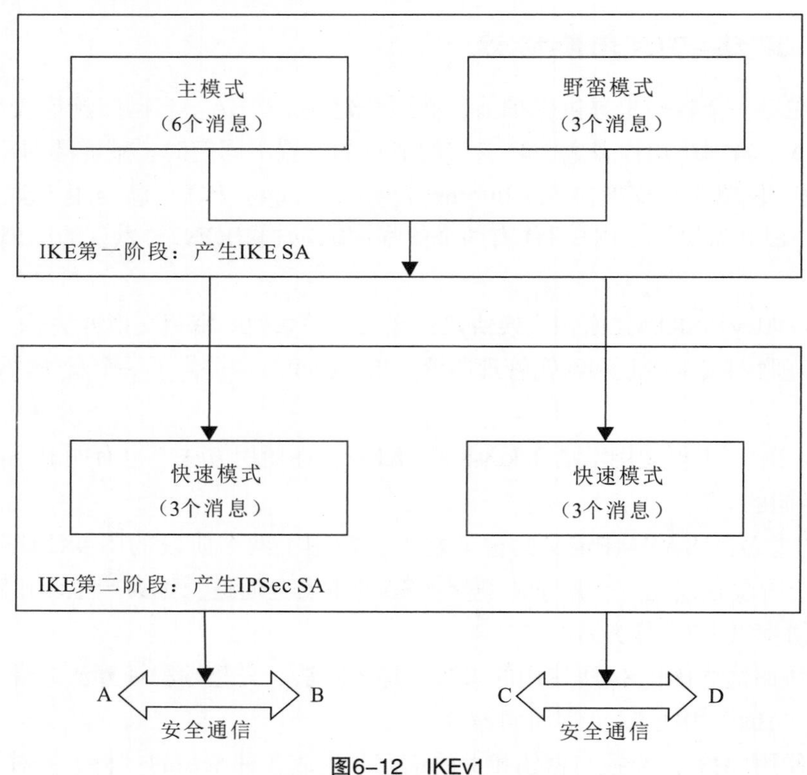

图6-12 IKEv1

图6-12中，主模式适用于两设备的公网IP固定且要实现设备之间点对点的环境。

而对于例如ADSL拨号用户，其获得的公网IP不是固定的，且可能存在NAT设备的情况下，采用野蛮模式更为合适。

IKEv1的主模式协商包含了3次双向交换，用到了6条ISAKMP信息，协商过程如图6-13所示。

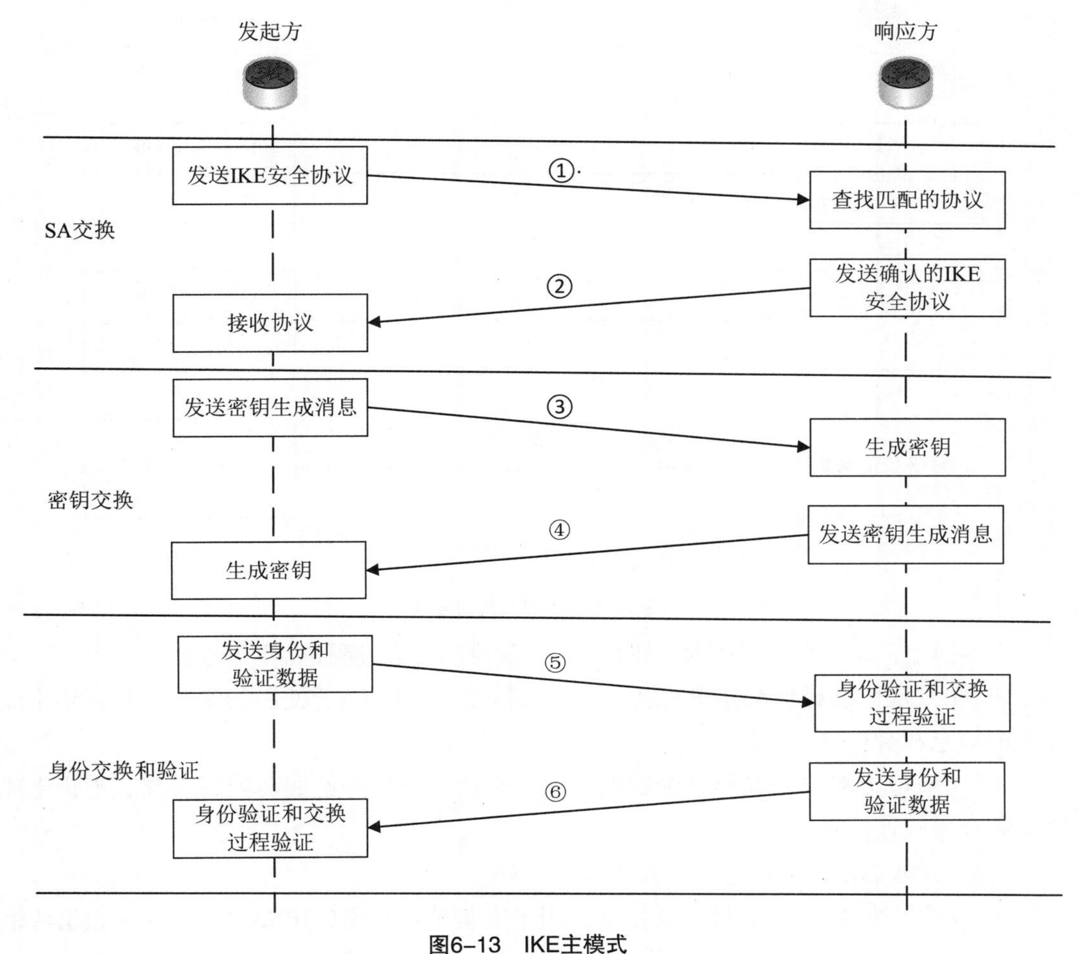

图6–13 IKE主模式

图6-13中：

- 消息①②用于SA交换或策略交换：发起方发送一个或多个IKE SA提议，响应方查找最先匹配的IKE SA提议，并将这个IKE SA提议回应给发起方。匹配的原则为协商双方具有相同的加密算法、认证算法、认证方法和Diffie-Hellman组标识。
- 消息③④用于密钥信息交换：双方交换Diffie-Hellman公共值和nonce值，用于IKE SA的认证和加密密钥在这个阶段产生。
- 消息⑤⑥用于身份和认证信息交换（双方使用生成的密钥发送信息）：双方进行身份认证和对整个主模式交换内容的认证。

野蛮模式仅交换3个消息就可以完成IKE SA的建立。与主模式相比，野蛮模式的优点是建立IKE SA的速度较快。但是由于密钥交换与身份认证一起进行，野蛮模式无法提供身份保护。采用野蛮模式时IKEv1阶段1的协商过程如图6-14所示。

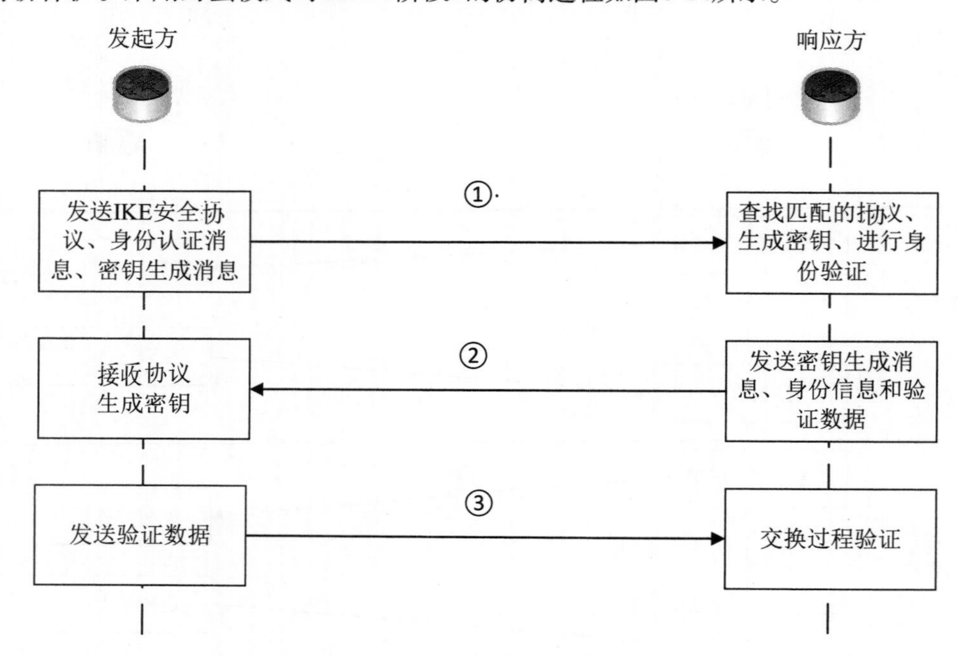

图6–14　IKEv1野蛮模式

图6-14中，采用野蛮模式时，IKEv1第一阶段的协商过程包括以下3条：

（1）发起方发送ISAKMP消息，内容包括建立IKE SA所使用的参数、与密钥生成相关的信息和身份验证信息。

（2）响应方对收到的第一个数据包进行确认，查找并返回匹配的参数、密钥生成信息和身份验证信息。

（3）发起方回应验证结果，并建立IKE SA。

IKEv1第二阶段协商的目的就是建立用来安全传输数据的IPSec SA，并为数据传输衍生出密钥。这一阶段采用快速模式（Quick Mode）。该模式使用IKEv1第一阶段协商中生成的密钥对交互消息的完整性和身份进行验证，并对交互的消息进行加密，故保证了交换的安全性。

IKEv1第二阶段的快速模式协商通过3条ISAKMP消息完成双方IPSec SA的建立：

（1）协商发起方发送本端的安全参数和身份认证信息：安全参数包括被保护的数据流和IPSec安全提议等需要协商的参数。身份认证信息包括第一阶段计算出的密钥和第二阶段产生的密钥材料等，可以再次认证对等实体。

（2）协商响应方发送确认的安全参数和身份认证信息并生成新的密钥：IPSec SA数据传输需要的加密、验证密钥由第一阶段产生的密钥、SPI、协议等参数衍生得出，以保证每个IPSec SA都有自己独一无二的密钥。

（3）发送方发送确认信息，确认与响应方可以通信，协商结束。

IKEv1快速模式的协商过程如图6-15所示。

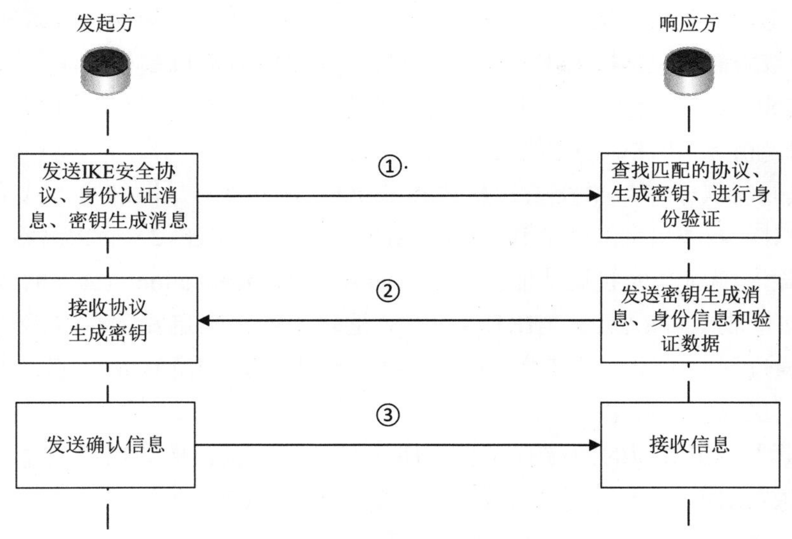

图6-15　IKEv1快速模式

IKEv2对IKEv1协议进行了优化，只需要进行两次交互，使用4条消息就可以完成一个IKEv2 SA和一对IPsec SA的协商建立。IKEv2定义了3种交换：初始交换（Initial Exchange）、创建子SA交换（Create_Child_SA Exchange）以及通知交换（Informational Exchange）。

在IKEv2中将IKEv1中的主模式和野蛮模式换成了Inital Exchange，将快速模式阶段换成了Create_Child_SA交换。

正常情况下，IKEv2通过初始交换就可以完成第一对IPSec SA的协商建立。IKEv2初始交换对应IKEv1的第一阶段，初始交换包含2次交换4条消息。其协商过程如图6-16所示。

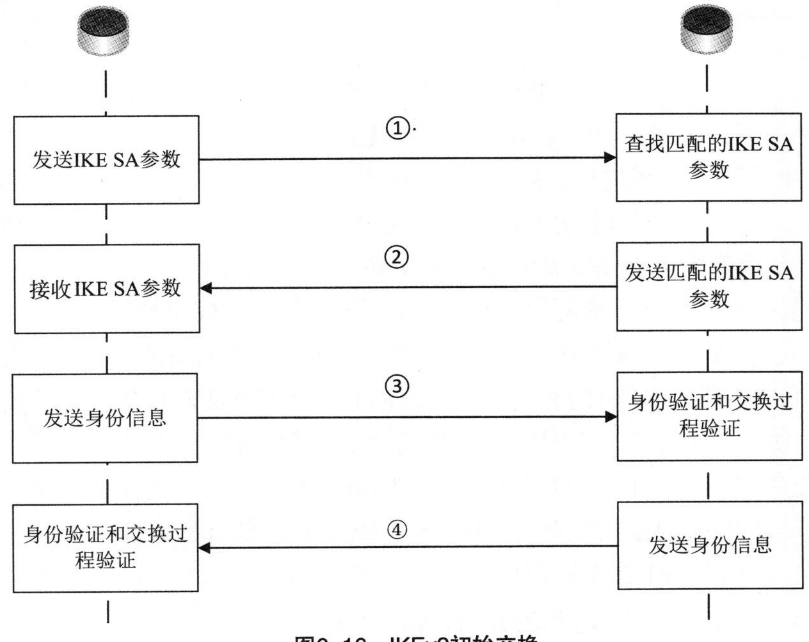

图6-16　IKEv2初始交换

图6-16中：

- 消息①②属于第一次交换（称为IKE_SA_INIT交换），以明文方式完成IKE SA的参数协商，包括协商加密和验证算法，交换临时随机数和DH密钥交换。IKE_SA_INIT交换后生成一个共享密钥，通过这个共享密钥可以生成IPSec SA的所有密钥，相当于IKEv1的主模式的第1,3个包。
- 消息③④属于第二次交换（称为IKE_AUTH交换），以加密方式完成身份认证、对前两条信息的认证和IPSec SA的参数协商。IKEv2支持RSA签名认证、预共享密钥认证以及扩展认证协议（Extensible Authentication Protocol，EAP）。

IKEv2在生成IKE SA后，与IKEv1一样，通过协商来确定安全通信所使用的IPSec SA。IKEv2通过创建子SA交换来生成IPSec SA。创建子SA交换的协商过程与IKEv1的快速模式类似，这里不再赘述。

最后，运行IKE协商的两端有时会传递一些控制信息，例如错误信息或者通告信息，这些信息在IKEv2中是通过通知交换完成的，如图6-17所示。

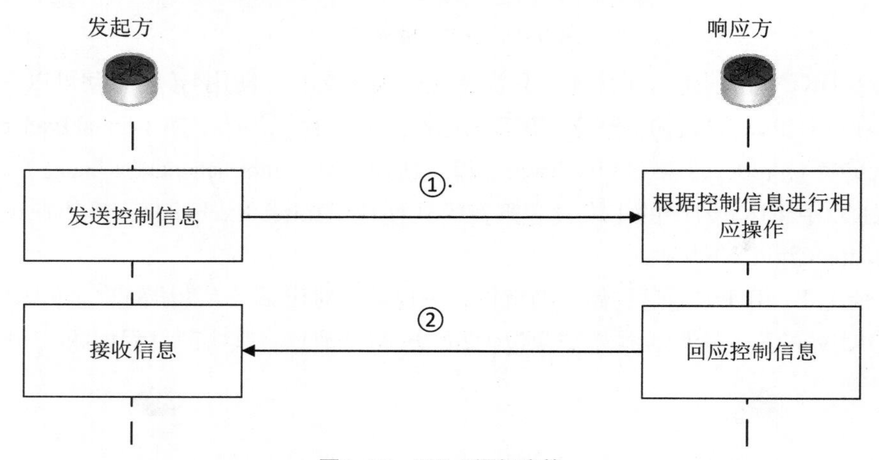

图6–17　IKEv2通知交换

最后总结一下，IKEv2与IKEv1相比有以下优点：

（1）简化了SA的协商过程，提高了协商效率。

（2）IKEv1使用两个阶段为IPSec进行密钥协商并建立IPSec SA。IKEv2则简化了协商过程，在一次协商中可直接生成IPSec的密钥并建立IPSec SA。

（3）修复了多处公认的密码学方面的安全漏洞，提高了安全性能。

（4）加入对EAP身份认证方式的支持，提高了认证方式的灵活性和可扩展性。

（5）IKEv2整合了IKEv1的相关文档，由RFC4306单个文档替代。通过核心功能最小化规定，新协议极大提高了不同IPSec VPN系统的互操作性。

需要补充说明一下，IKE主要基于Diffie-Hellman算法实现密钥交换，并引进了一些措施提高Diffie-Hellman算法的安全性。Diffie-Hellman算法的基本原理如下：

通信双方Alice和Bob首先协商好两个全局参数q和g。q是一个大素数，g是q的原根。Alice选择一个随机整数X_A作为她的私钥，并计算$Y_A = a^{X_A}$作为她的公钥。然后将

Y_A发送给Bob。Bob选择一个随机整数X_B作为他的私钥，并计算$Y_B = a^{X_B}$作为他的公钥。然后将Y_A发送给Alice。此时Alice和Bob可计算出他们之间的会话密钥K，即：

$$K = (Y_B)^{X_A} \bmod q = (Y_A)^{X_B} \bmod q = a^{X_A X_B} \bmod q$$

Diffie-Hellman算法的安全弱点是易于受到中间人攻击。

在中间人攻击中，第三方Charley在与Alice通信时冒充Bob，在与Bob通信时冒充Alice。这样Alice和Bob均与Charley交换了密钥，Charley可以窃取Alice和Bob之间的加密通信内容。

IKE引入了安全机制以提高Diffie-Hellman算法的安全性：

（1）采用Cookie机制防止阻塞攻击。

（2）协商指定Diffie-Hellman所需的全局参数。

（3）使用一次性随机数防止重放攻击。

（4）可使通信双方交换Diffie-Hellman公钥。

（5）验证Diffie-hellman交换阻止中间人攻击。

在上述安全机制中，最突出的是Cookie机制的引入。IKE规定Cookie的产生必须满足三个条件：

（1）Cookie的产生只能依赖于具体的通信实体，以防止第三方随机生成交换请求，浪费主机资源。

（2）除了发出实体，任何实体均无法产生能够让发出实体接收的Cookie，即产生和验证必须使用本地的秘密值。这样可以让发起实体不用保存其Cookie，降低泄露风险。

（3）Cookie的产生和验证算法必须简洁，以避免阻塞攻击。

一种可行的Cookie产生方法是，发送方利用散列函数对源地址、目的地址、源端口、目的端口、本地秘密值和时间戳做散列运算，产生一个发起方的Cookie_i，然后把它传送给接收方，接收方在收到后，也利用散列函数做同样的运算，产生一个响应方的Cookie_r，然后连同发起方送来的Cookie_i一同送回去给发起方，在完成这两个动作后，所有接下来的密钥交换信息都将包含这个Cookie对（Cooke_i，Cookie_r）。

此外，在Diffie-Hellman密钥交换后，发送方可以数字签名自己的ID，并利用Diffie-Hellman交换后得到的会话密钥K进行加密，形成ID_i，然后传送给接收方。ID的内容可以是IP地址、用户名和域名、证书，或其他令牌。接收方接收到后，进行解密和验证ID_i的动作，然后数字签名并加密的自己ID，形成ID_r，送回给发送方，发送方在解密和验证完ID_r之后，便可达到确认对方是他所宣称的身分的目的，以防止中间人攻击（man-in-the-middle attack）。

6.10　虚拟专用网络（VPN）

在6.2节中所讲述的IPSec工作场景其实就是基于IPSec协议建立的不同种类的虚拟专用网络VPN。

6.10.1 VPN的概念

VPN是随着经济全球化而产生的。在经济全球化的背景下，人员流动越来越频繁，客户关系越来越庞大，企业需要在不同地点开设分支机构，而保持外出人员或不同分支机构之间安全的信息传递是必需的。实现这一目的可以有两种方法。

一种方法是向电信业务提供商租用专用线路，甚至铺设专用的光纤。这种方法易于管理、安全性高，但成本太高，企业需要付出巨额的专线租用费用和专线铺设费用，而且当分支机构位于不同的国家时，基本是没有条件实现的。

另一种方法是使用因特网连接不同的分支机构。这种方法容易实现，不需要专用的通信基础设施，但是安全性无法得到保证。

于是VPN应运而生，它综合了上述两种方法的优点，提供了一种安全、经济、易于扩展的解决方案。VPN就是在通信服务商提供的公用网络中建立一个逻辑上归企业专用的网络，它采用加密、散列、身份认证、访问控制等一系列安全手段保证传输的安全性，形成“专用的网络”。

VPN具有以下特点：

（1）费用低：降低费用本来就是VPN应用的一个出发点。VPN在公网上进行传输，节约了大量的租用专用线路的费用，而且不用投入大量的人力来维护通信设备，达到了提出VPN的初衷。

（2）安全性高：VPN通过引入加密、散列、身份认证、访问控制机制，在公网上建立了一个安全隧道，保障了信息在VPN上传输时只有发送者和接收者可以使用，从而保证了通信过程的专属性和安全性。

（3）易于扩展：如果没有VPN，在与新的分支机构或合作机构联网时，需要协商并租用线路，而采用VPN后，双方仅需配置安全连接信息即可。

（4）完全可控：企业在使用VPN时，仅仅是VPN运行在通信服务商的通信基础设施上，所有的安全配置、网络管理均由企业自己负责，使VPN完全在企业的控制之下工作、运行。

6.10.2 VPN的分类

VPN根据应用场景的不同，分为远程访问VPN（Remote Access VPN）、企业内联网VPN（Intranet VPN）和企业外联网VPN（Extranet VPN）。

1.远程访问VPN

为了便于开展工作，尤其是在疫情期间，许多人都居家办公，而且目前居家办公也越来越流行。这种情况下，企业需要允许员工的终端通过远程访问方式与公司内网之间建立连接，以方便员工以安全的方式访问共享信息资源。这就是远程访问VPN。其结构如图6-18所示。

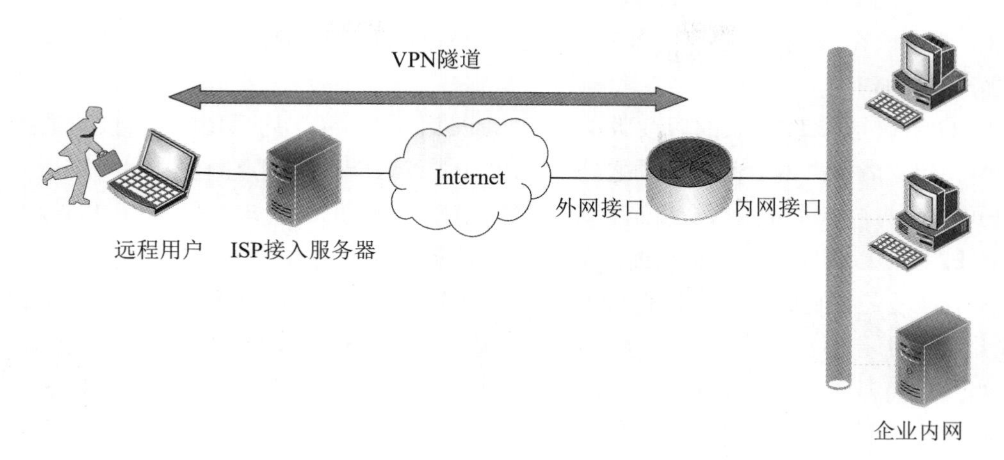

图6-18　远程访问VPN

在远程访问VPN应用中，远程用户的终端需要安装VPN软件。所有的连接都由客户端发起。除本章介绍的IPSec协议外，SSL协议也常用来构建远程访问VPN。

2.企业内联网VPN和企业外联网VPN

在有的文献中，企业内联网VPN和企业外联网VPN统称为网关-网关VPN。这是因为企业内联网VPN和企业外联网VPN在网络结构上是相同的，如图6-19所示。不同的只是对用户的访问权限设置不同。

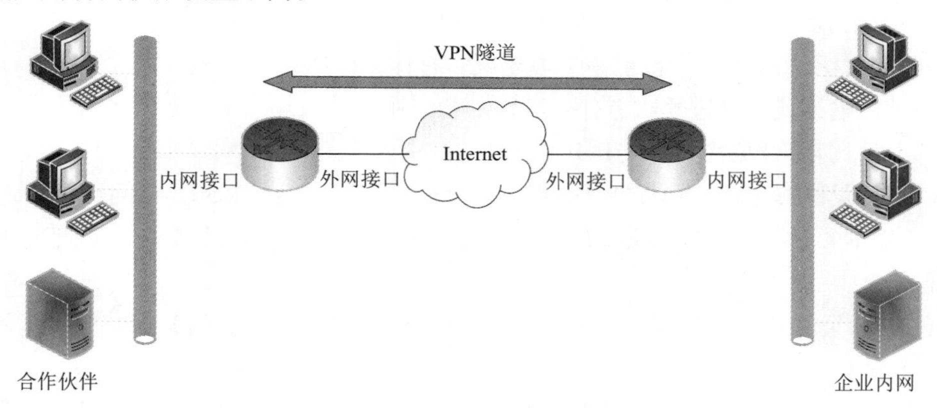

图6-19　网关-网关VPN

在网关-网关VPN应用中，连接可以由任意一方发起。双方都需要向对方提供身份认证信息。图6-11中的IPSec协议的安全网关-安全网关隧道就是一种网关-网关VPN的实现方式。

6.10.3　VPN的实现

除了本章介绍的IPSec协议外，还有其他一些协议也可以建立VPN，只要它们支持隧道协议，并可以附加身份认证和数据加密功能，保证通信的安全性。其他常见的可支持VPN的隧道协议有点对点隧道协议（Point-to-Point Tunneling Protocol, PPTP）、第2层隧道协议（Layer Two Tunneling Protocol，L2TP）和SSL协议。

PPTP协议在PPP拨号协议的基础上，引入PAP或CHAP实现身份认证和加密功能，实现跨公网的VPN。

L2TP协议是PPTP协议的后续版本。它和PPTP协议一样，均采用PPP协议对数据进行封装，建立隧道。两者间的不同之处是：PPTP协议只能在两端点间建立单一隧道，而L2TP可以在两端点间使用多个隧道，用户可以根据不同的QoS要求，创建不同的隧道。另外，L2TP可以提供隧道验证功能，而PPTP无法提供。

SSL协议支持加密传输，也是可以用于建立VPN的。基于SSL协议VPN的特点是SSL协议几乎被所有浏览器支持，这意味着客户端不需要为实现SSL VPN而安装额外的软件。当然也有基于SSL协议开发的专用VPN软件，如OpenVPN就是一个基于SSL的、用户反映良好的开源VPN软件。

上述几个协议是比较有影响力的支持VPN的协议，此外还有通用路由封装协议（Generic RouteEncapsulation，GRE）、第二层转发协议（Layer 2 Forwarding Protocol）等等。

习题

6.1　分别列出AH和ESP提供的主要安全服务。

6.2　IPSec处于TCP/IP协议栈的什么位置?

6.3　什么是SA? 哪些参数可以标识一个SA?

6.4　为什么ESP协议中包括一个填充域? 有什么作用?

6.5　传输模式与隧道模式有什么区别? 各应用于什么场景下?

6.6　请比较IKE野蛮模式与IKE主模式的区别。

6.7　假设IPSec协议的AH协议中当前重放窗口由120扩展到530，请问：

（1）如果下一个接收的报文的序列号是105，接收者应当如何处理? 处理后的窗口范围是多少?

（2）如果下一个接收的报文的序列号是440，接收者应当如何处理? 处理后的窗口范围是多少?

（3）如果下一个接收的报文的序列号是540，接收者应当如何处理? 处理后的窗口范围是多少?

6.8　在使用隧道模式时，需要在原始IP数据报头外部重新封装一个IP报头。请问外部报头与内部报头有什么关系?

6.9　请分析一下基于SSL的VPN与IPSec VPN之间的区别（可从应用范围、成本和功能方面进行对比）。

6.10　请查阅资料，分析一下在VPN中如何保证QoS。

6.11　请在PacketTracer软件上配置实现一个Intranet VPN。

6.12　请在PacketTracer软件上配置实现一个Remote Access VPN。

第七章 防 火 墙

本书第四至第六章是以CIA模型为基础，研究网络中信息流的安全保护问题。从本章开始，我们将围绕PDR模型，研究网络系统的安全防护问题。在第一章中，已经给出PDR模型的定义。该模型包括Protection（保护）、Detection（检测）、Response（响应）三部分。本章就从网络系统的“保护”措施开始。

那么，怎样才能保护一个网络，使之处于安全状态呢？一个最直接的方式就是将一切不安全的因素都隔离在网络之外。2020年新年伊始，一场突如其来的疫情席卷全国。工厂停工，学校停课，商场停市。面对这场突如其来的灾难，全国人民上下一心，共同努力，成功地控制了疫情。因为这是一场从未出现的疫情，没有成熟的经验可以借鉴。我们战胜疫情的唯一法宝就是隔离。在抗疫期间，我们进出一个小区、商场或学校时，听到最多的就是：“请扫码、测温、戴口罩、出示有效证件。”绿码、体温低于37℃、佩戴口罩、持有有效证件就是规则，只有符合规则才可以进出小区、商场或学校。在网络中也是这样，只有符合一定规则的流量才可以进入或流出网络，这是保护网络安全的重要手段。实现这个功能的网络安全产品就是防火墙。

7.1 防火墙的必要性

互联网带来的信息和资源共享极大地提高了政府和企业的工作效率，现在已经无法想象不联网是如何办公的。政府、企业中，除了涉密系统外，几乎每个工作人员的计算机都是联网的。而开放的互联网就像疫情不受控制的美国，充满了威胁和不确定性，如果不实施安全防护措施，将会造成不可估量的损失。对付新冠疫情，终极的解决方案是全民打疫苗，那么是不是也可以在个人终端上类似于打疫苗一样，采取防护措施来保证网络系统的安全呢？毕竟我们已经有许多终端防护产品，比如像Windows操作系统自带的Defender，就可以阻止不安全数据的进出。一个优秀的终端防护是必要的，但是如果仅仅依赖终端防护来保证一个网络系统的安全显然是不够的。

（1）网络中的威胁不同于新冠病毒。新冠病毒具有明显的生物特征，因此可以有针对性地研发疫苗。但是网络中的威胁具有各种不同的形态，很难建立一个统一的广谱保护手段，就像没有一个万能的疫苗一样。在这种情况下，如果出现了一种新的攻击手段，在网关处实施安全保护才能够及时地做出响应。而在每一个终端依次更新防护显然在时效性上不如在网关处的集中安全保护。

（2）在网络中最不安全的因素是人。终端直接受控于使用者，当使用者有意或无意地关闭防护工具时，就会造成敏感信息的泄露或被植入木马。在网关处实施强制的流量控制，限制不安全的流量进入或流出网络无疑可以极大地避免上面这种不安全事件的发生。

（3）终端设备具有不同的操作系统、不同的硬件结构，安装有不同的软件 工具，承担不同安全级别的任务。分布在终端设备上的安全管理相比于网关处的集中安全防护，成本更高，维护难度和维护工作量更大。网关处的集中式安全防护无疑具有更高的成本优势。

（4）在网关处对进出网络的流量进行控制可隐藏内部网络的拓扑结构，并避免重要服务器直接暴露给攻击者，外部主机无法获取重要服务器的的IP地址和系统类型，从而提高网络系统的整体安全性。

（5）由于进出网络的流量均流过网关，在网关处对进出网络的流量进行审计可以早期识别攻击，事后进行攻击定位，其日志信息还可以用来进行风险分析和评估，这都会提高网络系统的安全性。

综上所述，一个网关处的集中式网络安全防护工具是必要的。这个工具就是防火墙。防火墙就是一种架设在不同网络（如可信任的企业内部网和不可信的公共网）或网络安全域之间的软件或硬件安全系统，它是由Check Point创立者Gil Shwed于1993年发明并引入国际互联网的。它根据企业预设的规则，遵循最小授权原则来监测、限制、更改数据流，最终在不同水平的信任区域间提供受控制的连通性，并对外部屏蔽网络内部的信息、结构和运行状况，以此来提高网络系统的安全性。

7.2 防火墙的类型

防火墙的设计目的就是使得所有进出网络的流量必须经过防火墙，而只有符合规则的流量才能通过防火墙。根据过滤规则的不同，防火墙可以分为包过滤防火墙、状态检测防火墙、应用层网关防火墙和电路级网关防火墙。

7.2.1 包过滤防火墙

包过滤防火墙是最经典的防火墙形式。它根据系统内预先设定的过滤规则，对数据流中每个数据包进行检查后，根据数据包的源地址、目的地址、TCP/UDP源端口号、TCP/UDP目的端口号以及数据包头中的各种标志位等信息来确定是否允许数据包通过。其工作原理如图7-1所示。

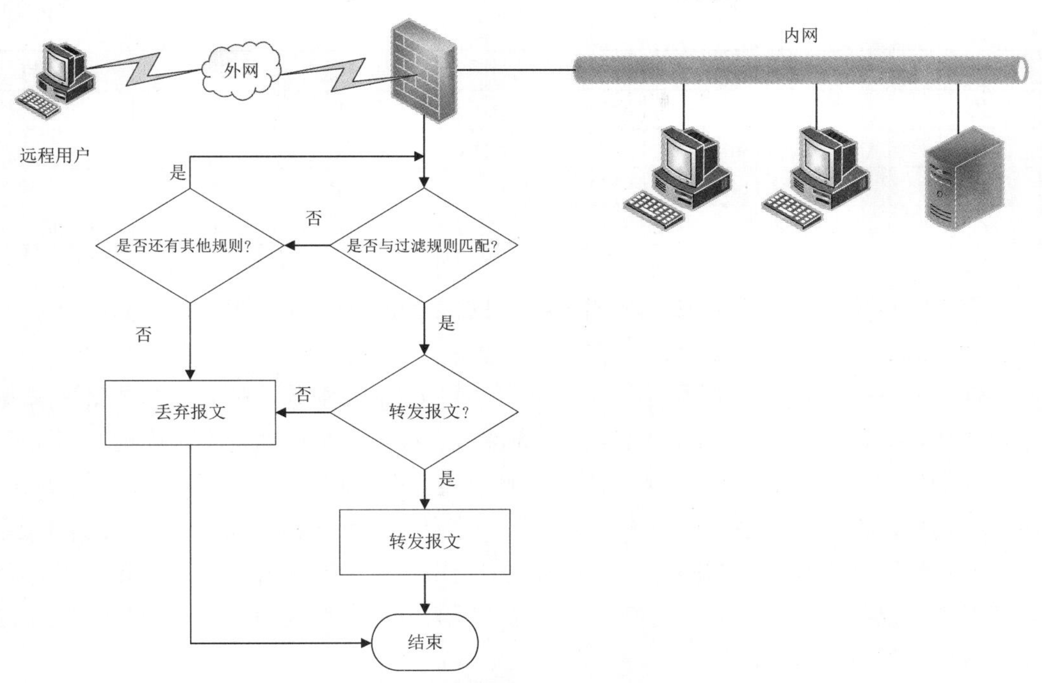

图7-1　包过滤防火墙工作原理

图7-1中的过滤规则一般基于网络报文中的以下信息：

- 源IP地址：发送IP数据报文的主机地址。
- 目的IP地址：接收报文的主机地址。
- 源端口和目的端口：用于指定不同的应用。
- 协议类型：IP报文封装的传输层协议类型。
- 接口：根据防火墙的接口确定数据报文的方向是流入还是流出。

当一个数据报文的特征没有匹配包过滤防火墙的规则库中任何一条规则时，包过滤防火墙就会对该报文执行默认操作。图7-1中的包过滤防火墙采用的默认操作是丢弃。大多数包过滤防火墙的默认操作都是丢弃。也有部分防火墙的默认操作是转发。这两种默认操作方式也被称为防火墙的姿态，分别叫作“拒绝除非允许”和“允许除非拒绝”。第一种姿态相对比较保守，政府和企业的防火墙往往采用这种姿态，因为它确保了所有进出防火墙的流量都符合安全规则。而第二种姿态更加开放，只限制了一些已知的不安全流量和服务，适用于一些开放性的组织来使用，如大学。一个采用了“拒绝除非允许”姿态的包过滤防火墙的规则库的简化例子见表7-1。表中假设本地的网络地址为202.117.80.0/24，子网掩码长度均为24，表中不再列出子网掩码。

表7-1　包过滤防火墙规则实例1

动　作	源地址	目的地址	协　议	源端口	目的端口
deny	222.222.222.222	202.117.80.0	any	any	any
deny	202.117.80.0	222.222.222.222	any	any	any
allow	202.117.80.0	any	TCP	any	80

续 表

动 作	源地址	目的地址	协 议	源端口	目的端口
allow	any	202.117.80.0	TCP	80	any
allow	202.117.80.0	114.114.114.114	UDP	any	53
allow	114.114.114.114	202.117.80.0	UDP	53	any
deny	any	any	any	any	any

表7-1中的第一和第二条规则表明主机222.222.222.222为一个不受信任的主机，来自222.222.222.222和发往222.222.222.222的所有流量均被禁止。

第三和第四条规则表明本地网络可以访问外网的Web服务。第五和第六条规则表明本地主机可以在主机114.114.114.114上查询域名。最后一条规则是默认规则，当流量没有匹配规则时，默认操作是拒绝。在包过滤中，动作“allow”就是转发；而“deny”可能有两种操作，一个是“拒绝（reject）”一个是“丢弃（discard）”，这两者的区别是：“拒绝”在丢弃报文的同时，会发送一个错误信息给发送者，而“丢弃”不会给发送者发送错误信息。“丢弃”的安全性更高，因为发送的错误信息中可能包含本地的一些可被用于攻击分析的信息。

从表面看，这套规则挺好的。但是从攻击者角度来看，这套规则是有漏洞的。

根据表7-1中的第四条规则，外网主机只要源端口是80，数据包就可以通过。这样，攻击者完全可以控制自己的数据包的源端口是80向内部网络发起连接，如果内部网络有FTP服务器、Web服务器就可以直接建立连接了。表7-1的第六条规则也有同样的问题。对于这个问题，解决的方案可以是在第四和第六条规则中规定目的端口的范围，在第三和第五条规则中规定源端口的范围，这样就可以防止攻击者直接连入开放了知名端口的服务器上。

修改后的规则见表7-2。

表7-2 包过滤防火墙规则实例2

动 作	源地址	目的地址	协 议	源端口	目的端口
deny	222.222.222.222	202.117.80.0	any	any	any
deny	202.117.80.0	222.222.222.222	any	any	any
allow	202.117.80.0	any	TCP	>1023	80
allow	any	202.117.80.0	TCP	80	>1023
allow	202.117.80.0	114.114.114.114	UDP	>1023	53
allow	114.114.114.114	202.117.80.0	UDP	53	>1023
deny	any	any	any	any	any

然而，表7-2的规则仍不能防止对非熟知端口的访问。需要对这套规则再进行改进。由于访问Web服务一定是由客户端主动发起连接的，服务器端不可能主动联系客户端，综合考虑TCP三次握手中的标志位的作用，可以通过增加对标志位的检查来完善规则。如果是外界来的SYN包，即使源端口是80，也不能通过防火墙。

修改后的规则见表7-3。

表7-3 包过滤防火墙规则实例3

动 作	源地址	目的地址	协 议	源端口	目的端口	标 志
deny	222.222.222.222	202.117.80.0	any	any	any	—
deny	202.117.80.0	222.222.222.222	any	any	any	—
allow	202.117.80.0	any	TCP	>1023	80	—
allow	any	202.117.80.0	TCP	80	>1023	ACK
allow	202.117.80.0	114.114.114.114	UDP	>1023	53	—
allow	114.114.114.114	202.117.80.0	UDP	53	>1023	—
deny	any	any	any	any	any	—

可是，表7-3的规则仍不能解决利用规则六的漏洞对非熟知端口的访问。究其原因，还是由于包过滤防火墙只对数据包的静态报头进行了审查，而对数据报的内容没有审查。

包过滤防火墙的优点很明显，就是对用户透明，处理速度快，但其缺点也很突出：

- 由于包过滤防火墙不检查高层协议内容，因此包过滤防火墙不能阻止针对特定应用程序漏洞和功能的攻击。
- 由于用户认证通常是在应用层实现的，所以包过滤防火墙不支持高级的用户认证机制。
- 包过滤防火墙对TCP/IP协议本身的缺陷没有很好的应对措施，比如对于假冒地址攻击没有有效解决方法。
- 包过滤防火墙只是根据报头信息进行控制，很难与企业的安全策略进行整合。
- 由于包过滤防火墙处理数据报所依据的信息有限，因此造成其日志记录有效信息也不够充分，不便于事后的安全分析。

造成包过滤防火墙的这些缺陷的根本原因就是不检查高层协议内容。因此，增加对高层协议数据的处理就可以提高防火墙的安全性。如果增加对传输层数据状态的检查，就出现了状态检测防火墙。

7.2.2 状态检测防火墙

表7-3的规则可以解决TCP协议利用规则四的漏洞对非熟知端口的访问，其原因是TCP协议的三次握手过程描述了协议的上下文状态，防火墙可以根据SYN标志位的信息拒绝外部主机对内网主机的连接请求。所以表7-3可以说已经是一种状态检测防火墙了。

表7-3的规则不能解决UDP协议利用规则六的漏洞对非熟知端口的访问。造成这个困扰的原因是UDP协议是一个无连接不可靠的协议，其报头不包含任何连接状态和序列信息，只有源端口、目的端口、数据报长度和校验值四个字段。这些简单的信息使防火墙很难确定数据报的合法性。可是，如果防火墙能够记录跟踪数据报的上下文信息，即跟踪包的状态，就可以解决这个问题。比如对于传入的数据报，使用的目的地址和目的

端口应该是和先前传出的某个数据报相匹配的，那么这个数据报就会允许通过。这样就限制了从外网主动连接内网的数据报，从而解决了UDP协议利用规则六的漏洞对非熟知端口的访问的问题。这就是状态检测防火墙。

状态检测防火墙也称为动态包过滤防火墙。根据上面的讲解，可以从会话来看，通信过程中的会话数据包不是一个个完全独立的数据包，而是有前后连接状态的。除了刚才举的UDP的例子，TCP协议也是一样的，传入和传出的数据报在状态上应该是可以匹配的。再譬如建立可靠的TCP三次握手连接，是按照SYN、SYN+ACK以及ACK的顺序来的，如果没有发送SYN报文，就收到对方的ACK报文，这个ACK报文就是一个应该丢弃的数据包。

状态检测防火墙在接收到连接建立请求后，就可以建立一张表，在表中存储相关的各个连接的信息，建立连接状态规则，基于这个表对传入和传出的数据包进行匹配。当然，状态防火墙同样可以实现包过滤防火墙的各种功能，进行网络层和传输层的各种检查。

因此，状态检测防火墙的原则就是，在同一个会话过程中，其源IP地址、源端口、目的IP地址、目的端口和传输层协议类型这五个量所组成的五元组集合不会变化，但是各种状态标识、分片等都是可以变化的。通过结合状态进行过滤，以实现安全的防护效果。

状态检测防火墙的工作原理如图7-2所示。

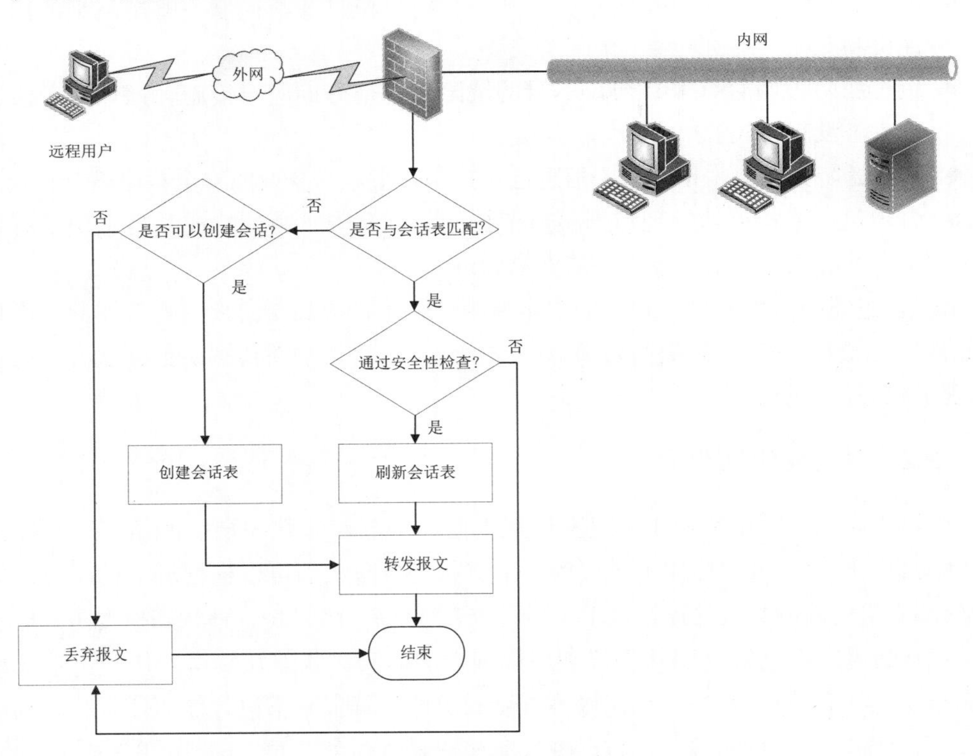

图7-2　状态检测防火墙的工作原理

图7-2中的会话表可以理解为数据报文的预期表。图7-3所示是一个建立会话表的例子。

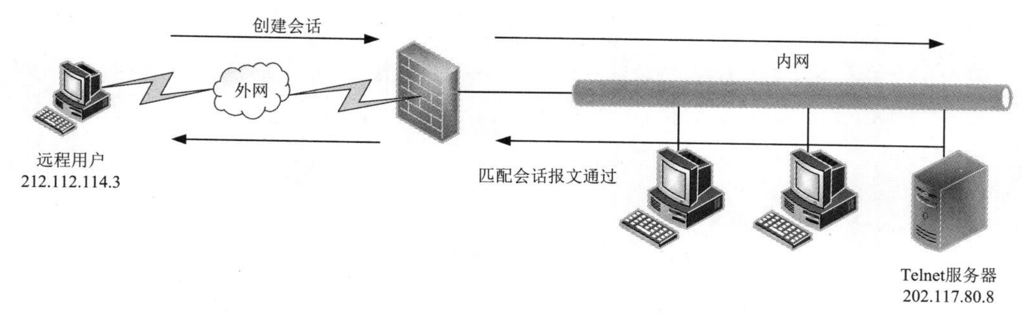

客户端→服务器

源IP地址	源端口	目的IP地址	目的端口	协议	用户	应用
212.12.114.3	1234	202.117.80.8	23	TCP	NPU_RemoteUser	Telnet

服务器→客户端

源IP地址	源端口	目的IP地址	目的端口	协议	用户	应用
202.117.80.8	23	212.12.114.3	1234	TCP	NPU_RemoteUser	Telnet

会话：
TCP：212.12.114.3：1234→ 202.117.80.8：23

图7–3 状态检测防火墙会话表

如图7-3所示，当远程用户访问内网Telnet服务器时，防火墙首先查询该节点是否在黑名单内，如果不在，就为该信息流建立会话表，将相关的五元组信息放到表里，并且对回来的Telnet服务器到远程用户的流量做一个预期，同样写到表里，如图7-3中对回来的流量的预期：源目IP交换，源目端口交换，并放置在会话表中。这样做兼顾了包过滤技术中的规则表，更考虑了数据包是否符合会话所处的状态，提供了完整的对传输层的控制能力，安全性好、速度快。

从图7-2可以看出，对于已经存在会话表的报文的检测过程比没有会话表的报文要短很多。而通常情况下，通过对一条连接的第一个数据报进行检测并建立会话后，该条连接的绝大部分报文都不再需要重新检测，使得状态检测防火墙与包过滤防火墙相比，在检测和转发效率上有较大提升。

7.2.3 应用层网关防火墙

如果把防火墙的规则再向上提一层，到应用层，这就是应用层网关防火墙（Application-Layer Gateways, ALG），也叫作应用层防火墙或应用层代理防火墙。

应用层网关防火墙的工作原理如图7-4所示。

应用层网关防火墙的核心就是代理。代理作用在应用层，对应用层服务进行控制，可起到内部网络与外部网络流量的隔离和转发作用。内部网络只接受代理转发的流量，拒绝外部网络节点的直接连接请求。

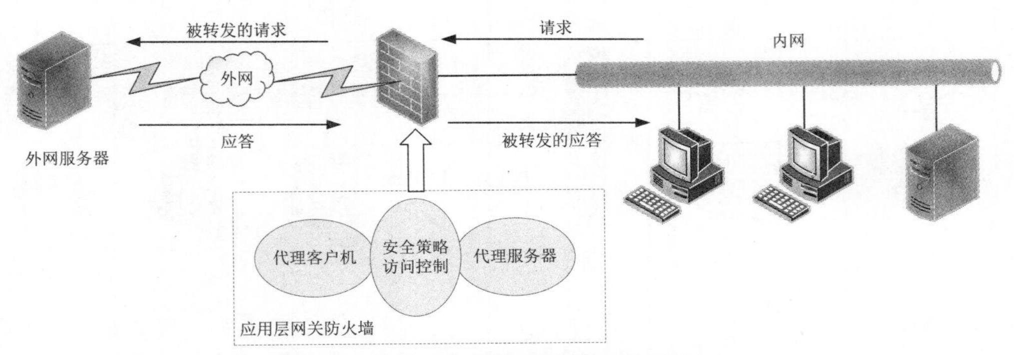

图7–4　应用层网关防火墙的工作原理

在图7-4中，代理服务器接受内网用户的访问请求，查询访问控制规则，如果允许该用户访问外网服务，则由代理客户机访问外网服务器，并将取回的数据放在代理的缓存中。代理服务器从缓存中提取数据，返回给用户终端。代理服务器一般都有高速缓存。当下一个用户要访问同样的内容时，服务器就可以直接将缓存中的内容发给用户，从而节约了时间和网络资源。

注意，代理是和服务绑定的，如果代理是一个邮件代理，那么它就不能转发HTTP协议数据；如果代理是一个HTTP代理，它就只能转发访问Web服务的请求。

应用层网关防火墙具有更高的安全性，对于客户端来说，应用层网关防火墙充当了服务器的角色，对于真正的服务器来说，应用层网关防火墙又充当了客户端的角色。所以通过使用应用层网关防火墙，客户和服务器之间不会有真正的连接，从而彻底隔断了内网与外网的直接通信，内网用户对外网的访问变成防火墙对外网的访问，服务器返回的数据首先到达防火墙，经过安全策略检测，然后再由防火墙转发给内网用户，也即所有通信都必须经过应用层网关防火墙来转发。

这种方式的优点显而易见，对数据的控制直接上升到应用层，可以实现对数据内容的检测。而且在应用层可以采用多种用户身份认证手段，实现更细粒度的访问控制。

由于应用层网关防火墙的这种代理工作特点，对于每一个服务应用，要编写特定的安全代理程序，也即相应的客户端与服务器端程序，因此，很多应用得不到支持。对于用户来说，应用层网关防火墙需要在客户端进行配置，易用性较差。

7.2.4　电路级网关防火墙

电路级网关防火墙与应用层网关防火墙类似，都不允许端到端的TCP连接。由电路级网关设置两个TCP连接，一个连接内网，另一个连接外网。该防火墙主动截获TCP与被保护主机间的连接，并代表主机完成握手工作。握手完成后，该防火墙负责检查只有属于该连接的数据分组才可以通过，而不属于该连接的则被拒绝。由于其只检查数据包是否属于该会话，而不验证数据包内容，所以其处理速率也是较快的。但其安全性不如应用层网关防火墙。

7.3　防火墙的配置方案

在防火墙应用中，除了由单个防火墙组成的简单配置外，为了更好地保护内部网络的安全，需要将多个防火墙组合起来构成防火墙系统。这在实际系统中更为常见。目前比较流行的防火墙配置方案包括双宿主机模式、屏蔽主机模式、屏蔽子网模式。

在开始介绍防火墙配置模式之前，先来了解一下什么是堡垒主机。堡垒主机就是一种具备很强安全防范能力的计算机，可以防御一定程度的攻击。它为内网和外网之间的所有通信提供中继服务，并且具有认证、访问控制、日志记录、监控流量的功能。它是外网进入内网的唯一入口，也是流量进出内部网络的一个检查点。堡垒主机对于整个网络安全系统至关重要。

事实上，防火墙和包过滤路由器也可以被看作堡垒主机。由于堡垒主机完全暴露在外网安全威胁之下，因此需要做许多工作来设计和配置堡垒主机，使它遭到外网攻击时的风险性降至最低。

7.3.1　双宿主机模式

最简单的防火墙部署方式就是双宿主机模式。双宿主机模式围绕着至少具有两个网络接口的堡垒主机，即双宿主机构成。内网和外网均可与堡垒主机建立通信，内外网之间不可以直接通信，内外网之间的数据流被双宿主机完全切断。双宿主机上运行着防火墙软件（通常是代理服务器），可以转发应用程序，实现内外网之间的受控连接，并提供认证、审计等安全服务。双宿主机模式防火墙的工作原理如图7-5所示。

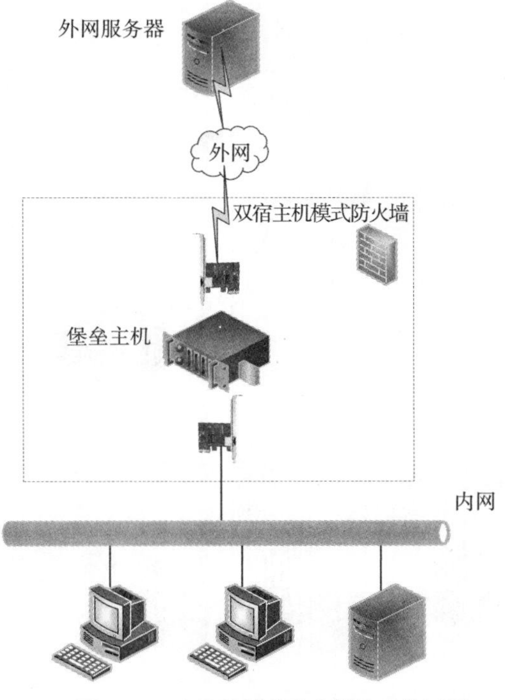

图7-5　双宿主机模式防火墙的工作原理

双宿主机模式防火墙能提供级别非常高的控制，并保证内部网上没有外部的IP包。但这种体系结构中用户访问因特网的速度会较慢，也会因为双重宿主主机的被侵袭而失效。双宿主机模式有一个致命弱点：一旦入侵者侵入堡垒主机并使该主机只具有路由器功能，则任何外网的任意用户均可以随便访问失去保护的内部网络。

7.3.2 屏蔽主机模式

屏蔽主机模式在双宿主机模式的基础上引入了包过滤路由器，为堡垒主机建立了保护屏障。该包过滤路由器将所有外网来的流量转发给堡垒主机，而且只接收从堡垒主机转发来的内网流量，不直接接收内网流量。在这种结构中，包过滤路由器的正确配置是这种模式防火墙安全与否的关键。包过滤路由器的路由表应当受到严格保护，一旦路由表被破坏，就可能会造成内网直接暴露给外网攻击者。

屏蔽主机模式可分为单宿堡垒主机和双宿堡垒主机两种类型。在单宿堡垒主机类型中，包过滤路由器连接外网，堡垒主机位于内网，且只有一块网卡。通常在包过滤路由器上合理地设置路由表，使这个堡垒主机成为唯一从外网可以访问的主机，确保了内部网络不受未被授权的外部用户的攻击。而内网的主机，可以受控制地通过堡垒主机和包过滤路由器访问外网。屏蔽主机模式防火墙（单宿堡垒主机）的工作原理如图7-6所示。

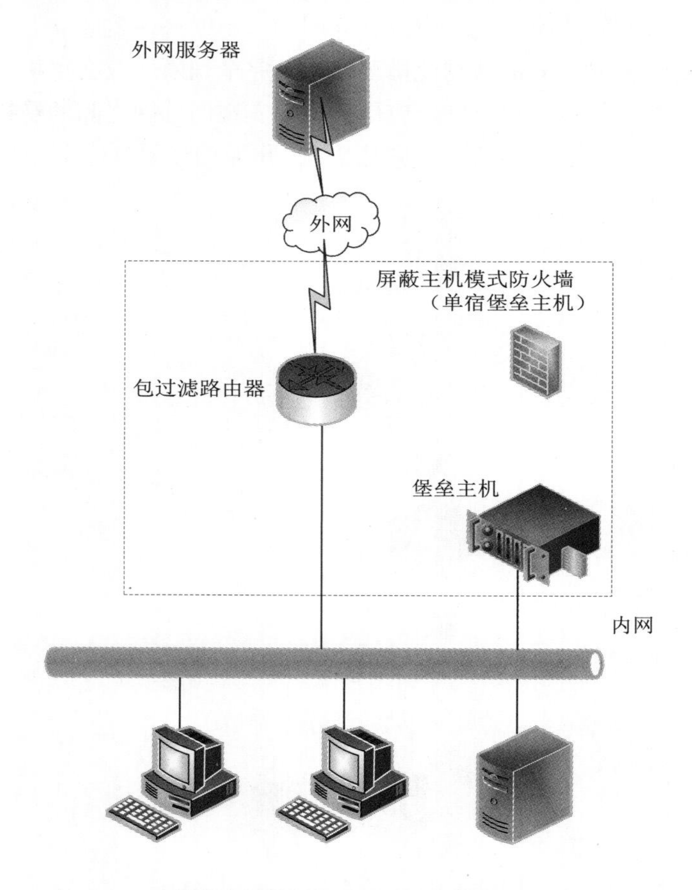

图7–6 屏蔽主机模式防火墙（单宿堡垒主机）的工作原理

双宿堡垒主机型的屏蔽主机模式与单宿堡垒主机型的区别是，堡垒主机具有两块网卡，其中一块连接内部网络，另一个连接包过滤路由器，其工作原理如图7-7所示。双宿主机在应用层实现代理服务，与单宿型相比，安全性更高。

屏蔽主机模式的防火墙通过引入包过滤路由器限制数据包流量来提高安全性，而且由于路由器上运行的服务比较单一，实现路由器的安全性比实现主机的安全性容易一些。同时堡垒主机又实现了细粒度的安全防护措施，因此这种结构模式比双宿主机模式具有更好的安全性和易用性。

屏蔽主机模式的缺点在于：若攻击者控制了堡垒主机，则在堡垒主机与其他内部主机之间无任何保护措施；路由器同样可能出现单点失效，若失效，则整个网络对侵袭者开放。

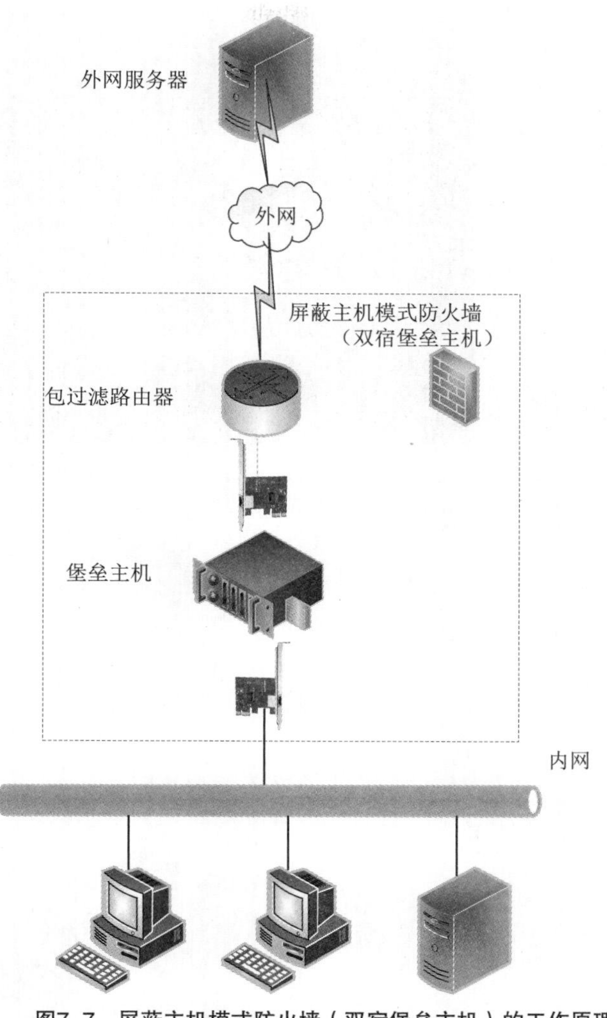

图7–7　屏蔽主机模式防火墙（双宿堡垒主机）的工作原理

7.3.3　屏蔽子网模式

屏蔽子网模式的防火墙是这三种防火墙结构中最安全的结构形式。它的思想来源于战争中的纵深防御体系。比如像西安城墙的永宁门，古时人们如果要进入西安城，首先得通过唯一的出入口——吊桥和外城门，然后再经过瓮城，由内城门进入城内。

屏蔽子网模式防火墙的做法与西安永宁门的做法类似，增加了一个把内部网络和外部网络隔离的周边网络［也被称为停火区（demilitarized zone，DMZ）］。这个周边网络相当于永宁门的瓮城。屏蔽子网模式防火墙还设置了两个包过滤路由器，分别位于周边网与内网、周边网与外网之间，相当于永宁门的内城门和吊桥。内城门只能从瓮城进入，通过吊桥只能进入瓮城（见图7-8）。类似的周边网与外网之间的包过滤路由器向外只转发接收从周边网络来的流量，向内只将流量发送到周边网络。位于周边网与内网之间的包过滤路由器向内网只转发来自周边网络的报文，把内网向外访问报文只转发到周边网络。这样攻击者要进入内部网络就需要通过两个路由器，不存在单点失效问题。屏蔽子网模式防火墙的的工作原理如图7-9所示。

图7-8　西安永宁门

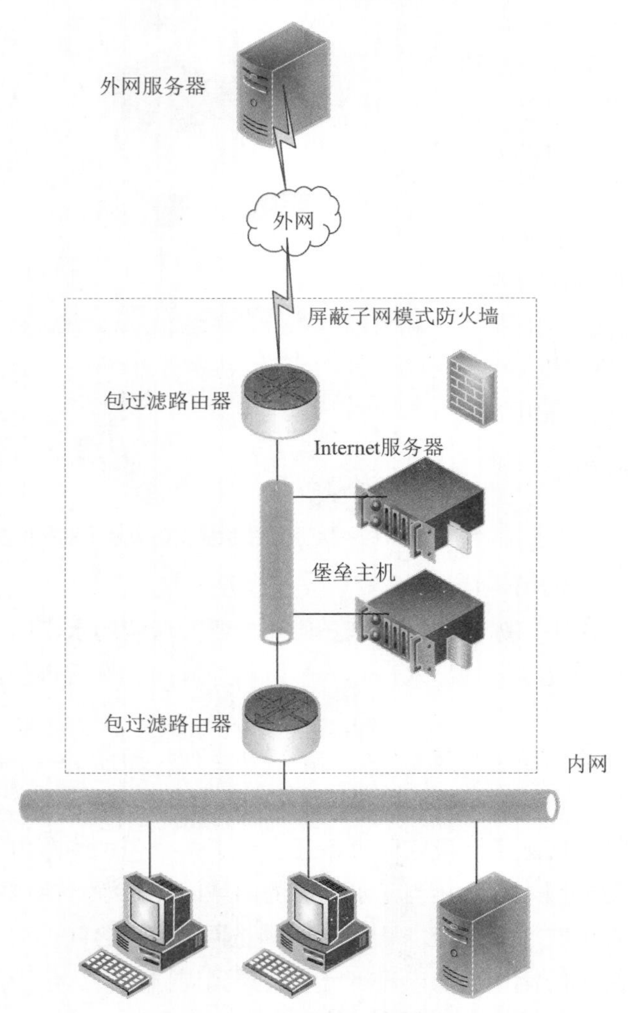

图7-9　屏蔽子网模式防火墙的工作原理

图7-9中，向外网提供公开信息的服务器也位于周边网络内。像WWW、FTP、Mail等Internet服务器也可部署在周边网络内，这样无论是外部用户，还是内部用户都可访问。

屏蔽子网模式防火墙的优点是安全性能高，具有很强的抗攻击能力，但需要的设备多，造价高。

以上介绍的是防火墙的3种基本配置方式，在实际应用中还存在一些由以上3种模式组合而成的配置模式。例如，多宿主机模式，合并堡垒主机和外部包过滤路由器、合并堡垒主机和内部包过滤路由器、部署多台内部包过滤路由器、使用多个周边网络，等等。

7.4　物理隔离网闸

防火墙隔断的是逻辑连接，并没有隔离物理连接，在内外网之间还是存在物理通路的。因此，在攻破防火墙后，内网就暴露在外网的攻击者面前。在一些对安全性要求极高的场合，比如国家电网，受到攻击会造成不可估量的损失，需要在保持设备可访问的条件下，同时在物理上隔断内网和外网的网络连接。实现这一功能的网络安全产品就是物理隔离网闸。

物理隔离网闸，也叫网闸或全称安全隔离网闸，是一种由带有多种控制功能专用硬件，在电路上切断网络之间的链路层连接，并能够在网络间进行安全适度的应用数据交换的网络安全设备。

虽然都是隔离安全的网络和不安全的网络，但物理隔离网闸的指导思想与防火墙有很大的不同。防火墙是要在保障互联互通的前提下，尽可能安全；而物理隔离网闸是在保证安全的前提下，尽可能互联互通。

在7.2.1节中我们已经分析了一些防火墙的过滤规则，知道存在可能的协议漏洞使攻击绕过防火墙。物理隔离网闸旨在杜绝这些协议漏洞。它的做法是，在物理隔离网闸所连接的两个独立主机或两个网络系统之间，隔断通信的物理连接、逻辑连接、信息传输命令、信息传输协议，消除依据协议的信息包转发，只对有效数据内容通过固态存储介质实现无协议的“摆渡”。而且固态存储介质只有“读”和“写”两个命令。所以，物理隔离网闸在物理通路上阻断了具有潜在攻击可能的一切连接，极大地提高了安全性。

如图7-10所示，在物理隔离网闸的控制下，内网和外网始终是隔离的。因为在任何时刻，开关K_1和K_2不可能同时接通，只有三种组合方式：K_1接通、K_2断开；K_1断开、K_2接通；K_1断开、K_2也断开。

控制器通过控制开关的组合状态，并结合读和写指令完成内网和外网之间的数据交换。比如外网要向内网发送数据。首先控制器控制开关K_1接通，K_2断开，并发出写指令，则外网将数据写入存储介质。一旦数据写入存储介质，K_1立即断开，中断外网与物理隔离网闸的连接。对数据进行病毒检测、防火墙过滤、入侵防护等安全检测后剥离出“纯数据”，在安全性较高的场合，还需要对纯数据进行签名，做好交换的准备。然后控制器控制开关K_1断开，K_2接通，发出读指令，将数据导向内网服务器。内网服务器对数据进行签名验证后，按TCP/IP协议重新封装接收到的数据，交给应用系统，完成内网到专网的信息交换。

从物理隔离网闸的系统架构以及工作模式可看出，它的性能是比不上防火墙的，包括吞吐、延时，尤其是并发数。但是它与防火墙相比，是应用于不同的场合的产品。我们总是要在安全性和易用性中间做折中，以完成系统对安全性的最佳需求。而且无论从功能还是实现原理上讲，物理隔离网闸和防火墙是完全不同的两个产品，防火墙是保证网络层安全的边界安全工具，而安全隔离网闸重点是保护内部网络的安全。两种产品由于定位不同，因此不能相互取代。

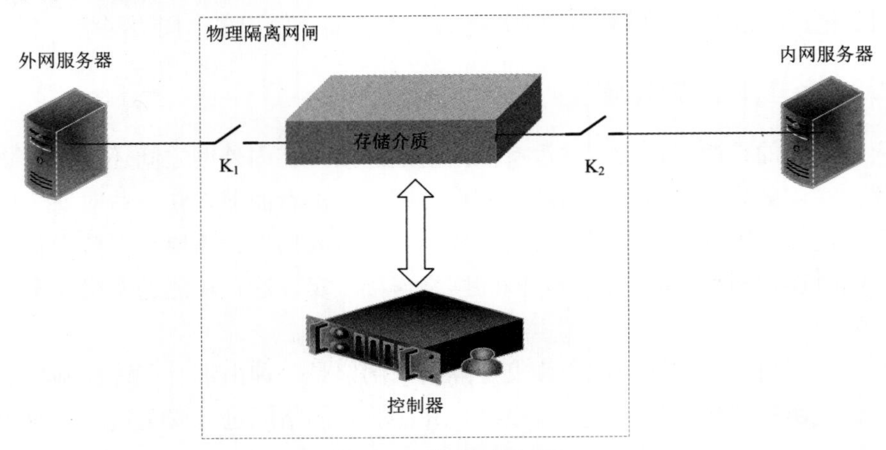

图7-10　物理隔离网闸

习题

7.1　防火墙和物理隔离设备之间在功能和应用场合上的不同之处在哪里？

7.2　典型的包过滤防火墙基于什么信息实现过滤功能？

7.3　包过滤防火墙有哪些弱点？

7.4　什么是应用层网关防火墙？

7.5　什么是DMZ？

7.6　防火墙的配置方式之间的区别是什么？

7.7　在状态检测防火墙中，如果报文是乱序到达的，应用如何处理？

7.8　表7-4所示是一个从网络地址范围为192.168.1.0到192.168.1.254的网络中的包过滤防火墙的访问规则，请解释每条规则的作用。

表7-4　包过滤防火墙的访问规则

序　号	源地址	源端口	目的地址	目的端口	动　作
1	任意	任意	192.168.1.0	>1023	允许
2	192.168.1.1	任意	任意	任意	拒绝
3	任意	任意	192.168.1.1	任意	拒绝
4	192.168.1.0	任意	任意	任意	允许
5	任意	任意	192.168.1.2	25	允许
6	任意	任意	192.168.1.3	80	允许
7	任意	任意	任意	任意	拒绝

7.9　请在iptable防火墙上配置主机不允许回复ICMP消息。

7.10　请在Windows 10上基于IPSec上实现一个防火墙，并配置主机不允许回复ICMP消息。

第八章　入侵检测系统

从原理上讲，第七章所讲的防火墙和物理隔离网闸都是静态的网络安全工具。它们判断流量是否安全的标准是看数据报的报头或者负载是否匹配安全规则。可是，网络中的恶意行为是一个动态过程，数据报文的报头合规并不能代表一系列数据报文所构成的网络行为是安全的。这和我们在生活中经验是一样的。比如在《吕氏春秋》里记载了这么一段故事：孔子困在陈国和蔡国之间，有七天都没有吃饭了，饿得白天都躺着。还好孔子的弟子颜回讨了些米回来。饭快要煮熟的时候，孔子看见颜回偷偷地从锅中取米吃。等饭熟了，颜回请孔子吃饭。孔子假装没有看到刚才的事情，说道："我刚才梦见我的先人，自己先吃干净的饭，然后再请别人吃。"颜回连忙解释说是刚才不小心，让碳灰飘到了锅里，弄脏了米，扔了太可惜，自己就把脏的米给吃了。孔子叹息道："都说眼见为实，但眼见不一定为实啊（所信者目也，而目犹不可信）。"

类似的道理，在网络中，我们也不能仅依赖于分析报文的报头和负载内容来判断其安全性，而需要根据报文所代表的行为来分析报文是否会带来安全威胁，也就是需要一个能够听其言，观其行，透过现象看本质的安全工具，对网络中的行为做出安全判决，这个工具就是入侵检测系统。

8.1　入侵检测系统的必要性

入侵检测系统（Intrusion Detection System，IDS）是一种对网络系统的运行状况进行监视，尽可能发现各种攻击企图和攻击行为，发出警报或者采取措施，以保证网络系统的机密性、完整性和可用性的网络安全设备。在网络系统中引入入侵检测系统的必要性在于：

（1）尽管防火墙已经得到了普遍应用，可以根据IP地址或服务端口过滤数据报文，却极少深入数据包检查内容。这使得它对于利用合法IP地址和端口从事的破坏活动无能为力。而且防火墙存在可能被穿透的风险，一旦被穿透，就只能依赖于入侵检测系统来发现和控制。

（2）防火墙只在网络边界提供安全保护，对于内网用户的违规行为或者攻击者将内网终端作为跳板的恶意行为无能为力。由用户或软件引起的恶意行为也是不期望发生的非法入侵。用户非法入侵可能采用的方式是在未经授权的情况下登录到计算机，也可能是已授权用户非法获取更高级别的权限或进行其权限以外的操作。对于这些恶意行为，需要一个动态的监控控制来发现和响应。

（3）如果能够足够快速地检测到或评估出入侵行为，就可以在造成实际损害之前切断连接或中止操作，使系统受到的损害降低到最低程度。

（4）一个有效的入侵检测系统可以形成对攻击者的震慑作用，使部分入侵者不敢轻举妄动，从而起到防患于未然的作用。

（5）入侵检测系统可以收集入侵信息，根据这些信息可以优化防火墙等安全工具的配置，或与防火墙形成联动，从整体上提升系统的安全防护能力。

因此，入侵检测系统作为网络安全系统的一个有效组成部分是非常必要的。

8.2 入侵检测系统的体系结构

在介绍入侵检测系统的体系结构之前，我们先来分析一下入侵检测系统的工作流程。

要实现入侵检测，首先必须有数据支持，或者说要有信息源。就像天气预报需要根据众多传感器采集的温度、湿度、气压、风向等信息来进行分析和预测才能获得精准的天气预报一样，一个精准的入侵检测系统也需要在网络环境中搜集大量的相关信息来支持。

有了数据，就需要对数据进行分析，依据高效、准确的算法对海量的数据进行分析，判断出网络中的恶意流量或恶意行为。

在发现了恶意行为和恶意流量后，就进行响应和处理。

上述三个行为构成了入侵检测系统的基本工作流程。此外，对入侵行为的检测需要积累样本，样本越充足，检测率越高，因此还需要把分析的源数据、响应规则存储起来，用于对新入侵行为的分析。

这四部分就构成了入侵检测系统的基本体系结构。美国国防高级研究计划署（DARPA）和互联网工程任务组（ITEF）的入侵检测工作组在上述四部分的基础上提出了一个入侵检测系统的通用模型——通用入侵检测框架（Common Intrusion Detection Framework，CIDF）。该模型将入侵检测系统分为4个组件：

（1）事件产生器（Event generators）：CIDF把所有需要分析的数据统称为事件。它可以是网络中的数据包，也可以是系统日志或进程消息。事件产生器的作用就是从入侵检测系统之外的整个计算环境中搜集事件，并将这些事件转换为CIDF的GIDO（Generalized Intrusion Detection Objects，统一入侵检测对象）格式，向入侵检测系统的其他组件提供此事件。

（2）事件分析器（Event analyzers）：入侵检测系统的事件分析器就是要通过分析，对网络中的行为做出结论，判定它是一个非法入侵行为，还是一个正常操作。它分析从其他组件发送来的GIDO，经过分析得到数据，产生结果GIDO，并将结果GIDO向其他组件分发。事件分析器是入侵检测系统的核心，它可以使用不同的算法来实现对GIDO的精确分析。

（3）响应单元（Response units）：它是处理其他组件发来的GIDO，并做出反应的功能单元，它可以做出切断连接、改变文件属性等强烈反应，也可以只是简单地报警。

（4）事件数据库（Event databases）：事件数据库是存放各种中间和最终GIDO的介质的统称，它可以是复杂的数据库，也可以是简单的文本文件。

在这个模型中，事件发生器、事件分析器、响应单元通常以应用程序的形式出现，事件数据库往往是文件或数据库形式。有些入侵检测系统的生产厂商把事件发生器、事件分析器和响应单元分别称为数据收集器、数据分析器和控制中心。

CIDF模型各组件之间的关系如图8-1所示。

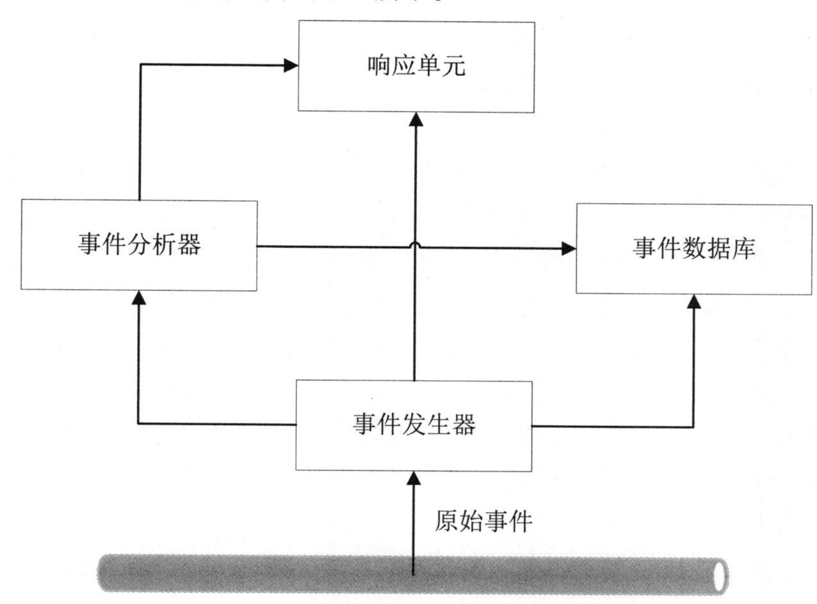

图8–1　CIDF模型各组件之间的关系

在CIDF模型中，决定入侵检测系统性能的主要是两个组件：事件发生器和事件分析器。显然，事件发生器采集的原始数据越多越准确、事件分析器的算法效率越高和漏检率与误报率越低，入侵检测系统的性能就会越好。根据事件分析器采用数据来源的不同，入侵检测系统分为基于主机的入侵检测系统、基于网络的入侵检测系统和分布式的入侵检测系统；根据事件分析器分析算法类型的不同，入侵检测系统又分为基于异常的入侵检测系统和基于误用的入侵检测系统。毋庸置疑，对各种事件进行分析，从中发现违反安全策略的行为是入侵检测系统的核心功能。我们就从入侵检测系统的分析方法的不同分类开始入侵检测系统的学习。

8.3　入侵检测系统的分析方法

CIDF模型中第一个关键组件就是事件分析器，如前所述，入侵检测系统事件分析器的分析方法有基于异常检测和基于误用检测两大类。在开始介绍这两类方法之前，先讨论一下哲学中的认识论问题。在认识论中有两大类观点，一个是理性主义，认为人类首先本能地掌握一些基本原则，随后可以依据这些基本原则推理出其余知识。理性主义最典型的代表就是《几何原本》。

《几何原本》有五个公理和四个公设：

公理一：等于同量的量彼此相等。

公理二：等量加等量，其和相等。

公理三：等量减等量，其差相等。

公理四：彼此能重合的物体是全等的。

公理五：整体大于部分。

公设一：任意一点到另外任意一点可以画直线。

公设二：一条有限线段可以继续延长。

公设三：以任意点及任意的距离可以画圆。

公设四：凡直角都彼此相等。

然而，就是在这短短的9句话的基础上，一路推理，形成了厚厚的六卷《几何原本》。所以理性主义认为，一个经得起怀疑的结论一定是通过严密逻辑推理得到的。

而相对于理性主义的另一种哲学方法称为经验主义，它认为人类的想法来源于经验，所有知识可能除了数学以外主要来源于经验，是不确定的、具有概率的，需要不断修改和证伪。比如我们天天看到太阳从东边升起，在西边落山，我们就会得到结论说太阳每天从东边升起，到晚上到西边落山。直到有一天我们夏至到了北极，发现太阳居然整天不落山，于是就要修正我们的认知。经验主义的代表就是我国的传统中医。中医经过对大量实验的归纳总结形成结论。就像中医所说喝菊花茶可以去火，其实并没有什么因果关系的支撑，只是大量的经验表明喝菊花茶可以清凉咽喉，起到一定的消炎作用。这表现出来的是事件之间的相关性，而理性主义依据的是事件之间的因果性。

入侵检测系统的两大类分析检测方法就分别对应了理性主义和经验主义。基于误用的入侵检测系统对应了理性主义，它定义了一套规则来判断特定的行为是否是一个入侵行为。而这些规则是基于特征的对已知攻击行为的描述。规则集就像是《几何原本》里的公理，只要行为符合公理，就可以合理地推断出该行为是入侵行为，即匹配规则与入侵行为之间存在因果关系。

基于异常的入侵检测系统则对应了经验主义，它通过大量的观察和统计，建立了正常行为的模式或叫作轮廓（profile），只要一个行为不严重偏离正常行为轮廓，就是一个正常行为，反之就是入侵行为。行为轮廓与合法行为之间是一个相关关系，即具有某种行为模式的行为应当就是合法行为，而不是合法行为的就是非法行为。

总体上来讲，基于误用的入侵检测系统的优势在于它的误报率低，但它对新入侵行为的防范能力很弱。基于异常的入侵检测系统对未知特征的入侵行为的检出率较高，但它的误报率也较高。此外，基于误用的入侵检测系统的基本模式是查黑，即描述出系统中的入侵行为特征，符合特征的就是入侵行为。基于异常的入侵检测系统的基本模式是查白，即为合法用户建立行为轮廓，所有符合轮廓的是合法行为，除此之外都是入侵行为。下面我们具体介绍一下这两种不同类型的入侵检测系统。

8.3.1　基于异常的入侵检测系统

基于异常的入侵检测系统的基本假设是合法用户的行为具有一定的特征，我们可以对其行为进行统计，建立合法用户的行为轮廓。比如，用户每天首次登录Kerberos的时间应该在8:30～9:10之间；如果合法用户是一个程序员，其主要操作是编辑、编译、调试、运行，他们退出系统的时间通常在晚上8:00～9:00之间。公司文秘的主要操作是编辑和打印文件，退出系统的时间是下午5:00～6:00之间；这样就可以根据不同的合法用户正常活动的统计特征，建立合法用户的行为轮廓。入侵者的行为模式与合法用户的行为轮廓是有差别的，而且可以通过量化二者之间的偏差以判定入侵行为。偏差超过了预先定义的或动态计算的阈值，则行为被视为攻击行为或异常行为。

尽管我们期望入侵行为和合法用户行为之间存在极为明显的差别，但是基于异常的入侵检测系统还承认另一个前提，即入侵者的攻击行为与合法用户的正常行为之间并没有泾渭分明的差别，甚至在某些方面，其行为轮廓线还会有重合。这就造成有时会把一个正常合法的行为误报为入侵行为。比如，一位程序员由于灵感突现早晨来早了点，6:30就登录系统，进行工作，其登录时间就背离了正常登录时间轮廓，从而被当成了一个恶意登录行为。这被称为误报，也叫假阳性（False Positives）。当然也会把一部分入侵行为误判为合法行为，称为漏报，也叫假阴性（False Negatives）。入侵行为和合法用户行为轮廓如图8-2所示。

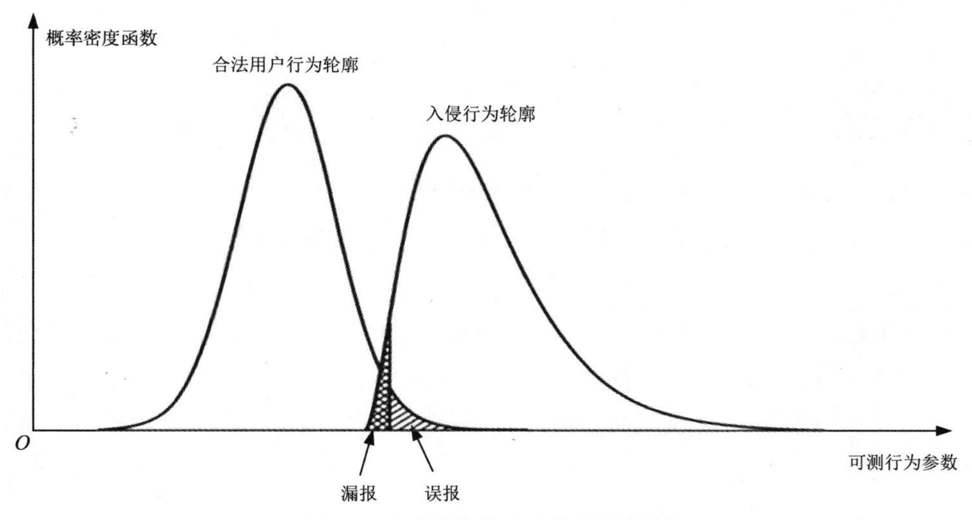

图8-2　入侵行为和合法用户行为轮廓

基于异常的入侵检测系统的难点在于合理地选择阈值，以最大限度地降低误报率和漏报率。而阈值的选择通常是一种折中的艺术。

基于异常的入侵检测系统所使用的异常检测方法也广泛应用于其他各种应用，如信用卡、保险、医疗等中的欺诈检测、故障检测等。基于异常的入侵检测系统不依赖于先前定义的模式，但它们的目标是对正常行为/流量进行建模，以检测异常，从而能够同时检测已知和未知的攻击。这样做的代价是需要不断地进行模型的调整。基于概率统计的异常检测方法是各类异常系统最基本、最成熟的检测方法，也是入侵检测系统中应用最早和最多的一种方法。

1.概率统计入侵检测

在基于概率统计的入侵检测系统中，系统首先定义一个能够描述合法用户行为的特征数据集合，利用数理统计方法，对特征数据进行统计分析，形成正常行为特征轮廓。对收集到的数据也进行统计处理，得到统计量，如均值、方差等，与合法行为轮廓进行对比，偏差超过了一定阈值即视为入侵或恶意行为。最简单的基于概率统计的入侵检测方法就是在一定的时间跨度内记录和测量一个变量的均值和标准差。这两个统计量反映了平均行为和合理的变化范围，可为很多可量化的用户行为建立行为轮廓。几个可以基于概率统计参数来建立合法用户行为特征轮廓的可量化行为数据见表8-1。

表8-1　可用于入侵检测的度量值

度量数据	概率统计参数	可检测的入侵类型
每天登录系统的时间	均值或标准差	入侵者通常在非高峰时段登录
登录口令错误次数	均值或标准差	入侵者尝试密码登录系统
外传数据量	均值	较大的偏离可能是木马入侵
Sudo命令执行频率	均值或标准差	入侵者尝试提升权限
系统资源使用情况	均值	可能的恶意代码入侵
文件读写频率	均值或标准差	可能的假冒用户浏览者

除了对单个行为变量进行统计外，基于概率统计的入侵检测还可以定义多个特征值，并以这些特征值的统计加权二次方和作为合法用户行为轮廓，则有

$$P = a_1x_1^2 + a_2x_2^2 + \cdots + a_nx_n^2 \quad (8\text{-}1)$$

式中，a_i为加权值，可以由专家打分确定或取经验值。注意，专家打分所给出的权值也需要进行处理才可以应用。因为我们为了保证权值的客观性，往往会请多个专家进行打分，不同专家的角度不同，有可能会打出互相之间背离的权值。因此需要对权值进行一致性检验，检验方法有求和法和求根法，有兴趣的读者可以查询相关文献，获得更详细的介绍。

式（8-1）这种采用多个变量的统计值进行入侵检测也叫作多元变量的入侵检测，它通过对多个变量之间的关联关系进行分析，可以对入侵行为做出可信度比较高的判断。比如登录的时间和口令错误之间的关联关系，在非正常时间登录，且多次口令错误，就可以判定为一个入侵行为。

从表8-1可以看出，概率统计入侵检测分析的基础是审计记录或日志数据。审计记录有两方面的作用：①对一段时间内的审计记录进行分析可以确定平均的用户活动曲

线，形成合法用户的行为轮廓；②用户当前的审计记录可以作为入侵检测系统的输入，根据当前记录与行为轮廓的偏差判断入侵行为。一般来说有两类审计记录：

（1）原始审计记录：事实上现有的所有操作系统均有系统日志，用于对用户的活动信息进行审计和记录。图8-3所示即为Windows 10操作系统的日志查看器中显示的一条应用程序出错记录。使用系统自带日志的优点是不需要额外的审计记录收集软件，缺点是原始的审计记录不便于直接分析使用。

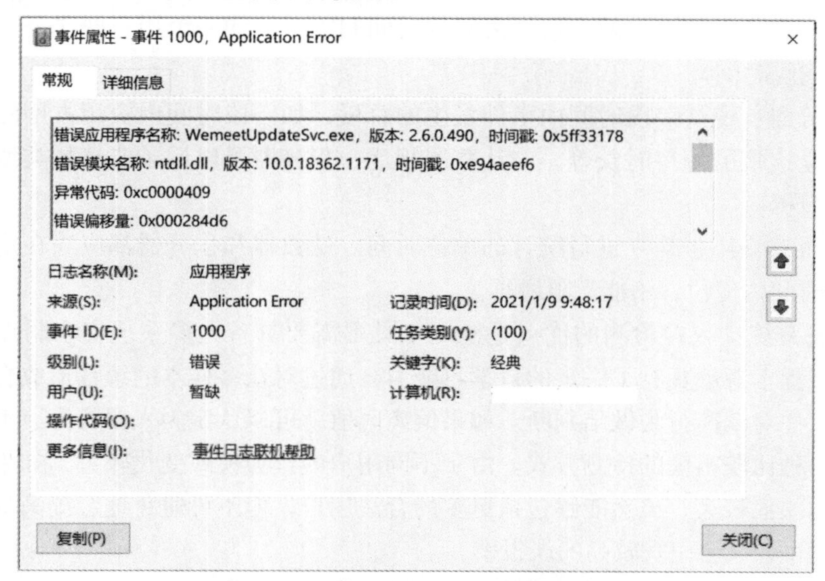

图8–3　Windows 10 操作系统事件日志

（2）面向入侵检测的审计记录：是用专门的审计记录收集工具，按照入侵检测系统所需的格式生成的审计记录。这种方法的优点是可以采用有针对性开发的审计记录收集工具，适用于入侵检测的特殊需求；缺点是增加了系统的开销，系统需要同时运行两种审计记录系统。

具体的审计记录至少包括以下几项内容：

- 主体：命令或行为的执行者，通常是一个终端用户或者是对应一个用户或用户组的进程。
- 行为：由主体执行的某些操作，如读、写、执行、输入/输出等。用户的行为是由一系列基本行为构成的。在审计记录中最好记录基本行为，这样既可以实现统一格式的审计记录，也可以实现细粒度的审计。
- 客体：主体行为的施加对象，可以是文件、程序、外设等。当一个主体是一个行为的接收者时，他也是客体，例如邮件的收件人。客体可以按照不同的粒度进行区分，如数据库是一个客体，数据库中的一条记录也是一个客体。
- 异常条件：如果程序返回时发生了异常，则对此异常进行标记。
- 资源使用情况：记录系统各类资源的使用情况，如内存、进程数、CPU占用率。
- 时间戳：记录事件或行为发生的时间。

为支持建立准确的基于统计的合法用户行为轮廓，可以对审计记录附加以下几种计量手段：

- 计数器：负责记录一定时间内某种类型的事件发生的次数，只增不减，直到管理员复位。例如，用户口令错误的次数，用户在单位时间内执行某个命令的次数，用户一天内登录系统的次数，等等。
- 计量器：与计数器不同，计量器的值可以增加也可以减少，只是负责记录事件当前的状态，比如路由器中队列的长度，一个连接的并发进程数，等等。
- 计时器：用于记录两个事件之间的时间间隔，例如一个用户两次登录系统之间的间隔时间。
- 积分器：统计一段时间内事件发生的总量，如一段时间内资源占用的百分比，建立连接的等待时长等。与计数器相比，积分器可以记录非整数类型的事件统计数据。
- 定时器：用于建立进行统计的单位时间。计数器和积分器都应当在定时器规定的时间内复位，不能无限增长。

基于概率统计入侵检测的优点是检测工具不需要具备太多系统安全弱点的先验知识，统计过程本身就具有了一定的自学习能力，通过对众多样本的统计形成合法用户行为的轮廓，并对偏离行为做出判断。如果偏离阈值就可以认定为入侵行为。不过仅依赖于阈值是一种比较粗糙的检测方式。由于不同用户的行为模式变化较大，如果合法用户行为轮廓的阈值较大，虽然能够包括更多的合法用户，但不可避免地会提高漏报率；而阈值设置过小，又会引发较高的误报率。

基于概率统计入侵检测最大的缺点是对事件发生的次序不敏感，也就是说基于概率统计的入侵检测方法会漏检那些依赖彼此关联事件的入侵行为，所以就出现了基于预测模型的入侵检测方法。

2.预测模型入侵检测

基于预测模型的入侵检测系统的关注点是建立单个用户或用户群的基于时间变化的行为模式，然后检测用户的当前行为序列是否与正常序列有较大的偏离。比较常见的预测模型有两种：

（1）马尔可夫模型：建立所有不同状态之间的转移概率矩阵。用这个模型可以观察两个特定命令的执行顺序是否符合正常用户模式。

（2）时间序列模型：通过合理选择的时间序列模型可以测量事件序列发生的概率。这种方法为重点过程建立一个时间序列，如马尔可夫链或隐马尔可夫过程，当发生一系列事件时，我们可以使用马尔可夫链来测量该序列发生的概率，并用它来检测任何罕见的序列。

我们可以用下式来描述一个统一的用户行为预测模型：

$$E_1, E_2, \cdots, E_k \mid [E_{k+1}, P(E_{k+1})], [E_{k+2}, P(E_{k+2})], \cdots, [E_{k+n}, P(E_{k+n})] \quad (8\text{-}2)$$

式（8-2）的含义是：如果当前的事件流包含了事件序列 $E_1, E_2, \cdots, E_k$，则事件流 $E_{k+1}, E_{k+2}, \cdots, E_{k+n}$ 发生的概率分别是 $P(E_{k+1}), P(E_{k+2}), \cdots, P(E_{k+n})$。

在这种方法中，通常情况下，如果事件的发生次序与式（8-2）左边匹配，而审计记录中右边事件发生的统计值与预测值相差很大时，可以认为发生了入侵事件。如：规则为 $A,B \mid (C,0.5),(D,0.3),(E,0.15),(F,0.05)$，当$A,B$事件已经发生，而发生$F$事件的频率为0.4，或发生了$G$事件，则可判定发生了入侵。

概率模型方法和预测模型方法都属于传统的基于统计的入侵检测方法，它们的主要不足在于它们的前提是认为存在一个确定的合法用户的行为轮廓。但是，网络中的行为是动态变化的，以前合法的行为可能会成为不合法的行为。基于统计的入侵检测无法有效适应这种情况，因此，近年来入侵检测的新方法主要以机器学习为代表的人工智能方法为主，包括监督学习、无监督学习、强化学习、深度学习等。

3.基于监督学习的入侵检测

在展开基于机器学习的入侵检测方法介绍之前，我们有必要简单了解一下机器学习的原理。机器学习通过选择特定的算法对样本数据进行计算，获得一个计算模型，利用这个模型，对新收到或新发现的数据进行分类、回归或聚类。

所谓分类就是从给定的人工标注的分类训练样本数据集中学习出一个分类函数或者分类模型，也常常称作分类器（classifier）。当新的数据到来时，可以根据这个函数进行预测，将新数据项映射到给定类别中的某一个类中。入侵检测可以看作是一个分类问题，就是要把网络中的行为或流量进行分类判断，区分正常行为和入侵行为。大量实践证明，监督机器学习技术能够有效地对数据进行类别划分，因此它被广泛用于入侵检测领域。效果较好的方法包括下述几种：

（1）K近邻算法（K-Nearest Neighbor, KNN）：K近邻算法的原理比较简单，如图8-4所示。图中的菱形和四角星分别代表样本集中的入侵行为和正常用户行为，圆形代表新检测到的样本行为。

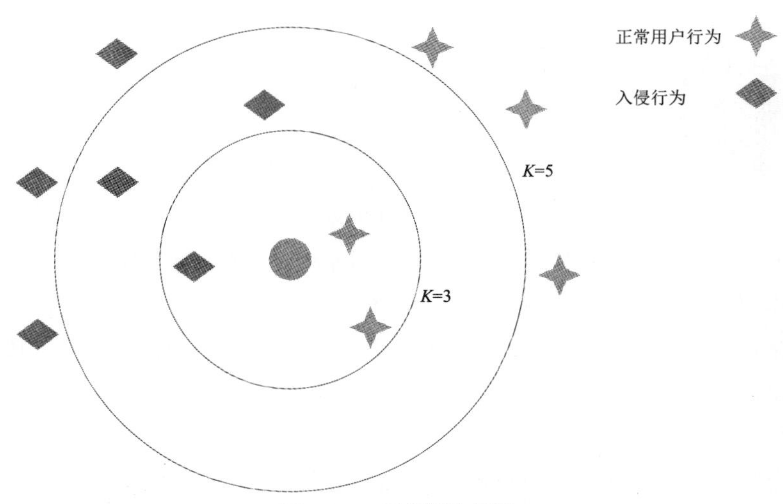

图8-4　K近邻算法示例

K近邻算法的做法是在训练数据集中找到与新样本最邻近的K个实例，这K个实例中哪个类型的数量多，新样本就属于哪个类。如图8-4中，当K=3时，圆形新样本的3个最近的邻居中有2个属于正常用户行为，1个属于入侵行为。正常用户行为样本占多数，则判定新样本为正常用户行为。如果K=5，新样本的5个最近的邻居中有2个属于正常用户行为，3个属于入侵行为。入侵行为样本占多数，则判定新样本为入侵行为。

由上述例子我们可以看出，K近邻算法的思想非常简单，也易于实现。K近邻算法的准确性取决于合理地选取K值，而K值的选取通常由实验调整确定，或者选择经验参数，不具通用性。另外，距离如何度量、样本集规划是否合理都会影响K近邻算法在判断入侵检测行为时的误报率和漏报率。

（2）决策树（Decision Tree，DT）：决策树是一种归纳方法，可以从一个集合中归纳出一个树形结构来完成分类，图8-5所示为一个判断入侵行为的简单决策树的示例。为了便于理解，图中的决策规则设置得比较简单，实际入侵检测中的决策算法会复杂得多，而且往往需要将决策树与其他分类算法结合来构造入侵检测模型以提升检测精度。

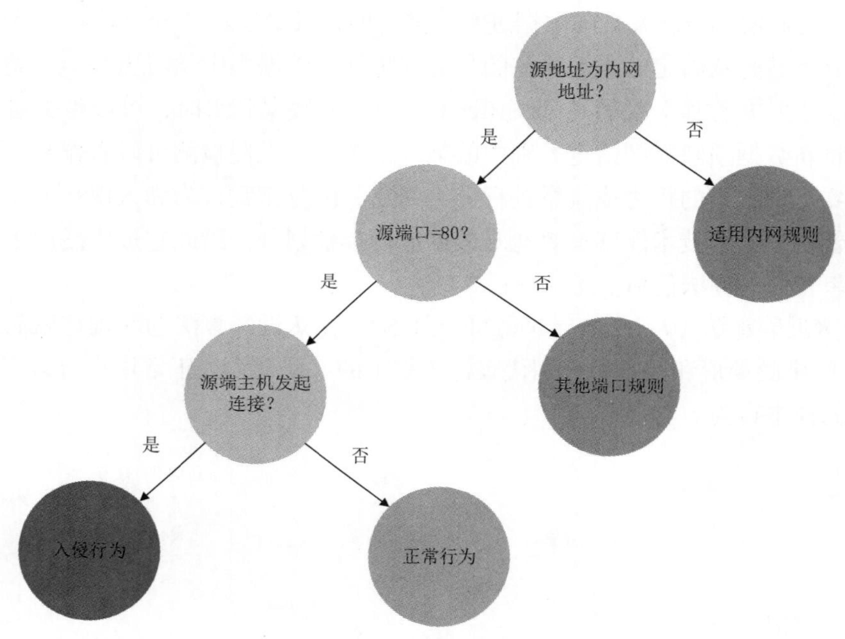

图8-5　决策树示例

决策树的优点是，能够同时处理数据型和常规型属性。对于极大的数据源，决策树不要求对数据进行预处理，能够极大地提升训练效率。决策树用于入侵检测的缺点在于存在过拟合情况，也就是该决策树针对特定训练集数据，如CICIDS2017 数据集，可以得到很低的错误率，但是运用到测试数据上却得到非常高的错误率。此外，决策树对处理多个关联行为构成的入侵行为，性能有所下降。

（3）支持向量机（Support Vector Machine, SVM）：支持向量机的基本原理是将多特征的数据集变换到高维空间进行分类。我们知道在低维空间进行观测，往往无法解释高维空间的现象。图8-6所示为莫比乌斯环，如果在二维空间进行观察，它是一个无法解释的死亡循环，可是放到三维空间就一目了然了。

图8-6　莫比乌斯环

对于入侵检测也是类似的道理，如果只采用两个特征量来描述网络中的行为，则可以通过定义行为间的欧氏距离来实现行为的分类，如图8-7（a）所示。

如果采用了多个特征量来描述网络中的行为，仅定义行为间的欧氏距离是无法实现行为的分类的，如图8-7（b）所示。这时需要在高维空间寻找出一个能够将行为进行分类的超平面，如图8-7（c）所示。

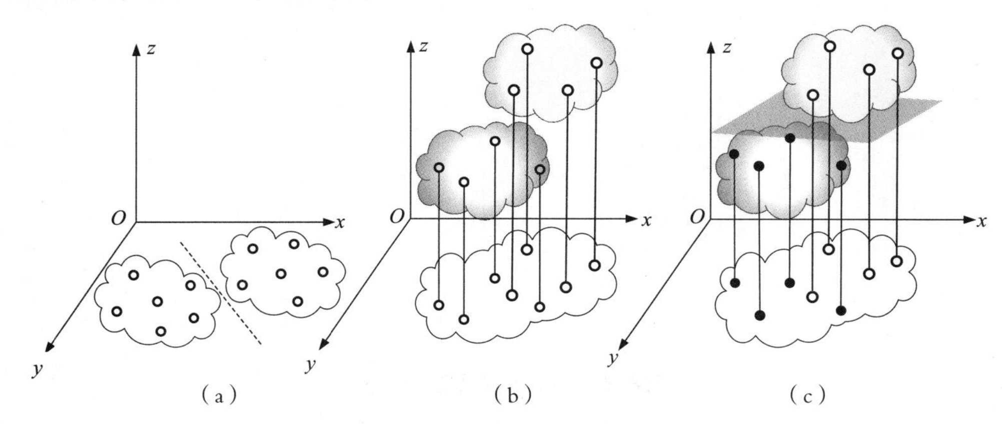

图8-7　支持向量机原理

支持向量机的基本想法是求解能够正确划分训练数据集并且几何间隔最大的分离超平面。注意“间隔最大”是指可能会有多个分离超平面，但是几何间隔最大的分离超平面却是唯一的，支持向量机通过定义合理的核函数，将原始数据变换到可以找到分离平面的高维空间，再通过最优化方法找到最大几何间隔的超平面，完成行为的分类。

支持向量机可以更好地解决小样本问题，具有强大的泛化能力，被认为是一种非常有效的入侵检测算法。但是，在实践中还没有可以较好地解决核函数构造问题的理论，使得核函数的构造非常困难，限制了它在入侵检测领域的应用。

还有许多其他基于监督学习的入侵检测算法，在这里不再过多介绍，有兴趣的读者可以查阅相关综述文献。

4.无监督学习的入侵检测

监督学习算法是标记好网络中的正常用户行为数据集。通过对标记数据进行学习后，算法可以对新检测到的行为进行判断分类。也就是说，监督学习的入侵检测算法已知存在哪些行为类别，即对于目标数据库中存在哪些类是知道的，要做的就是将每一条行为记录分别属于哪一类标记出来。

而无监督学习算法可以“学习”网络中的典型的用户行为模式，并且可以在没有任何标记数据集的情况下报告异常。它研究如何在没有训练的条件下把样本划分为若干类，称为“聚类”。它可以检测新类型的入侵，但很容易出现误报警。

在入侵检测领域应用比较广泛的无监督学习算法包括以下两种：

（1）*K*-means聚类（*K*-means Cluster）算法。算法随机选择*K*个行为样本作为类别中心，根据距离中心的聚类确定各个行为样本的归属，然后通过迭代的方式不断更新类别中心，直至聚类中心不发生变化。图8-8所示是一个*K*-means聚类算法示例。显然，*K*-means聚类算法中*K*值大小以及聚类中心的选取至为关键。从它的工作原理可以看出，*K*-means聚类算法存在对初始聚类中心敏感、容易受到噪声和孤立点的影响等问题，所以*K*-means聚类算法经常和其他分类算法结合使用，来提升检测的准确率。比如与遗传算法相结合，寻找最佳的*K*值；与粒子群优化算法结合来优化生成初始聚类中心。

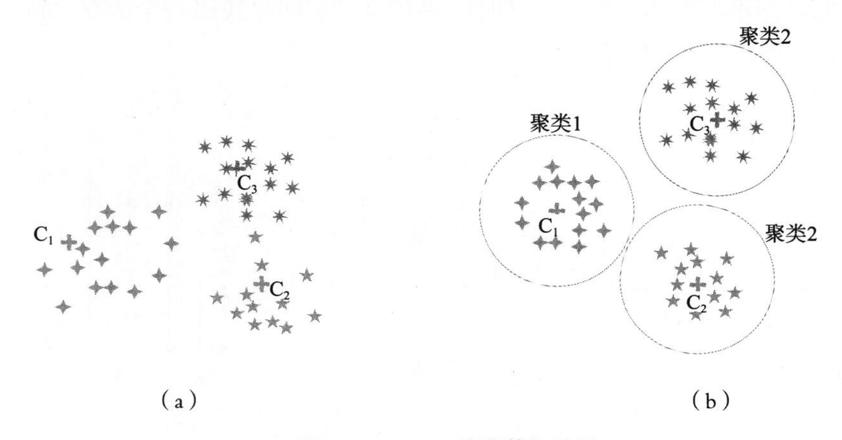

图8–8　*K*-means聚类算法示例

（a）初始状态；（b）完成聚类

（2）层次聚类（Hierarchical Cluster）算法。算法的基本原理有两种：①初始时将每个待聚类的数据样本视为一个聚类，采用合并的方式，每次合并两个“距离”最近的聚类，直到合并成一个聚类为止；②与第一种相反，初始时将所有的数据样本视为一个聚类，采用分裂的方式，当聚类形成后，所有聚类不能再合并或细分，形成聚类的树形结构。图8-9（a）所示为合并方式的层次聚类，图8-9（b）所示为分裂模式的层次聚类。

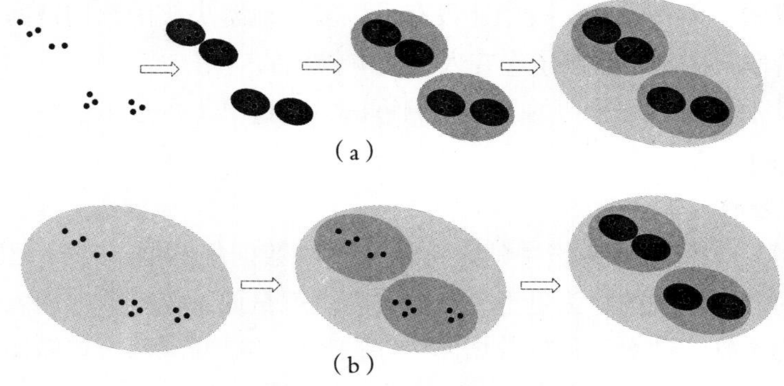

图8–9　层次聚类算法示例

层次聚类不需要预先制定聚类数目，且能够发现类的层次关系，这一特性使之非常适合于入侵检测。

在形成聚类后，通过计算样本与聚类之间的距离是否超过阈值来判断样本是否属于某个聚类。计算距离的方法也有很多，有计算样本与聚类中样本的最短距离的，也有计算平均距离的，需要权衡来确定不同的计算方法。

除了上述介绍的两类算法，还有其他一些无监督学习算法应用于入侵检测。它们都具有能够直接有效地对大规模网络数据进行分类，减少人为误差和计算量的优点。因此，随着网络中海量数据的增加，无监督机器学习算法将在入侵检测领域得到更加广泛的应用。

近年来，几乎所有的关于入侵检测的研究都在转向人工智能技术，以应对不断增加的网络安全威胁。这不仅使入侵检测过程自动化，而且还具有较高的准确性。其中基于深度学习和强化学习的入侵检测技术具有更高的检测准确率和处理效率，大幅提高入侵检测系统的性能，未来会得到越来越广泛的应用。关于深度学习和强化学习，有大量优秀的文献可以参考，本书不再深入介绍，有兴趣的读者可以自行学习。

不过，基于人工智能的入侵检测技术也存在一些需要克服的难点问题。由于行为模型的非线性特性，没有成熟的数学工具来描述和建模，造成人工智能算法通常采用经验模型，缺乏明确的数学和物理含义，这使得算法的通用性不强。所以说，尽管现有的一些研究成果在特定的测试数据集（如KDD1999、DARPA1998、DARPA1999，这些数据集年代久远，不能代表最新的入侵行为模式，较新的数据集有UNSW-NB15、CICIDS2017、CIDDS-001）上达到了较高的准确率，但在实际系统中的应用效果如何还需要进一步观察。

8.3.2　基于误用的入侵检测系统

基于误用的入侵检测是传统的入侵检测技术，也称为基于知识（Knowledge-based）或基于特征（Signature-based）的入侵检测。它是收集各种入侵行为的行为特征，根据已经掌握的入侵行为，建立入侵行为特征库。通过对行为与特征库进行对比来判断是否发生了入侵。这种方法依据已知的具体特征进行判断，准确率很高。它的缺点是规则库对系统类型的依赖度很高，不同的系统需要有不同的规则库。对于已知的攻击，它可以详细、准确地报告出攻击类型，但是无法有效检测未知的或新出现的入侵行为，所以它的特征库必须不断更新，维护工作量较大。特征库的不断扩大，也会影响入侵检测的快速性。

基于误用的入侵检测的核心就是定义入侵行为特征库，将样本与入侵行为特征库进行匹配。基于误用的入侵检测主要有三种方法：

（1）专家系统：就是建立一套规则库来描述已知的入侵行为，根据规则对审计数据进行分类。比如可以将规则定义为if-then结构。构成入侵的条件转化为if部分，发现入侵后采取的相应措施转化为then部分。

（2）模式匹配与协议分析：模式匹配就是把入侵行为的语义描述进行编码，将入侵行为特征转化为与审计记录相符合的模式，这样可以提高检测效率。协议分析则是对网络数据进行协议解码和重组，在此过程中对数据进行彻底的校验，这意味着将对每层数据进行检查，查看是否有不当的选项、违规的序列号校验和错误等，并可以发现分片、标志位、段边界等规避技术的攻击。

（3）状态建模：状态建模就是把入侵行为建模为一个行为序列，这个序列描述了系统从初始的安全状态逐步转化为入侵状态的过程。在建模时，首先确定系统的初始状态和状态转换条件，然后用状态转换图的方法表示入侵行为中的每一个状态和特征事件。比如可以利用Petric网来对入侵行为进行状态建模。

早期的入侵检测系统主要以基于误用的入侵检测系统为主。但由于基于误用的入侵检测难以发现未知的入侵行为，现在的入侵检测研究主要以基于异常的入侵检测为主。

无论是基于误用的入侵检测还是基于异常的入侵检测，入侵检测的分析方法都处于一个瓶颈期。自然科学研究中有一个基本原则叫作奥卡姆剃刀（Occam's razor）原理，即“若有多个假设与观察一致，则选择最简单的那个”。中国的老子也有类似的说法：“大道至简。”在此之上，再提炼一下，我们认为衡量一个理论或方法是否正确有效有两个准则：一个是准确性，一个是简捷性。准确性不用做太多解释，就是如果理论或方法能够根据输入条件进行预测，预测出的结果与观测结果完全相符，就符合了准确性。显然，每个科学理论或方法都应当满足准确性。对于入侵检测系统来说，如果一个方法能够准确地分辨入侵行为和正常用户行为，它就是正确的入侵检测分析方法。而简捷性就是在保证准确性的前提下，越简练越好。就比如日心说和地心说，地心说描述了非常复杂的天体运行轨道，虽然也能够与实际观测到的天体现象相符合，符合了准确性，但不符合简捷性，如图8-10所示。我们今天都知道，地心说是错误的，而将天体轨道描述为简单椭圆轨道的日心说是正确的。

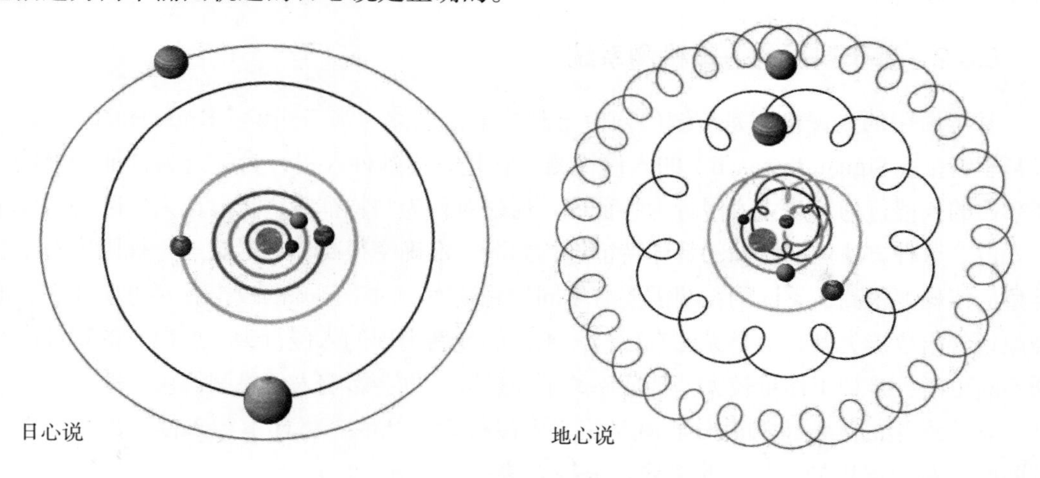

图8-10　日心说和地心说

现在的入侵检测分析方法，无论基于误用的入侵检测还是基于异常的入侵检测，其模型都日趋复杂，显然不符合奥卡姆剃刀原理。

咱们中国有个成语叫作“万变不离其宗”，就是说事物尽管形式上变化多端，其本质或目的不变。这个成语对于入侵检测非常适用。入侵行为无论它的形式多么千变万化，其目的就是要破坏系统的安全属性以获得利益。我们应当围绕这一“宗”展开研究，抛弃复杂的干扰项，科学地从各种入侵行为和手段中抽象出简捷的、全面化的规则知识，从而快速、准确地检测入侵行为。

8.4　入侵检测系统的部署方式

CIDF模型中的第二个关键组件就是事件产生器。根据事件产生器采集数据来源的不同，入侵检测系统分成了基于主机的入侵检测系统、基于网络的入侵检测系统和分布式入侵检测系统。

8.4.1　基于主机的入侵检测系统

基于主机的入侵检测系统（Host-based Intrusion Detection System，HIDS），也称为主机入侵检测系统，它的检测目标是运行于网络中的主机或主机上的用户。基于主机的入侵检测系统一般运行于网络中的重要主机、服务器、工作站或关键路由器上。在被保护的主机上运行代理程序，以主机的系统审计日志或网络流量为数据来源。其检测流程如图8-11所示。

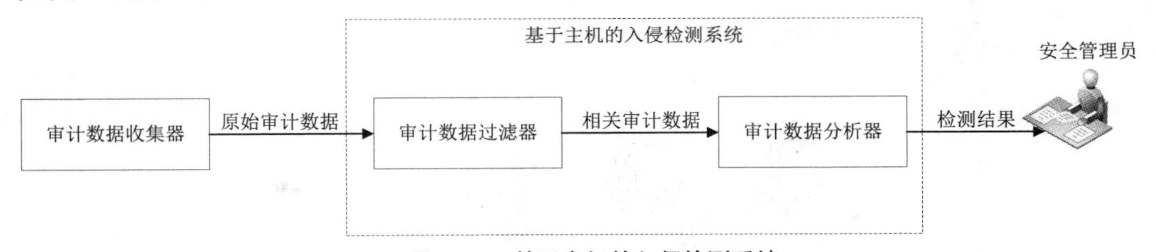

图8–11　基于主机的入侵检测系统

以网络流量为数据的主机入侵检测系统主要对试图进入该主机的网络流量进行检测，分析确定是否存在入侵行为，避免或减少这些网络数据进入主机系统后造成损害。以主机的日志为数据源的主机入侵检测系统对系统日志、文件系统、进程记录进行分析，帮助系统管理员发现入侵行为或入侵企图，及时采取补救措施。

主机入侵检测系统与网络入侵检测系统相比，能够提供更为详尽的用户操作调用信息，如用户运行了什么命令，进行了什么操作，执行了哪些系统调用，等等。主机入侵检测系统的不足之处主要有以下两种：

（1）通用性不强：不同的操作系统的日志、文件系统、进程管理机制不尽相同，必须为不同的操作系统开发不同的主机入侵检测系统。

（2）性能受限：主机入侵检测系统安装在被保护的主机上，不能够占用过多系统资源，影响主机正常业务的运行，这就大大限制了主机入侵检测系统所能采用的检测算法和处理性能。

8.4.2　基于网络的入侵检测系统

基于网络的入侵检测系统（Network Intrusion Detection System，NIDS），也称为网络入侵检测系统，以所检测网段的所有流量作为其数据源。它一般被动地在网络中监听整个网段的数据流，通过捕获数据报文进行分析。其工作流程如图8-12所示。

网络入侵检测系统的优点是：易于部署，在一个网段里只需设置一台检测设备，节省了在每台主机上安装软件的时间和成本，而且也不占用主机的运算资源；通用性也优于主机入侵检测系统，不需要为不同的操作系统开发不同的版本。其缺点是：无法发现主机中对系统资源的入侵行为；一般只能检查报头信息，无法实现对有效负载的监控，漏报率比较高。

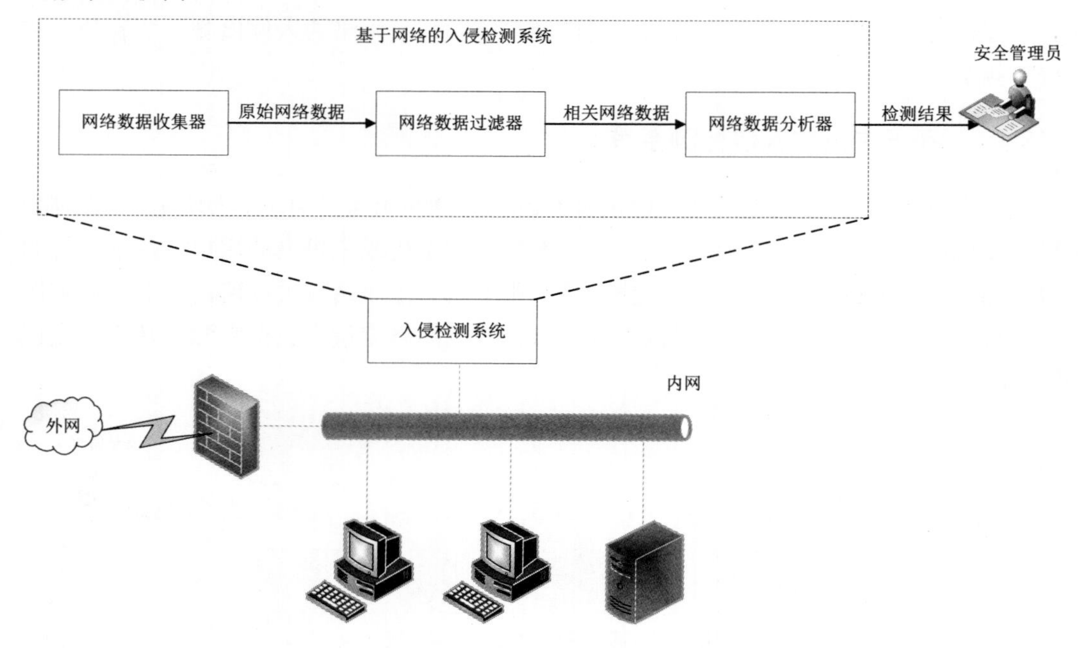

图8–12　基于网络的入侵检测系统

8.4.3　分布式入侵检测系统

由于主机入侵检测系统和网络入侵检测系统均具有明显且互补的优缺点，于是就出现了将二者结合在一起的入侵检测系统，就是分布式入侵检测系统（Distributed Intrusion Detection System，DIDS）。

现在的网络系统日趋复杂化和大型化，网络由大量不同类型的主机构成，分散的主机上存在大量不同类型的弱点或漏洞，而仅依靠一个主机或网络的入侵检测系统很难发现入侵行为。而且协作入侵行为也大量涌现，例如doorknob攻击，攻击者猜测网络中多台主机的口令。为了避免被发现，攻击者对每台主机只进行少量尝试就转入对下一主机的口令猜测。对于这类攻击的入侵检测就需要将检测数据的来源分散化。这些都使得对分布式入侵检测系统的需求越来越迫切。

分布式入侵检测由多个分布于网络中的代理完成数据收集、分析，并通过中心控制部件完成入侵检测和报警，其结构如图8-13所示。

分布式入侵检测主要包括三部分：每台被监控主机上的检测代理、网络检测代理和中央控制器。各检测代理分别与中央控制器进行通信，中央控制器通过发送控制和查询命令对代理进行配置并获得代理上的检测信息。

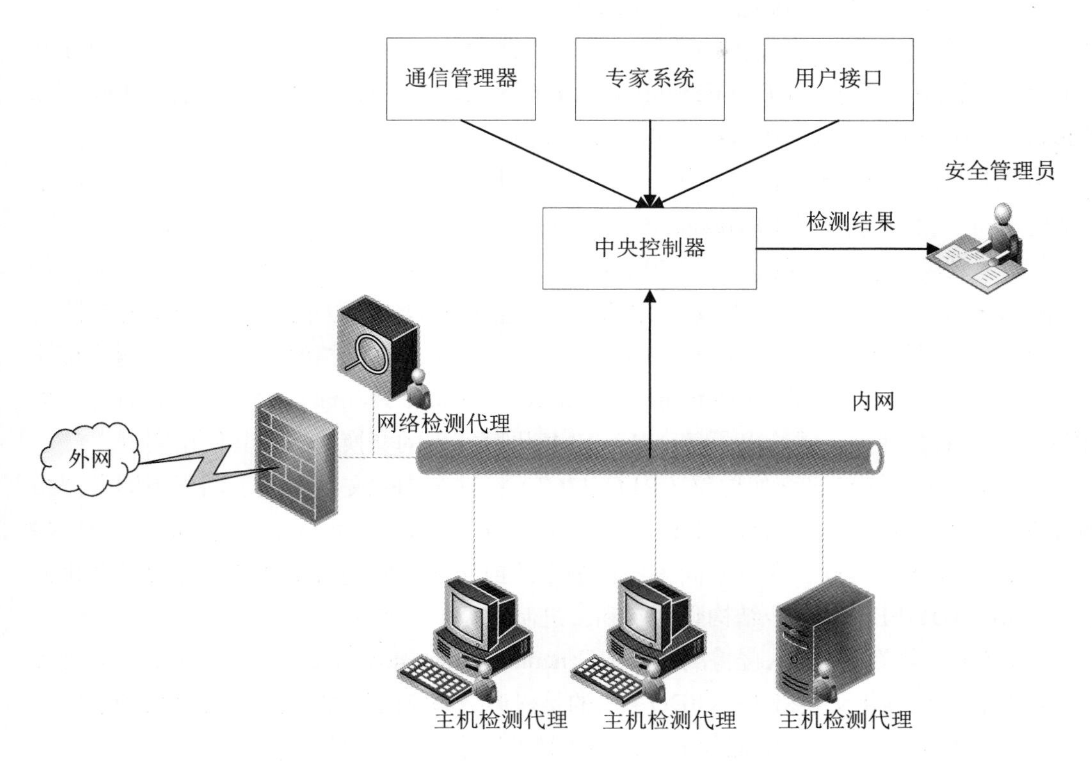

图8–13　分布式入侵检测系统结构

主机检测代理负责获取主机的审计记录，然后转换为规范统一的数据格式，进行预处理，生成报告，上传到中央控制器。中央控制器也可以给主机检测代理发送新的规则库，以提升主机检测代理的功能。

网络检测代理负责收集分析网络中的协议数据包，检测网络中的连接和流量，将异常事件发送到中央控制器。

中央控制器对各代理发来的数据进行汇总、分析，生成入侵警报，报告给安全管理员，也可以对各代理的运行状况进行监视和控制、修改代理配置。

中央控制器通常由三部分组成：通信管理器，控制整个分布式入侵检测系统中的信息流；专家系统，负责分析各代理发来的过滤后的数据，进行高层次的入侵检测分析；用户接口，主要负责给安全管理员提供友好的人机界面。

在这种结构下，分布式入侵检测系统可以进行多点监控，综合了流量、日志信息，并可以将多个主机的日志统一进行分析，更易于发现网络中的入侵行为。而且网络中的所有代理在中央控制器的控制下可以实现协同工作，一处发现入侵，全网响应，有效阻断入侵。

8.5　入侵检测交换格式

CIDF模型中的第三和第四个关键组件是事件数据库和响应单元。这两个单元涉及入侵检测信息的存储和交换，而入侵检测信息的存储和交换必须遵循标准化的格式规范。

入侵检测的响应单元如果需要与其他网络安全设备实现联动机制、不同入侵检测系统之间的互操作，也需要有标准化的入侵检测交换格式。

为此，国际上一些研究机构开展了入侵检测交换格式标准化的工作，其中国际互联网工程任务组（Internet Engineering Task Force，IETF）的入侵检测工作组（Intrusion Detection Working Group，IDWG）和CIDF影响最大。

IETF入侵检测工作组制定了三个用于增强不同系统间协同操作的标准，并于2007年公开了以下三个请求评议（Request for Comments，RFC）文档：

（1）入侵检测信息交换要求（RFC 4766）：这个RFC文档描述了入侵检测系统与相关的联动安全工具之间进行信息交互的需求，并通过一些场景说明了这些需求的必要性。

（2）入侵检测信息交换格式（RFC 4765）：这个RFC文档给出了入侵检测系统输出信息的统一格式（Intrusion Detection Message Exchange Format，IDMEF），解释了采用这种格式的合理性，并给出了一个基于XML语言实现的交换格式及其使用实例。

（3）入侵检测信息交换协议（RFC 4767）：这个RFC文档描述了用于不同入侵检测系统之间的应用层通信协议（Intrusion Detection Exchange Protocol，IDXP）。IDXP是一种面向连接的协议，支持不同入侵检测系统或实体之间的身份认证、完整性和机密性，提供了IDMEF消息、非结构化文本和二进制数据的交换手段。

CIDF则是定义了通用入侵检测对象（Generalized Intrusion Detection Objects）来实现入侵检测数据的标准化交换格式。GIDO采用的是树形结构编码的方式描述入侵检测消息。

例如，Linux系统日志中记录了一条口令猜测失败的事件如下：

Jan 18 15:17:21 nwpu123 login[1344] LOGIN_FAILED 1 from 202.117.94.64 FOR chenwu Authentication failure

相应的GDIO则表示为：

```
(Login
 (Outcome
   (ReturnCode ACTION_FAILED)
 )
 (When
   (BeginTime Jan 18 15:17:21)
 )
(Initiator
  (IPV4Address 202.117.94.64)
(Username chenwu)
)
(Receiver
  (Hostname nwpu123)
)
)
```

具体的入侵检测交换格式内容过于细节化，这里就不再展开叙述。

标准化的入侵检测交换格式为不同的网络安全设备安全功能之间的融合联动提供了可能。当发生重要安全事件或风险在内部传播时，可通过联动机制，调用不同的安全设备实现对入侵行为的阻断、控制，避免损失扩大化。可以有效应对当前所面临的复杂的安全形势，实现预测、防御、检测、响应等多个维度的网络安全，是未来网络安全技术的一个重要发展方向。

8.6　入侵防御系统

8.6.1　入侵防御系统的概念

入侵防御系统（Intrusion Prevention System，IPS）是一种在入侵检测系统之上发展而来的集成了主动防御思想的网络安全产品。入侵防御系统与入侵检测系统相比，它不是对检测到的恶意行为发出警报，而是主动将攻击报文丢弃，或阻断攻击数据流。

入侵防御系统的工作原理如图8-14所示。入侵防御系统由信息收集器采集入侵相关信息，包括系统、网络、用户、进程的状态和行为。信息来源和入侵检测系统一样，都是系统日志、数据报文、文件或目录的改变、物理接入等。然后，入侵防御系统对数据进行分析，给出分析结论。响应模块根据分析模块的分析结论采取相应的动作。如果是入侵行为，则丢弃攻击报文，并阻断攻击连接。

由此可以看出，入侵防御系统与入侵检测系统的区别在于入侵防御系统能够自动拦截攻击行为。入侵防御系统必须设置相关策略，以对入侵行为做出自动响应，而不是仅仅向管理员发出警报。

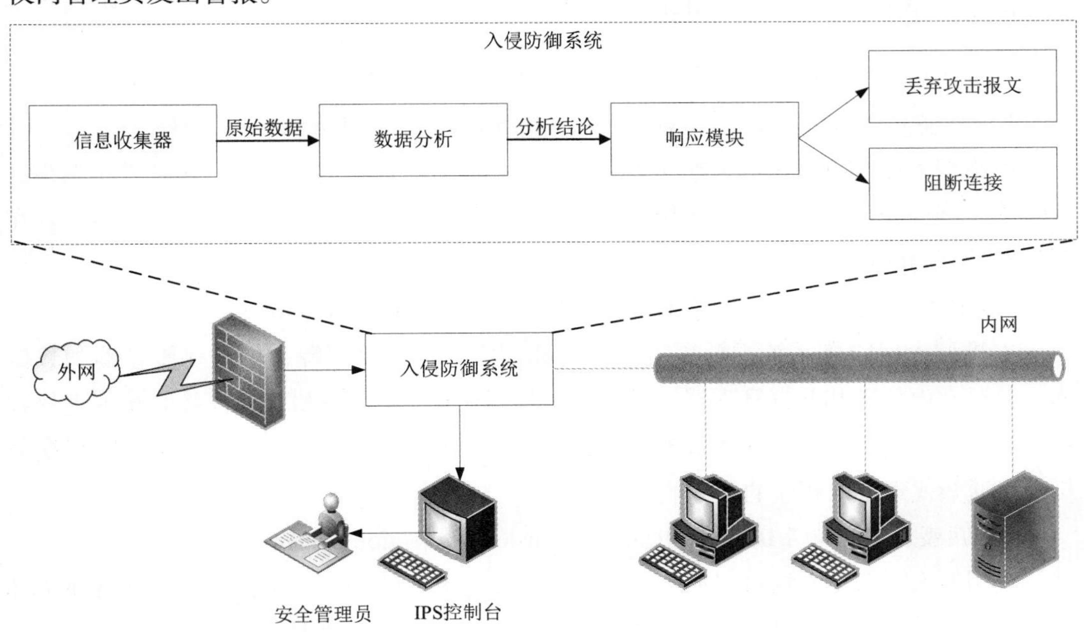

图8-14　入侵防御系统

8.6.2　入侵防御系统关键技术

入侵防御系统要对入侵行为自动响应就涉及主动防御技术、安全联动技术和硬件加速技术。

1.主动防御技术

主动防御技术就是对整个网络系统或整个计算机系统进行实时监控，实施全面强制性保护，快速捕获流量变化、进程访问和文件变化信息，禁止一切可疑的流量和行为。主动防御不但可以识别已知的攻击行为，也可以防范未知的攻击行为。

2.安全联动技术

入侵防御系统要自动阻断连接就必须与防火墙实现联动机制。有两种方法实现联动。一种方法是防火墙和入侵防御系统各开放一个端口与对方进行通信和协作。入侵防御系统检测到入侵行为后，将分析结果和动作以标准的入侵检测信息交换格式进行封装，通知防火墙采取相应的动作。另一种方法是密集集成方式，即将入侵防御系统与防火墙集成到同一个硬件平台上，在统一的操作系统管理下运行。通过该平台的所有流量同时受到防火墙和入侵防御系统的检查，在发现攻击的同时即可阻断连接。

3.硬件加速技术

现代的网络信息系统中的流量越来越大，入侵防御系统必须具备线速的处理速度，才能对百兆、甚至千兆的网络流量进行深度的检测和阻断。仅依赖软件处理是无法满足要求的，必须采用专用的硬件加速技术来提高入侵防御系统的处理效率。

8.6.3　入侵防御系统的分类

入侵防御系统根据其部署方式的不同可以分为3种类型。

1.网络型入侵防御系统（Network based Intrusion Prevention System, NIPS）

网络型入侵防御系统部署在防火墙之后，在网关处保护内部网络。所有进出网络的流量均受到检查，实现了实时防御功能。这种入侵防御系统要求处理速度足够高，存在漏报率较高的弱点。

2.主机型入侵防御系统（Host based Intrusion Prevention System, NIPS）

主机型入侵防御系统主要用于保护内部网络中的重要资源，如重要服务器和数据库。其通常由代理和数据管理器构成。代理驻留在被保护的主机上，监控系统的进程调用和文件变化信息，将捕获的数据报告给数据管理器。数据管理器分析数据，并根据分析结果通知代理采取相应的入侵响应操作。

3.应用型入侵防御系统（Application Intrusion Prevention System, AIPS）

应用型入侵防御系统可以认为是网络型入侵防御系统的一个特例，它不部署在防火墙之后，而是部署在关键服务器或关键主机之前，位于应用数据的网络链路上，用于保护关键的应用服务。

8.7　其他安全检测工具

除了入侵检测系统和入侵防御系统外，另外两种常用的安全检测工具就是防病毒软件和安全扫描工具。

8.7.1　防病毒软件

防病毒软件也称为杀毒软件，可以说是资格最老的信息安全产品了。

要了解防病毒软件必须先了解一下什么是病毒。根据《中华人民共和国计算机信息系统安全保护条例》中的说明，“计算机病毒，是指编制或者在计算机程序中插入的破坏计算机功能或者毁坏数据，影响计算机使用，并能自我复制的一组计算机指令或者程序代码”。这是正式的定义，而实际中，我们将所有对计算机造成危害的程序都归为病毒。病毒一直处于一个不断发展的过程中。到目前为止，主要有6种病毒。

1.传统病毒

这是指通过感染程序或扇区进行复制和传播的病毒，主要有感染可执行文件的文件型病毒和感染引导扇区的引导型病毒。

2.宏病毒

这是指利用微软公司的Word或Excel的宏脚本进行传播的病毒。

3.恶意脚本

这是指具体破坏功能的脚本程序，包括HTML脚本、JavaScript脚本等，通过浏览网页传播。

4.木马、黑客程序

木马是伪装成正常程序的恶意程序，具有破坏和删除文件、发送密码、记录键盘和控制主机进行DoS攻击等功能，其本质上是一个计算机的远程控制程序的服务器端。而黑客程序是远程控制程序客户端。二者的其他区别还有：木马病毒其前缀是“Trojan”，黑客病毒前缀一般为“Hack”。木马是伪装成正常程序隐藏起来的，隐藏在后台，没有界面无法配置，位于被控制的计算机中；黑客程序具有用户界面，对其他计算机进行远程控制，对使用者本身的机器没有损害。

5.蠕虫程序

蠕虫程序是一种不需要宿主程序，不用用户介入操作也能自我复制或运行的恶意代码。蠕虫程序常驻于一台或多台计算机内存中，不断扫描同网内其他计算机是否已被同样的蠕虫感染，如果没有，则将其传播到其他计算机。蠕虫程序通常采用垃圾邮件、漏洞这两种方法来进行传播。蠕虫已经成为了危害性最大的病毒，造成巨大影响的熊猫烧香和勒索病毒（WannaCry）都是蠕虫病毒。

6.破坏性程序

这是指诱惑用户点击，当用户点击时，会对计算机产生破坏的病毒。其前缀是Harm，如格式化C盘（Harm.formatC.f）、杀手命令（Harm.Command.Killer）等病毒。

根据中国国家计算机病毒应急处理中心发表的报告统计，占近45%的病毒是木马程序，蠕虫占病毒总数的25%以上，占15%以上的是脚本病毒，其余的病毒类型分别是文件型病毒、破坏性程序和宏病毒。

如果将计算机病毒比作是矛的话，防病毒软件就是盾。最早的防病毒软件是在1989年诞生的McAfee。防病毒软件杀毒需要实现三个基本功能：

- 防范病毒：采取适当的措施，防止病毒感染目标计算机。
- 发现病毒：通过分析和扫描特定的环境，能够发现计算机是否被感染，并能够准确报出病毒的名称及被感染的宿主。
- 清除病毒：对被感染的对象进行恢复，消除病毒对感染对象所做的修改。恢复过程不能修改未被感染的部分。感染的对象可能是内存、系统引导区、可执行文件、文档文件等。

分析上述三个基本功能，可以发现防病毒软件的核心技术包括病毒的检测和消除两种。目前，主要的病毒检测和消除技术有以下5种。

1.特征码扫描

通过分析，抽取文件内部的一段或者几段可以与一个病毒唯一匹配的特征代码，列入特征代码库。特征代码比较特殊，不大可能与普通正常程序代码吻合；抽取的代码不宜过长，也不宜过短，一方面保证特征代码的唯一性，另一方面保证病毒扫描时不要有太大的空间与时间的开销。扫描目标计算机时，如果发现扫描信息与病毒特征库的任何一个病毒特征符合，杀毒软件就会判断此文件被病毒感染。

2.校验和法

在初次安装防病毒软件时，计算文件的校验和，并将校验和写入文件中或保存在特定空间。定期或在每次使用文件前，重新计算校验和，与存储的校验和进行比对，如果发生了变化就认为受到了病毒感染。文件校验和法可以弥补特征码的弱点，也就是能发现未知的病毒。

3.行为检测法

通过对病毒的长期分析和观察，找出一些病毒特有的共同行为。这些行为在正常程序中较为罕见。程序运行的时候，进行监视，发现程序具有这些行为，就可以认定为感染了病毒。

4.虚拟机技术

这里的虚拟机和以VMWare为代表的虚拟机不同，它也被称为通用解密器，也叫启发式查杀技术。它的提出是由于大部分的病毒及木马都会加密加壳，所以在未激活的状态下杀毒软件是无法进行扫描的。通过虚拟机技术在计算机中创建一个模拟的完整的软硬件系统环境，并且与真实计算机完全隔离。将病毒在虚拟环境中激活，根据其行为特征，从而判断是否是病毒。

5.实时监控技术

虽然实时监控这并不是什么新技术，但依然是一种比较主流的防病毒技术，它其实就是一个文件监控器，在文件进行打开、关闭、清除、写入等操作时检查文件是否携带病毒。

病毒技术不断发展，防病毒技术也日新月异，不断地有新技术出现，如云查杀、机器识别技术等等。

8.7.2　安全扫描

安全扫描就是手工或使用特定的扫描工具对目标系统进行风险评估，找出其可能存在的安全脆弱点，使网络安全管理员能够尽早发现系统中可能存在的漏洞，客观评估风险，及时修补不恰当的配置和漏洞。防火墙、入侵检测都属于攻击发生后或发生过程中的被动安全措施，安全扫描则是在发生攻击前的一种主动安全措施。

安全扫描工具具有双面性，它既可以被网络安全管理员使用，发现系统漏洞，及时修补，提高系统安全性；也可以被攻击者使用，用来进行踩点，发现网络中具有安全漏洞的主机，实施入侵。

安全扫描包括主机安全扫描和网络安全扫描两类。主机扫描是对已知的特定主机，进行端口开放扫描、访问控制扫描、漏洞扫描、弱口令扫描、目录和文件权限扫描、共享文件系统扫描、软件及系统漏洞扫描等。网络安全扫描则是通过对远程目标主机执行一系列脚本文件，模拟攻击的行为并记录主机的反应，从而发现其中的漏洞。网络安全扫描的对象可以是网络中的设备和整个网段。本小节主要介绍网络安全扫描工具。

网络安全扫描在实施时的操作步骤如下：

第一步：发现目标网络和目标主机。主要采用Ping扫描（Ping Sweep）技术，探测目标网络的主机是否存活。

第二步：进一步搜集目标主机的信息，包括目标主机的操作系统类型和版本、开放的端口、运行的服务、服务软件的版本，目标网络的拓扑结构、路由设备、路由协议等等。主要采用操作系统探测（Operating System Identification）工具和端口扫描（Port Scan）工具来实施。

第三步：根据搜集到的信息判断目标网络或目标主机是否存在安全漏洞。这主要基于漏洞扫描（Vulnerability Scan）工具来实现。

上述三个步骤所涉及的工具中，端口扫描和漏洞扫描是网络安全扫描工具的核心工具。

1.端口扫描

端口扫描工具的目的是探测目标主机的端口开放状态。方法是向目标主机发送探测包，记录目标主机的响应。根据响应的情况来判断服务端口是否打开。端口扫描也可以通过记录或捕获目标网络流入流出的数据报文来监视目标系统端口开放情况。根据利用的TCP三次握手中不同特点，端口扫描又细分为全连接扫描、半连接扫描和秘密扫描。

（1）全连接扫描：现有的全连接扫描有TCP Connect扫描。TCP Connect扫描就是完整地执行一次TCP三次握手过程（对应的Socket套接字是Connect，所以叫TCP Connect扫描），如果端口是开放的，握手成功，否则就是端口没有开放，如图8-15所示。

（2）半连接扫描：也称为开放扫描。与TCP Connect扫描不同，半连接扫描不用完成一个完整的三次握手过程，如果第一次握手的SYN包收到了回复，就表明对方端口是开放的，不需要再进行第三次握手，扫描方可以直接发送RST消息复位连接，如图8-16所示。读者可以比较一下与图8-15的区别。

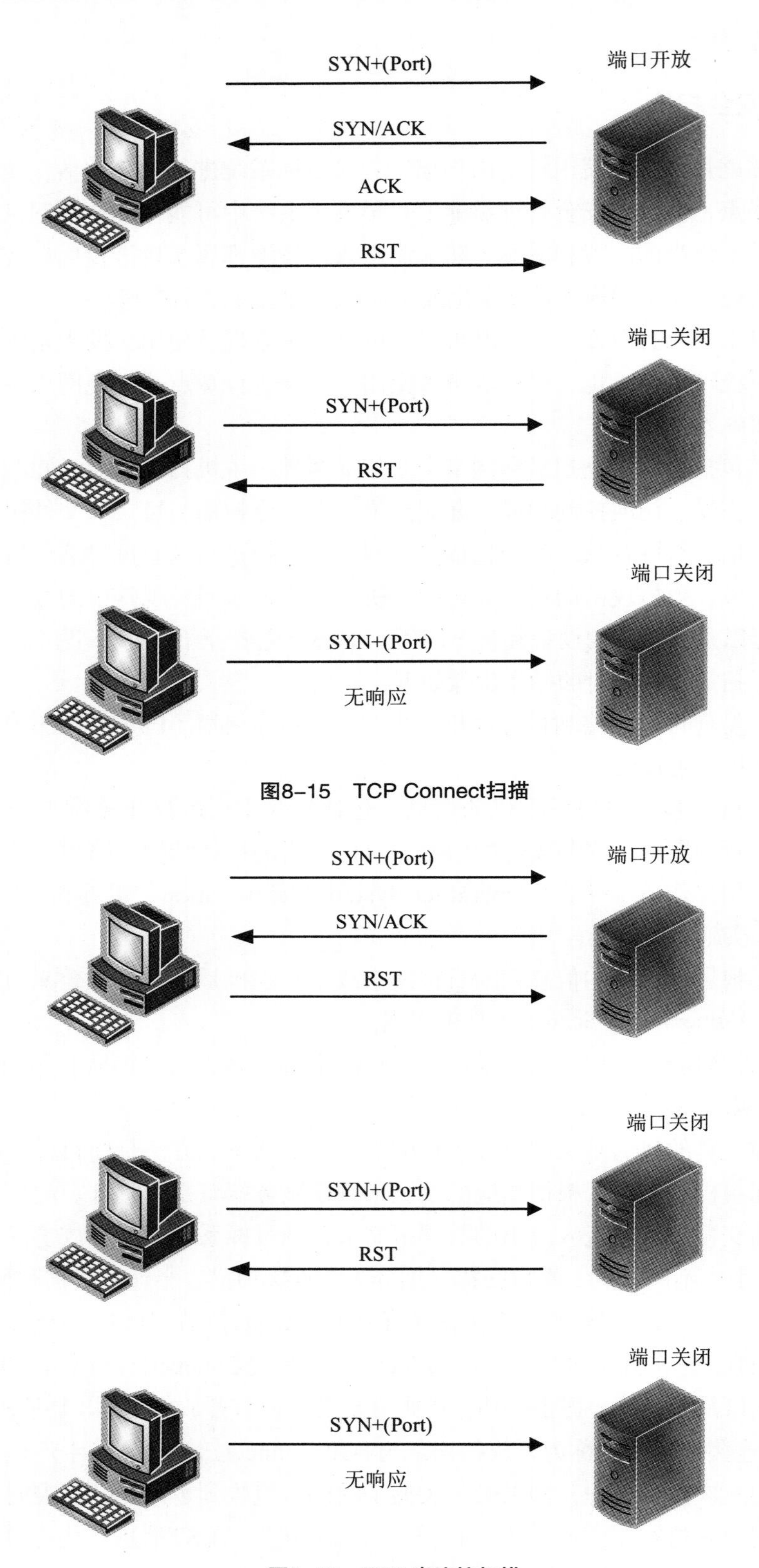

图8-15　TCP Connect扫描

图8-16　TCP 半连接扫描

（3）秘密扫描：之所以叫作秘密扫描是因为这类扫描可以避开IDS、防火墙、包过滤器和日志审计，获取目标端口的开放信息。它并没有进行TCP 三次握手协议过程，比半连接扫描更为隐蔽。比如TCP FIN扫描，它直接发送一个释放连接的FIN报文，如果端口是关闭的，则会收到一个RST报文，如果端口是开放的，则丢弃该报文，没有任何响应，如图8-17所示。基于同样原理的还有TCP Xmas扫描、TCP Null扫描、ACK扫描，它们都是发送一个不合规的报文，通过是否收到RST消息来判断端口是否开放。比如TCP Xmas扫描就是将TCP 报文头FIN、URG 和 PUSH均置位，像点亮圣诞树一样，是一个明显不合规的TCP报文，如果端口关闭，会收到RST报文。关于TCP Null扫描、ACK扫描，读者可以查阅相关文献，这里不再赘述。

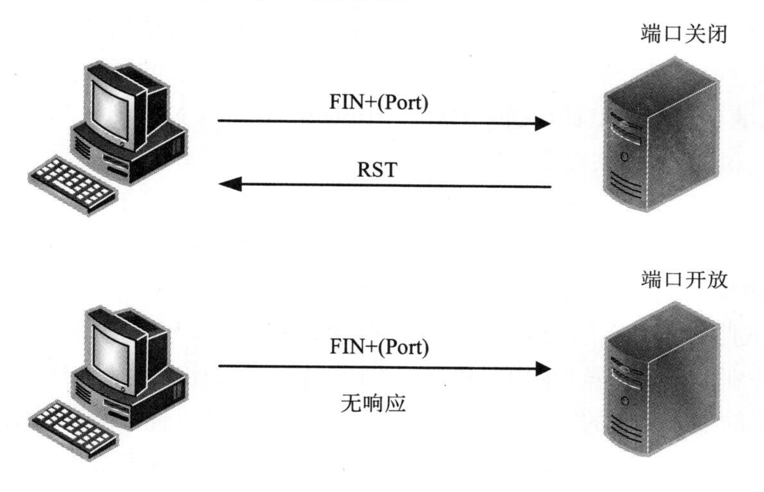

图8–17　TCP FIN扫描

上述端口均针对TCP协议端口。对于UDP协议，由于没有三次握手过程，只能采用其他的方法来探测UDP端口是否开放。一个可行的方法是利用ICMP协议。根据ICMP协议的规定，向一个未开放的UDP发送数据时，目标主机会回复一个端口不可达消息（ICMP_Port_Unreachable），所以可以向被扫描的UDP端口发送长度为0的数据报，能够收到端口不可达消息的就是未开放端口，否则就是开放端口，如图8-18所示。

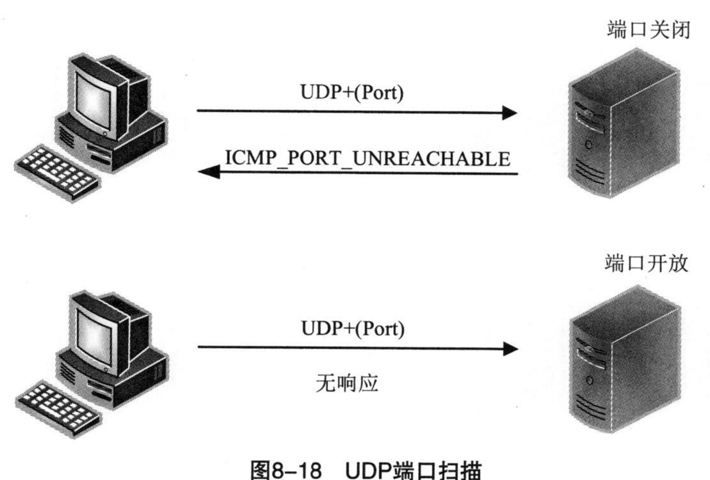

图8–18　UDP端口扫描

2.漏洞扫描

端口扫描结束后，就要对开放的端口进行扫描，检查目标主机是否存在可被利用的漏洞。漏洞扫描通过以下两种方法来发现目标主机开放的端口是否存在漏洞。

第一种方法是在端口扫描结束后，将开放端口，以及开放端口所对应的服务对探测报文返回的消息与漏洞库进行匹配，查看是否有匹配的漏洞存在。比如，我们可以根据返回的报文中的TTL字段内容判断目标主机的操作系统类型。已知Windows 系统的TTL值初始值设定为128，Linux 系统的TTL值初始值设定为64或255，再考虑转发次数，基本可以确定目标主机的操作系统类型。在这种方法中，漏洞数据库的完备性以及匹配算法决定了漏洞扫描工具的性能。

第二种方法则是通过模拟黑客攻击，对目标系统进行攻击性扫描。如果攻击成功，则意味着目标主机或目标系统存在漏洞。通常我们会利用专业的漏洞扫描工具来完成这项工作。知名的漏洞扫描工具有OpenVAS、Tripwire IP360、Nessus漏洞扫描器等。当然也可以自行设计攻击脚本来完成这项工作。

习题

8.1 请说明什么是CIDF模型，并说明各组成部分的功能。

8.2 请分别描述基于主机的IDS和基于网络的IDS，并比较它们的优缺点。

8.3 请分别描述基于异常的IDS和基于误用的IDS，并比较它们的优缺点。

8.4 常用的基于异常的IDS的检测方法有哪些？请选择三种方法进行说明。

8.5 常用的基于误用的IDS的检测方法有哪些？请选择两种方法进行说明。

8.6 入侵防御系统带来的优势有哪些？

8.7 什么是计算机病毒？计算机病毒都有哪些种类？

8.8 有哪些方法可以实现端口扫描？

8.9 UDP协议的端口扫描与TCP协议的端口扫描有什么区别？

8.10 什么是秘密扫描？它的工作原理是什么？

8.11 请基于snort配置实现一个入侵检测系统。

第九章 安全响应

《礼记·中庸》中有句大家耳熟能详的话："凡事豫则立，不豫则废。" 意思是：做任何事情，事前有充分的准备就可以成功，否则就会失败。但是，现实世界中的事物往往具有很大的不确定性，要做到详尽的计划是有相当难度的。毛泽东在《论持久战》中也引用了这句话："'凡事预则立，不预则废'，没有事先的计划和准备，就不能获得战争的胜利。"但他同时强调："由于战争所特有的不确实性，实现计划性于战争，较之实现计划性于别的事业，是要困难得多的。"也强调了事件的不确定性。那么，是不是就无法制订周密的计划了呢。答案是否定的。毛泽东在《论持久战》的同一节还讲到："战争没有绝对的确实性，但不是没有某种程度的相对的确实性。我之一方是比较地确实的。敌之一方很不确实，但也有朕兆可寻，有端倪可察，有前后现象可供思索。这就构成了所谓某种程度的相对的确实性，战争的计划性就有了客观基础。"

这些道理同样适用于网络安全。网络安全中的不确定性表现在攻击的形式是千变万化的，攻击者的角色是不同的，我方的系统具有各种不同类型的漏洞。网络安全中的确定性表现在：没有100%的安全，任何安全措施都是有可能失效的，有人为的原因，也有自然的原因；有内部的原因，也有外部的原因。因此，网络安全的"豫"就在于制订周密完善的安全响应预案，在发生网络安全措施失效的情况下，迅速恢复到正常工作状态，保证业务的连续性，即保证系统的可用性。制订出周密的安全响应预案是完全可能的，因为"我之一方是比较地确实的"，作为防守方，我们明确知道哪些关键环节是需要重点保护的，哪些部件对于快速恢复业务是重要的。要强调的是，如果没有做到周密完善的安全响应预案，就是"不豫"，可能会造成不可估量的损失。

一个现实的实例就是华为和中兴的芯片断供事件。华为早早就启动了"备胎"计划，所以在2019年发生美国断供事件时，可以做到在极端情况下，公司经营不受大的影响。反观2018年的中兴事件，由于没有提前做好充足的应对准备，中兴元气大伤，2018年上半年巨额亏损了78亿元。

安全响应系统就是整个网络安全体系的"备胎"，对于保护网络信息系统业务的连续，乃至于保护国家的第五空间主权安全都是至关重要的。

9.1 安全响应的必要性

从防御的角度讲，安全响应包括灾难恢复和网络取证两个主要功能系统。灾难恢复是指信息系统在受到自然或人为的损害后，重新启用或还原信息系统的数据、硬件及软件设备，使系统恢复正常商业运作的过程。它涉及对关键性业务数据、流程的记录、备份和保护。网络取证是指通过技术手段，提取网络犯罪过程中在多个数据源遗留下来的日志等电子证据，形成证据链，并依此对网络犯罪行为进行调查、分析、识别，并应用于法律诉讼的过程。灾难恢复和网络取证的必要性如下：

（1）对于任何网络系统而言，它们都始终处于一个不确定的对抗环境中，新的攻击不断涌现，不存在100%安全的网络系统，即使网络没有被攻击者攻破，也有可能受到自然灾难的影响而瘫痪。网络系统一旦瘫痪，运行于网络上的信息系统的业务必然会中断。根据Infrascale在2014—2015年度的灾难恢复统计数据，1小时的停机时间可能引发的成本损失如下：小企业8 000美元、中型公司74 000美元、大企业700 000美元。可见灾难恢复对于保证企业业务的连续性，避免不必要的损失是绝对必要的。比如位于世贸大楼37层的摩根斯坦利证券公司，在911事件中，公司的所有文件资料随着世贸中心双子塔的倒塌而损毁。但是摩根斯坦利证券公司半小时之内就在其灾难备份中心建立了第二办公室，第二天就恢复了全部业务，可谓灾难恢复的典范。与之相反，纽约银行（Bank of New York）在数据中心全毁，通信线路中断后，缺乏灾难恢复方案，在一个月后不得不关闭一些分支机构，数月后不得不破产清盘。由此可见灾难恢复的重要性和必要性。

（2）虽然操作系统、防火墙、入侵检测系统的日志系统均提供了取证功能，然而，一个专门的取证系统依然是必要的。因为网络取证必须具有两个功能，一是可以形成对攻击者的威慑力，二是形成可以用于提起诉讼的法律证据。这就要求取证系统能够形成电子证据。电子证据与普通证据一样，需要具有如下属性：可信性、准确性、完整性、符合法律规定且能证明攻击事实的，是法庭所能够接受的。电子数据证据的自身的数字化特点，又决定了对网络取证系统的要求应当有别于针对传统证据。网络取证尤其需要关注和解决电子数据的收集、保护、分析和举证等问题。最重要的一点是，如果要形成证据，必须保证电子证据不存在被取舍、篡改的嫌疑。而网络受攻击方一般都是具有利害关系的主体，它不可避免地会在整个网络安全体系中成为直接的取证主体。但是利害相关方取证又难以满足法律证据的要求。为了形成对攻击者的威慑力，必须保证已经形成法律证据的电子证据不被篡改。因此，一个专业的取证系统是必需的。

9.2 灾难恢复技术

要了解灾难恢复，首先要明确什么是网络信息系统中的灾难。根据国标《信息安全技术　信息系统灾难恢复规范》（GB/T 20988—2007）中的定义，灾难是指由于人为或自然的原因，造成信息系统严重故障或瘫痪，使信息系统支持的业务功能停顿或服务水平不可接受、达到特定的时间的突发性事件。可能的灾难事件有应用程序故障、虚拟机故障、主机故障、机架故障、通信故障、数据中心灾难、建筑物或园区灾难、跨地区或跨国性灾难等等。

灾难恢复则是指为了将信息系统从灾难造成的故障或瘫痪状态恢复到可正常运行状态、并将其支持的业务功能从灾难造成的不正常状态恢复到可接受状态，而设计的活动和流程。

人们通常容易将灾难恢复和数据备份等同起来。认为灾难恢复就是在发生灾难后，将备份的数据拷贝回来，恢复系统的运行就可以了。这种想法显然是过于简单了，灾难恢复要做的工作要比数据拷贝恢复多得多。灾难恢复有两个恢复目标：恢复点目标（Recovery Point Objective, RPO）和恢复时间目标（Recovery Time Objective, RTO）。

《信息安全技术　信息系统灾难恢复规范》给出的恢复点目标定义为：在灾难发生后，系统和数据必须恢复到的时间点要求。通俗点的解释就是，为了保证业务连续，灾难恢复必须保证在灾难发生后，系统能够恢复到灾难发生前某个时间点的工作状态，如图9-1所示。

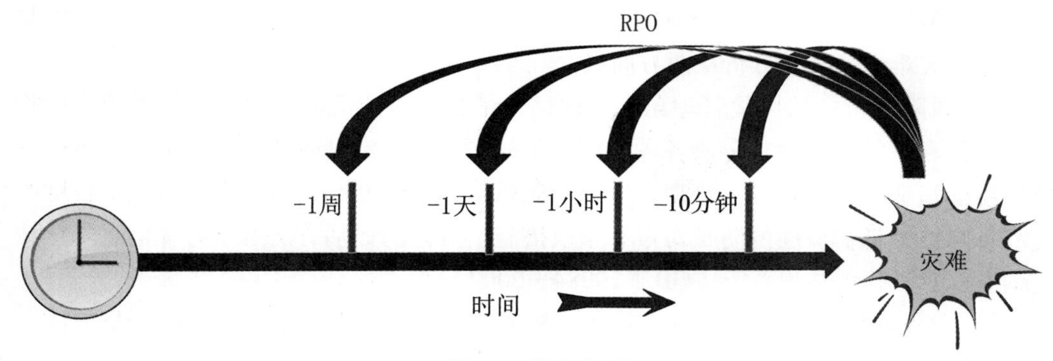

图9-1　恢复点目标

恢复点目标有点类似于VMWare虚拟机中的快照，使用者可以按照时间进度生成不同的快照。当发生故障需要回退时，就载入相应时间快照。RPO决定了系统的最低备份频率，如果组织机构的RPO是4小时，则必须4小时备份一次数据。

《信息安全技术　信息系统灾难恢复规范》给出的恢复时间目标定义为：灾难发生后，信息系统或业务功能从停顿到必须恢复的时间要求，如图9-2所示。也就是灾难发生后，组织机构从备份恢复文件以继续正常运行的最长耗时，是组织机构可承受的最长业务中断时间，或者说是必须在多长时间内恢复业务。如果组织机构的RTO 是2小时，那么业务就不能中断 2 小时以上。

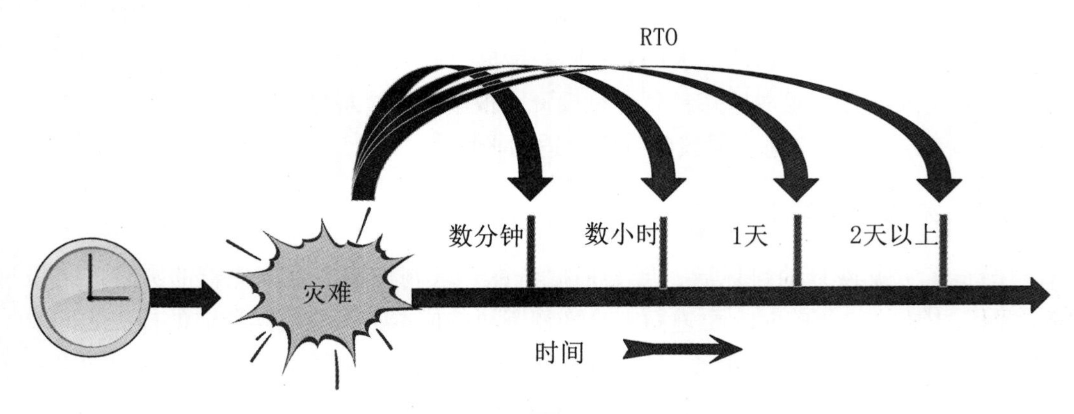

图9-2　恢复时间目标

灾难恢复和普通数据备份的区别在于，数据备份是灾难恢复的重要支撑技术。灾难恢复需要在满足恢复点目标和恢复时间目标的前提下，实现系统备份。系统备份除了包括普通的数据备份外，还包括操作系统备份、应用程序备份、数据库系统备份、用户配置备份、系统参数备份，以便需要时迅速恢复整个系统。而且灾难恢复的备份不是简单的备份，而是备份加管理。管理包括备份的可计划性、备份介质的自动化操作、历史记录的保存，以及日志记录等。正是有了这些先进的管理功能，在灾难发生后恢复数据时才能掌握系统信息和历史记录，使备份真正满足恢复点目标和恢复时间目标。

9.2.1 灾难恢复需求分析

灾难恢复的第一步一般是分析灾难恢复的需求，确定灾难恢复的恢复点目标和恢复时间目标。灾难恢复需求分析从两方面展开。

（1）风险分析：从风险管理角度，评估出信息系统的价值，识别信息系统所面临的威胁及其存在的脆弱性，分析各种威胁发生的可能性，定量或定性地评估安全事件一旦发生可能造成的危害程度，依据防范或控制风险的可行性和残余风险的可接受程度，确定有针对性地抵御威胁的防护对策和整改措施。具体的评估方法可参考《信息安全技术　信息安全风险评估规范》（GB/T 20984—2007）。

（2）业务影响分析：对各项业务进行相关性分析，采用定量或定性的分析方法，评估灾难所造成中断对业务的影响：

- 定量分析：以量化方法，评估业务中断可能给组织机构带来的直接的经济损失及间接的经济损失。
- 定性分析：运用归纳与演绎、分析与综合以及抽象与概括等方法，评估业务中断可能给组织机构带来的非经济损失，如对组织机构的声誉、顾客的忠诚度的影响等。

灾难恢复需求分析的最后一步是根据风险分析和业务影响分析的结果，确定灾难恢复目标，包括：关键业务功能恢复及恢复的优先顺序；灾难恢复时间范围，即 RTO 和 RPO 的范围。

RTO主要考验数据中心发生故障时，业务切换到容灾备份系统的能力；RPO主要考验数据中心的数据备份能力，尤其是当数据中心发生故障时，仍要具备一定的数据备份能力。要注意，不能一味地追求RTO和RPO指标，因为这两个指标要求越高，相应的灾难恢复的投入越大，成本越高，会导致投资回报率降低。最佳的解决方案是在RTO、RPO、成本三方面综合考虑，寻找到一个合适的平衡点。

9.2.2 灾难恢复策略

在确定了灾难恢复的目标后，就要根据目标要求制订相应合理完善的灾难恢复策略。在制订灾难恢复策略时，要遵循灾难恢复资源的成本与风险可能造成的损失之间取得平衡的原则，针对不同的业务，分数据备份系统、备用数据处理系统、备用网络系统、备用基础设施、专业技术支持能力、远程维护管理能力、灾难恢复预案7个要素，制订不同的灾难恢复策略。具体的策略可以参考《信息系统灾难恢复规范》（GB/T

20988—2007）的灾难恢复能力等级来制订。该标准灾难恢复能力分为6个级别，从最低的第1级（基本支持）到最高的第6级（数据零丢失和远程集群支持）的规范见表9-1~表9-6。

表9-1 第1级基本支持

要　素	要　求
数据备份系统	a）完全数据备份至少每周一次； b）备份介质场外存放
备用数据处理系统	不作要求
备用网络系统	不作要求
备用基础设施	有符合介质存放条件的场地
专业技术支持能力	不作要求
运行维护管理能力	a）有介质存取、验证和转储管理制度； b）按介质特性对备份数据进行定期的有效性验证
灾难恢复预案	有相应的经过完整测试和演练的灾难恢复预案

表9-2 第2级备用场地支持

要　素	要　求
数据备份系统	a）完全数据备份至少每天一次； b）备份介质场外存放
备用数据处理系统	配备灾难恢复所需的部分数据处理设备，或灾难发生后能在预定时间内调配所需的数据处理设备到备用场地
备用网络系统	配备部分通信线路和相应的网络设备，或灾难发生后能在预定时间内调配所需的通信线路和网络设备到备用场地
备用基础设施	a）有符合介质存放条件的场地； b）有满足信息系统和关键业务功能恢复运作要求的场地
专业技术支持能力	不作要求
运行维护管理能力	a）有介质存取、验证和转储管理制度； b）按介质特性对备份数据进行定期的有效性验证； c）有备用站点管理制度； d）与相关厂商有符合灾难恢复时间要求的紧急供货协议； e）与相关运营商有符合灾难恢复时间要求的备用通信线路协议
灾难恢复预案	有相应的经过完整测试和演练的灾难恢复预案

表9-3 第3级电子传输和部分设备支持

要　素	要　求
数据备份系统	a）完全数据备份至少每天一次； b）备份介质场外存放； c）每天多次利用通信网络将关键数据定时批量传送至备用场地
备用数据处理系统	配备灾难恢复所需的部分数据处理设备
备用网络系统	配备部分通信线路和相应的网络设备
备用基础设施	a）有符合介质存放条件的场地； b）有满足信息系统和关键业务功能恢复运作要求的场地
专业技术支持能力	在灾难备份中心有专职的计算机机房运行管理人员
运行维护管理能力	a）按介质特性对备份数据进行定期的有效性验证； b）有介质存取、验证和转储管理制度； c）有备用计算机机房管理制度； d）有备用数据处理设备硬件维护管理制度； e）有电子传输数据备份系统运行管理制度
灾难恢复预案	有相应的经过完整测试和演练的灾难恢复预案

表9-4　第4级电子传输及完整设备支持

要　素	要　求
数据备份系统	a）完全数据备份至少每天一次； b）备份介质场外存放； c）每天多次利用通信网络将关键数据定时批量传送至备用场地
备用数据处理系统	配备灾难恢复所需的全部数据处理设备，并处于就绪状态或运行状态
备用网络系统	a）配备灾难恢复所需的通信线路； b）配备灾难恢复所需的网络设备，并处于就绪状态
备用基础设施	c）有符合介质存放条件的场地； d）有符合备用数据处理系统和备用网络设备运行要求的场地； e）有满足关键业务功能恢复运作要求的场地； f）以上场地应保持7×24小时运作
专业技术支持能力	在灾难备份中心有专职的下述人员： a）7×24 小时计算机机房管理人员； b）数据备份技术支持人员； c）硬件、网络技术支持人员
运行维护管理能力	a）有介质存取、验证和转储管理制度； b）按介质特性对备份数据进行定期的有效性验证； c）有备用计算机机房运行管理制度； d）有硬件和网络运行管理制度； e）有电子传输数据备份系统运行管理制度
灾难恢复预案	有相应的经过完整测试和演练的灾难恢复预案

表9-5　第5级数据零丢失和远程集群支持能力表

要　素	要　求
数据备份系统	a）完全数据备份至少每天一次； b）备份介质场外存放； c）采用远程数据复制技术，并利用通信网络将关键数据实时复制到备用场地
备用数据处理系统	配备灾难恢复所需的全部数据处理设备，并处于就绪或运行状态
备用网络系统	a）配备灾难恢复所需的通信线路； b）配备灾难恢复所需的网络设备，并处于就绪状态； c）具备通信网络自动或集中切换能力
备用基础设施	a）有符合介质存放条件的场地； b）有符合备用数据处理系统和备用网络设备运行要求的场地； c）有满足关键业务功能恢复运作要求的场地； d）以上场地应保持7×24小时运作
专业技术支持能力	在灾难备份中心7×24小时有专职的下述人员： a）计算机机房管理人员； b）数据备份技术支持人员； c）硬件、网络技术支持人员
运行维护管理能力	a）有介质存取、验证和转储管理制度； b）按介质特性对备份数据进行定期的有效性验证； c）有备用计算机机房运行管理制度； d）有硬件和网络运行管理制度； e）有实时数据备份系统运行管理制度
灾难恢复预案	有相应的经过完整测试和演练的灾难恢复预案

表9-6　第6级数据零丢失和远程集群支持

要　素	要　求
数据备份系统	a）完全数据备份至少每天一次； b）备份介质场外存放； c）远程实时备份，实现数据零丢失
备用数据处理系统	a）备用数据处理系统具备与生产数据处理系统一致的处理能力并完全兼容； b）应用软件是“集群的”，可实时无缝切换； c）具备远程集群系统的实时监控和自动切换能力
备用网络系统	a）配备与主系统相同等级的通信线路和网络设备； b）备用网络处于运行状态； c）最终用户可通过网络同时接入主、备中心
备用基础设施	a）有符合介质存放条件的场地； b）有符合备用数据处理系统和备用网络设备运行要求的场地； c）有满足关键业务功能恢复运作要求的场地； d）以上场地应保持7×24小时运作
专业技术支持能力	在灾难备份中心7×24小时有专职的下述人员： a）计算机机房管理人员； b）数据备份技术支持人员； c）硬件、网络技术支持人员； d）操作系统、数据库和应用软件技术支持人员
运行维护管理能力	a）有介质存取、验证和转储管理制度； b）按介质特性对备份数据进行定期的有效性验证； c）有备用计算机机房运行管理制度； d）有硬件和网络运行管理制度； e）有实时数据备份系统运行管理制度； f）有操作系统、数据库和应用软件运行管理制度
灾难恢复预案	有相应的经过完整测试和演练的灾难恢复预案

表9-1~表9-6分别给出了不同安全恢复级别的恢复策略，在实际中，用户可以根据自身企业或组织机构的不同业务对连续性的不同要求，参考上述表格中列出的安全策略，规划自己的安全恢复策略，形成安全恢复预案，用于规划和指导灾难恢复工作。在制订安全恢复预案时应遵循下述5项原则：

（1）完整性原则：灾难恢复预案应涵盖灾难恢复的整个过程；保护并备份灾难恢复所需的所有数据和信息，不可遗漏。

（2）易用性原则：灾难恢复预案应当以易于理解的文字和图表进行表述，在紧急状态下可迅速获得相应的操作预案；涉及的备份与恢复操作易于实施。

（3）明确性原则：对灾难恢复涉及的人员角色、软硬件规格、操作流程有清晰明确的描述，不可造成歧义；每项工作均有明确的责任人。

（4）有效性原则：灾难恢复预案应能有效应对不同的灾难，满足灾难恢复的需要，并根据实际情况保持同步更新。

（5）兼容性原则：可与其他安全计划兼容，形成有机的结合。

9.2.3　备份系统

备份是灾难恢复的核心环节，切实可靠的备份是安全恢复的先决条件。灾难恢复中的备份不是简单的数据拷贝，它包括数据、数据处理系统、网络系统、基础设施、技术支持能力和运行管理能力的备份。其中，由数据备份系统、备用数据处理系统和备用的网络系统组成的信息系统叫作灾难备份系统。

灾难恢复中的备份应当满足三个属性：①冗余性，即备份系统中的部件、数据都具有冗余性，当一个系统发生故障时，另一个系统能够保持数据备份的完整性；②具有长距离性，有时也叫作异地备份，因为如果备份中心与工作地点相距过近，当灾难发生时，备份中心可以会一并受到波及，因而备份中心与工作地点必须保持足够长的距离，才能保证数据不会被同一个灾难全部破坏；③灾难备份系统必须是全方位的数据备份。

灾难恢复中的数据备份通常有完全备份、增量备份和差异备份3种类型，如图9-3所示。

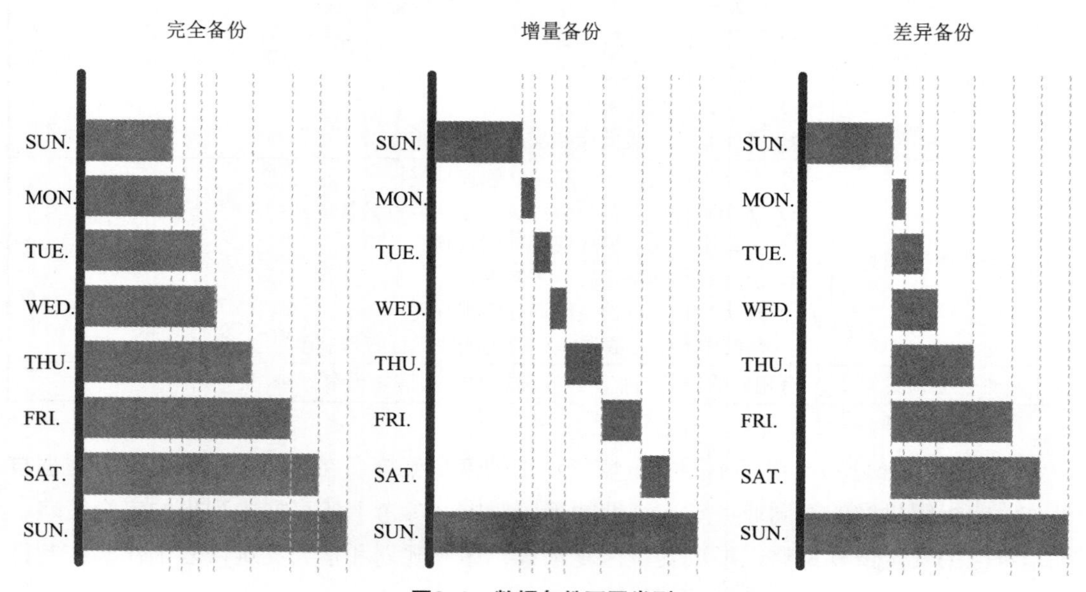

图9-3　数据备份不同类型

完全备份是对信息系统中的服务器上的所有文件完全复制归档，这是最安全的灾难恢复和备份方式。它的缺点是需要巨大的备份时间和备份存储空间。

增量备份就是把新生成的或新修改过的文件备份到存储设备上。由于这种方法只对上次备份过后的增量内容进行备份，所以备份速度比较快，对存储空间的要求也比完全备份低。但它不能记录删除文件的信息。在使用增量备份时，依然需要定期进行完全备份。如每周进行一次完全备份，然后每天晚上进行增量备份。当发生灾难时，首先恢复完全备份的内容，然后再按照次序恢复增量备份的内容。

差异备份与增量备份很相似，不同之处在于，差异备份对上次完全备份后所有变化的文件均进行备份（包括删除的文件内容）。比如，用户在周一进行了完全备份，然后每天晚上进行差异备份，那么周三晚上的差异备份会包括周二和周三两天内所有发生改变的文件内容。

完全备份、增量备份和差异备份之间的差别如图9-3所示。无论采用哪种备份方式，一般都会定期执行一次完全备份。可以以一周为周期，也可以更短或更长，需要根据实际需求来确定。

上述这些备份方式大多是在一个工作周期结束后将关键数据进行拷贝和归档，可以视作是一种冷备份。为了更好地提高灾难恢复的效果，还需要在系统运行过程中进行关键数据备份，即热备份。无论是热备份还是冷备份，都需要有专门的存储结构进行支撑，目前常用的存储架构主要包括直接连接存储（Direct Attached Storage，DAS）、网络附加存储（Network Attached Storage，NAS）和存储区域网络（Storage Area Network，SAN）三大类。

（1）直接连接存储（Direct Attached Storage，DAS）：在这种存储方式中，外部存储设备（如磁盘阵列、光盘机、磁带机等）通过SCSI电缆直接连到服务器，如图9-4所示。

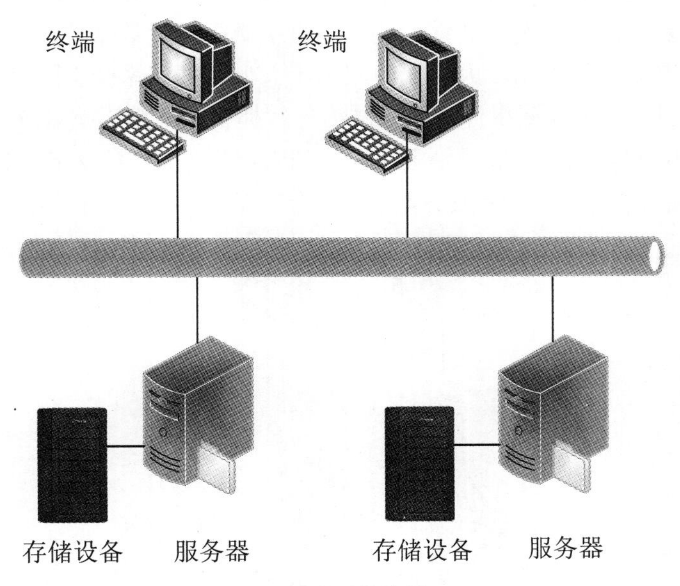

图9–4 直接连接存储

直接连接存储更多地依赖服务器主机操作系统进行数据的读写和存储维护，数据备份和恢复会占用服务器主机资源，通常来说，数据备份占用服务器主机资源可能会达到20%~30%，因此许多企业用户的日常数据备份常常在深夜或业务系统不繁忙时进行，以免影响正常业务系统的运行。直连式存储的数据量越大，备份和恢复的时间就越长，对服务器硬件的依赖性和影响就越大。

（2）网络附加存储（Network Attached Storage，NAS）：网络连接存储全面改进了直接连接存储的不足，它独立于服务器，是一种带有瘦服务器的存储设备，直接连接到TCP/IP网络上，网络服务器通过TCP/IP网络存取管理数据。其布置方式如图9-5所示。

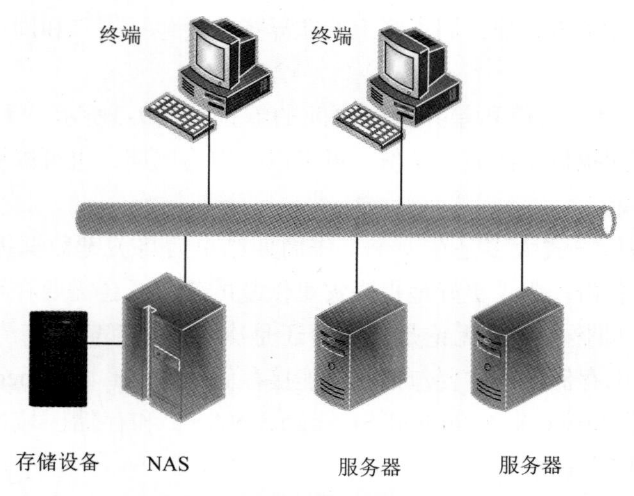

图9-5　网络附加存储

网络附加存储作为一种瘦服务器的存储设备，是网络中的一个独立节点，可以被网络中所有的计算机共享，而且与操作系统平台无关，支持即插即用，布置灵活，成本较低。它的缺点是存储时不能像文件系统那样直接访问物理数据块，只能以文件的方式进行访问，对存取效率的影响较大，无法应用于大型数据库系统；此外，数据通过普通网络传输，容易引起数据泄漏事件，且在网络比较拥挤时严重影响系统的性能。

（3）存储区域网络（SAN）：是一种专门为存储建立的独立于TCP/IP网络之外，通过光纤通道交换机连接存储阵列和服务器主机的专用存储网络。其布置方式如图9-6所示。

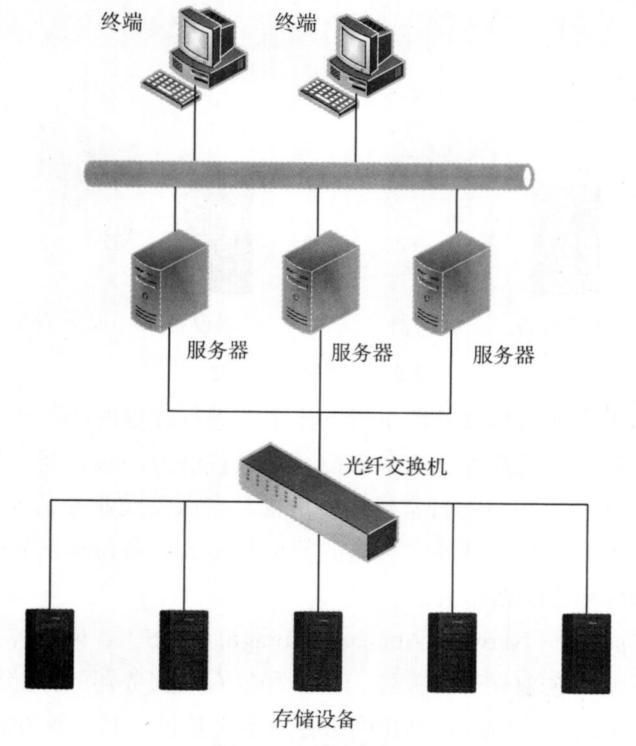

图9-6　存储区域网络

从图9-6可以看出，存储区域网络的结构允许任何服务器连接到任何存储阵列，这样不管数据置放在哪里，服务器都可直接存取所需的数据。而且存储区域网络独立于数据网络存在，采用了光纤接口，具有更高的带宽，因此它的存取速度很快，目前一般的SAN提供2~4 Gb/s的传输速率。另外存储区域网络一般采用高端的RAID阵列，使SAN的性能在几种专业存储方案中是最佳的。存储区域网络还有一个优点就是它的解决方案是从基本功能剥离出存储功能，所以运行备份操作就无须考虑它们对网络总体性能的影响。最后一点，存储区域网络采用的光纤接口提供了10 km的连接长度，这使得实现物理上分离的异地存储变得容易实现。

存储区域网络的缺点是实施成本较高，需要配套昂贵的光纤交换机，每台服务器还需要配置光纤通道卡，一般的小型企业难以接受。

存储区域网络和网络附加存储都是基于网络的存储结构，它们之间的区别在于：网络附加存储是文件级的存储方法，有自己单独的文件系统，网络中的每个应用服务器通过网络共享协议来使用同一个文件管理系统，主要解决的是应用、用户和文件之间的共享数据问题；存储区域网络结构中，文件管理系统还是位于每一个应用服务器上，它主要解决的是为存储设备和应用服务器之间提供可靠的通信基础结构。

下面对这三种存储结构作一个总体的对比：

直接连接存储虽然技术比较落后，但是还是很适用于那些数据量不大，对磁盘访问速度要求较高的中小企业；

网络附加存储多适用于文件服务器系统，可以用于存储非结构化数据，虽然它的性能由于速度的限制存在瓶颈，但是部署灵活，成本低；

存储区域网络则适用于大型应用或数据库系统，但是它的成本高、较复杂。

在具体实施灾难备份计划时，可根据需要选择不同的存储结构。

9.2.4　灾难恢复策略的落实与管理

网络安全是一门三分技术、七分管理的学科，灾难恢复又是网络安全的最后一道防线，对灾难恢复策略的落实与管理就更为重要。在具体的做法上要根据灾难恢复策略形成灾难恢复预案，并遵循9.2.2小节所述的明确性和有效性原则对灾难恢复预案的实施过程进行管理。

具体而言，明确性就是明确指定灾难恢复的相关责任人员，并对相关人员组织灾难恢复预案的教育、培训和演练，使其了解灾难恢复的重要性以及灾难恢复的目标，掌握灾难恢复的操作规程。

有效性包括灾难恢复预案的分发和维护两方面。在分发方面，经过审核的灾难恢复预案必须保证由专人负责保存并分发到与灾难恢复工作相关的所有工作人员手中；灾难恢复预案必须有多个副本保存在不同的地点；必须保证灾难恢复预案修订后，所有的灾难恢复预案统一更新，尤其关注灾难恢复相关人员手中的灾难恢复预案更新；旧版本的灾难恢复预案应当统一销毁。在维护方面，每次发生业务流程、信息系统、操作人员的变更就必须更新灾难恢复预案，做出相应的修订；在每次演练和灾难发生后，必须对灾难恢复过程进行详细记录，并对效果进行评估，根据评估结果对灾难恢复预案进行相应修订；灾难恢复预案必须定期进行评审和修订，至少要做到一年一次。

最后，再强调一下，灾难恢复是保持业务连续性的重要手段。在2020年新冠大流行之后，越来越多的业务基于网络远程开展，保持业务连续性越发显得重要。在2020年6月开始实施的《网络安全审查办法》中将“业务连续性”的危害，单独提出为一条，要求重点评估产品和服务供应中断对关键信息基础设施业务连续性的危害。由此可见“业务连续性”的重要性，这就要求所有网络运营者更要重视灾难恢复工作，以应对业务连续性的更大挑战。

9.3　网络取证

网络取证是一种特殊的计算机取证或数字取证。在狭义的理解上，网络取证就是依赖信息系统的审计或日志功能，对日志内容进行分析和关键信息提取，实现对攻击源的定位，对内部网络中的恶意行为提供取证基础。

在广义的理解上，网络取证涉及对所有网络犯罪行为的取证。当前，网络犯罪案件数量大幅度上升，根据我国最高人民检察院的统计，网络犯罪年平均增幅在30%以上。在所有犯罪的总数量上，网络犯罪的数量已经占到1/3，网络犯罪已经成为第一大犯罪类型。而网络犯罪却面临着管辖难、取证难的问题。尤其是取证问题，网络中的数据具有高速流转、可修改、时效性强、虚拟化的特点，很难固定证据。所以说高效、可靠的网络取证技术不但对于网络安全是至关重要的，对于维护整个社会生活、经济秩序的稳定也是至关重要的。

9.3.1　电子证据的概念

网络取证的过程主要围绕着网络中的电子证据展开，电子证据是网络取证的核心。网络取证是一门计算机科学与法学的交叉学科，显然，电子证据的特性必须遵循法学的原理，符合物证的基本条件。因此，各主要信息强国均出台了相关法律用于规范电子证据。计算机证据国际组织（International Organization on Computer Evidence，IOCE）一直致力于制定处理电子证据的国际准则，它给出的电子证据的定义是：法庭上可能成为证据的以二进制形式存储或传送的信息。根据电子证据的不同显现方式，IOCE又将电子证据细分为以下3种：

（1）原始电子证据：查封计算机犯罪现场时，相关物理介质及其存储的数据对象。

（2）电子证据副本：原始物理介质上获取的所有数据对象的完全拷贝。

（3）拷贝：独立于物理介质，包含在数据对象中的信息的精确复制。

电子证据也被称为计算机证据或者数字证据。与传统物证不同，电子证据缺乏明确可见的实体，以多种数字化形式存在，如文本文件、图形文件、视频文件、被删除的文件、隐藏文件、电子邮件、域名、网页和IP地址等等。

电子证据的数字化特征，使得电子证据难以固化，对证据可以有多种的解释。更重要的是，电子证据的可删除特性，使得证据的产生时间、文件内容、证据的所有者都难以确认，而电子证据最终是要作为物证提交法庭的，所以电子证据的取证必须符合法律法规的要求，即必须保证整个取证过程的真实性、完整性、合法性、关联性。我国对电子证据进行规范的相关法律法规主要有《计算机犯罪现场勘验与电子证据检查规则》（公信安[2005]161号）《公安机关电子数据鉴定规则》（公信安[2005]281号）、最高人民检察院《电子证据鉴定程序规则（试行）》《人民检察院电子证据勘验程序规则（试行）（2009）》《关于办理网络犯罪案件适用刑事诉讼程序若干问题的意见》（公通字〔2014〕10号）《公安机关执法细则》（第三版，2016）《公安机关鉴定规则》（公通字[2017]6号）以及《公安机关办理刑事案件电子数据取证规则（2019）》。相关的国家标准有《电子物证数据恢复检验规程》《电子物证文件一致性检验规程》《电子物证数据搜索检验规程》。

网络取证是在网络环境下获取电子证据，是一个涉及法律的网络安全技术，在实施时不违反法律法规是必须的，所以所有从事网络取证工作的相关人员必须对上述法律法规熟练掌握，从而保证举证一方提交的电子证据是可以经得起质疑的呈堂物证。

9.3.2　电子证据的特点

电子证据也是一种证据，它和传统的证据一样，必须是可信的、准确的、完整的、符合法律法规的，才能够为法庭所接受。但与传统证据相比，电子证据又有其自身的一些特点，它的这些特点也决定了电子证据的优势与不足。

1.技术依赖性

电子证据作为一种数字化的证据，它的生成、存储、传输及呈现均依赖于技术手段和设备才能完成。所以电子证据的证明效力与其所采用的技术手段和所处的运行环境密切相关。比如，具有数字水印的电子证据的证明效力明显较强，没有开启安全策略的Windows操作系统的应用程序日志的证明效力就较弱。

2.精确性

如果没有人为的蓄意破坏，电子证据可以反映事件的完整过程和每一个细节，它的传输和存储不会改变证据的内容，不受主观因素影响。相比较而言，普通物证可能会被污染；证人可能受到环境和先入为主的主观因素影响，精确性不如电子证据。而且电子证据可以通过技术手段保证其不被恶意修改，如数字水印、单向散列等技术手段。

3.多样性

电子证据不仅仅可以表现为文本形式的文档、多媒体文件，还可以表现为文本、声音、图像、视频的结合，这使得电子证据具有复合性、多样性的特点。电子证据的多样性还表现在呈现形式的多样性，它可以在电脑屏幕上呈现，也可以通过打印、扫描、冲印等形式来呈现。

4.反复重现性

传统的物证在经过转移后，原始出处就可能不存在了，例如微量的DNA证据。证人证言经过复述后可能会有失真。而电子证据是可以通过技术手段保证传输和复制的证据是与原始证据相同的，可以当作原件使用。

5.双重性

电子证据的数字特征和技术依赖性决定了电子证据具有双重性：

（1）公正性和易被篡改的双重性：电子证据是在系统运行过程中通过技术手段生成的，不受人为控制，具有公正性的特点。但同时，技术是人开发的，掌握先进技术手段的人员可能会篡改电子证据，甚至有专门的工具可以使用，比如文件痕迹擦除工具。

（2）可靠性和脆弱性的双重性：电子证据在存储和传输过程中不会发生改变，具有可靠性的特点。但同时，电子证据是数字信息，如果没有加密保护，电子证据易被攻击，可能会被人为篡改。篡改后的证据如果没有原始对照版本，则难以查清证据是否被篡改过。

（3）稳定性和易失性的双重性：一些非故意的行为也可能毁坏电子证据，如误操作、病毒、断电、硬件损坏等，造成电子证据的丢失。但同时，丢失的数据或被篡改的证据却是可以通过专门的恢复工具来进行恢复的。此外，电子证据是可以备份的，可以加水印的，这样也可以避免电子证据的丢失和被篡改。

此外，电子证据还具有易于收集、易于保存、易于传输、易于呈现、易于使用、易于审查、易于核实和便于操作的特点。

9.3.3 电子证据的类型

电子证据其实无处不在，如计算机里的日志、电子邮件，等等。根据生成电子证据时的条件不同，可以把电子证据分为以下3种：

（1）数据电文证据：能够反映法律关系的发生、变更、灭失过程的数字正文，比如电子邮件的正文、微信的聊天记录、通话过程的录音等。

（2）附属信息证据：指对数字信息进行处理过程中产生的记录信息，包括对数据或文件的生成、修改、删除等引起的相关日志或记录，它可以用来证明数据电文证据的真实性。

（3）系统环境证据：指数据电文证据所处的数字环境中，某一数据证据在处理过程中调用或依赖的环境信息，如硬件环境、软件名称和版本等。

这3种证据的证明作用是不同的，数据电文证据主要用于证明事实情况和法律关系，是主要证据。附属信息证据用来证明数据电文证据的真实性。系统环境证据用于在法庭审判或证据鉴定时，确保数据电文证据能够以其原始真实的面目展示。

根据电子证据运行系统环境的不同，可将其分为以下3种：

（1）封闭系统中的电子证据。封闭系统指独立的计算机或局域网，其特点是系统不直接对外开放，用户基本固定。在封闭系统中，即使有多用户或多计算机介入数据交换，也可以通过技术手段查证电子证据的准确来源。常见的封闭系统电子证据就是操作系统的日志。

（2）开放系统中的电子证据。开放系统指校园网、城域网、广域网等由多个计算机系统构成的开放式计算机或网络系统。开放系统中的电子证据的特点是证据来源不确定。常见的开放系统电子证据有电子邮件、微信或QQ的聊天记录、论坛的留言等等。

（3）双系统中的电子证据。双系统指“开放系统”和“封闭系统”的合称。如果一个电子证据在“开放系统”和“封闭系统”中都经常出现，它就是双系统电子证据，如数字签名。

根据电子证据不同的形成方式，又可以分为以下3种：

（1）电子设备生成证据：指完全由计算机自动生成的数字证据。它的最大特点是完全基于计算机或其附属设备根据指令自动生成，在生成过程中不受人的主观意志控制，具有客观性和准确性的特点。

（2）电子设备存储证据：指由计算机或其他电子设备采集的证据，如视频监控、手动输入的合同文本、录音等。其准确性可能会受到环境的影响。

（3）混成证据：计算机存储兼生成证据,是指由电子计算机等设备录制人类的信息后，再根据内部指令自动运行而得来的证据，如以记事本方式打开图片时显示的图片修改信息。对于这种证据，其准确性的判断非常复杂。

根据电子证据不同的存储方式，电子证据又可分为存储于计算机系统内的证据和存储于类计算机设备内的证据，如手机短信就是一种存储于类计算机设备中的电子证据。

9.3.4 取证原则与步骤

电子证据最终要进入法律诉讼过程，成为一种合法的证据。而成为合法的证据必须具备合法证据的基本特征，即要符合合法性、真实性和相关性的要求。网络取证的原则就是取证过程必须要保证电子证据满足上述三个基本特征。

1.合法性

只有具备合法性，电子证据才能成为诉讼中的合法证据。合法性是指：

（1）形式合法，电子证据必须符合法定形式。根据我国《民事诉讼法》《刑事诉讼法》和《行政诉讼法》中的规定，证据有以下7种：①物证，书证；②证人证言；③被害人陈述；④犯罪嫌疑人、被告人供述和辩解或当事人陈述；⑤鉴定结论；⑥勘验、检查笔录、辨认、侦察实验；⑦视听资料。电子证据并不在其中，但是，根据《中华人民共和国电子签名法》第七条关于“数据电文不得仅因为其是以电子、光学、磁或者类似手段生成、发送、接收或者储存的而被拒绝作为证据使用”的规定，电子证据是可以作为证据使用的，在形式上是合法的。

（2）证据的生成、存储、传递以及显现、收集过程合法。这包括三个层面的意思。首先，是电子证据主体的合法性，包括提交到法院的电子证据必须由了解这些电子证据的人、制定电子证据的人和当事人共同提供。其次，采集和固定证据的过程中，除计算机操作人员外，要有上级主管人员或无利害关系第三方到场见证；事件发生后，要在第一时间确定所有可能接触到电子证据的相关人员，避免电子证据被伪造和篡改，确保电子证据的真实性。最后，电子证据的提供、收集、调查和保全应当符合法定程序，通过窃录篡改，通过非核证程序、非法软件方式获得的电子证据，不予采纳。

2.真实性

真实性有时也称为客观性，是指电子证据是不依人们的意志为转移的客观存在的事实，不能由人的主观意愿改变或取舍。但是，电子证据的数字特性使得它容易被篡改和伪造，不当操作、意外事故、病毒也可以损坏电子证据的真实性。认证电子证据的客观性主要有自认和公认两种方式。自认就是当事人一方提交电子证据时，通过庭审现场的操作演示，双方当事人均无异议，那么就可以认为该电子证据的真实性是得到保证的。公认则是由公证机关或公证人员根据双方当事人的申请，通过技术手段和公证方法对电子证据进行固定和保全。

3.相关性

相关性是指电子证据必须与所要证明的案件之间存在必然的关系或联系。电子证据要成为可采信的证据。在实践中可以从如下三方面确认电子证据的关联性：①该电子证据要证明的事实是什么；②该事实是否是案件中的实质性问题；③电子证据对于解决案件中的争议问题有什么作用。

上述三个基本特征是将电子证据认定为合法证据的前提，是网络取证过程必须遵守的准则。

在满足这些基本特征后，就可以展开网络取证工作。取证过程包括以下6个步骤：

1.保护目标计算机系统

所有取证的第一步就是保护勘察现场。在电子证据的取证中，保护勘察现场就是冻结目标计算机系统，避免发生更改系统设置、破坏软硬件、病毒感染以及篡改系统日志的行为。在保护目标计算机系统的过程中，注意保护证据的“连续性”，即电子证据在正式提交法庭时，与初始状态没有变化，或变化的内容是可说明的。整个取证过程最好在相关专家的监督下进行。

2.确定电子证据

搜索目标系统中的所有文件，包括已删除的、隐藏的、受密码保护的文件和文件夹，从中区分哪些是与犯罪行为或网络入侵行为相关的记录，并确定这些记录是以什么形式在哪里存储的。

3.收集电子证据

取证人员在现场收集目标系统的电子证据，包括：硬件配置、硬件连接、网络拓扑情况；对目标系统磁盘的镜像备份；用专业取证工具获取的电子证据；防火墙、入侵检测系统、操作系统的日志。最后将所有收集到的电子证据保护存入特定的介质或目录。

4.保护电子证据

采用有效的措施保护电子证据，包括物理手段和数字手段。物理手段，如将存储电子证据的介质加上封条，统一进行保管，无关人员不得操作存放电子证据的计算机；数字手段，如加密存储或引入单身散列保护。总之就是要保护电子证据不会丢失、损坏或被篡改。

5.分析电子证据

依赖专家或专业分析工具，对电子证据进行分析，得出可以为法庭所接受的结论。分析的方法有：对文件进行关键词搜索，查找重要信息；对文件的属性、日期进行分析，推断文件的所有人；通过强制解密获得文件内容；查找隐藏分区、隐藏目录，获得重要信息或文件；对防火墙、入侵检测系统、操作系统的日志进行分析，推断攻击行为和攻击来源；对电子证据进行关联性分析，发现不同电子证据之间的关系；等等。

6.归档电子证据

将原始电子证据及对电子证据分析的结果存储到安全的取证服务器，对电子证据和分析结果使用国家认可的单向散列函数生成散列值并附加时间戳，以确保电子证据的原始性、权威性和不可抵赖性。此外，为了保证电子证据的可信度，在归档电子证据的同时，还应当确保“证据链”的完整性，即需要对电子证据从采集、分析到归档都有严格的过程记录文档。

上述6个步骤中，核心步骤是电子证据的收集，网络取证不同于传统的计算机取证，主要侧重对网络传输的报文以及与网络交互过程相关的行为的检测、整理、收集与分析。网络电子证据的收集方法可以分为事后取证和实时取证两大类。

事后取证又称为静态取证，是指网络入侵行为或内部网络的越权行为发生后，运用各种技术手段对相关网络和计算机设备进行有针对性的调查和取证工作。这种取证方法获得的电子证据缺乏连续性和实时性，而且是在已经造成了损失后才进行取证，损害已经造成，相关证据可能也被销毁，其不足之处是显而易见的。

实时取证，也称为动态取证，就是在入侵行为或恶意行为发生的过程中，对网络流量的系统进程实时进行记录和取证。所取得的证据具有实时性和连续性的特点，能够真实记录和复现攻击和恶意行为，证明效力更高。入侵检测系统除了检测入侵外，还被广泛用作实时取证工具。

但是实时取证依然无法避免攻击和恶意行为对信息系统造成损害，一种既能完成实时取证工作，又不会影响信息系统正常运行的取证工具就是蜜罐系统。蜜罐系统不仅仅能够取证，更能够将攻击导引到模拟系统，起到保护真实系统的目的。

9.4　蜜罐系统

蜜罐系统从本质上来讲，是一种诱骗或欺骗系统，通过设置一些具有安全漏洞的诱饵主机或网络服务器，诱使攻击者对诱饵主机发动攻击，从而可以对攻击行为进行监控、捕获和分析，除了取证工作外，主要还是要完成对攻击的来源、所使用的攻击手段和工具、攻击的目标的分析工作，根据分析结果采取相应的安全措施，提高自身系统的安全防护能力。

9.4.1　蜜罐系统的合法性问题

蜜罐系统在使用中的第一个问题就是合法性问题，即它算不算钓鱼执法？其获得的电子证据是否具有证明效力？甚至有法律人士认为蜜罐系统侵犯了隐私权。因为连入蜜罐系统的除了攻击者，还有可能是正常用户，蜜罐系统在使用者不知情的情况下，监听了用户的流量，侵犯了他们的隐私权。所以，目前很少见到因蜜罐系统提供的证据而起诉黑客的例子。

曾经有人提出了一个蜜罐系统合法性的解决方案就是在用户接入蜜罐时，都会弹出消息，告知使用者：“使用该系统的任何人同意自己的行为受到监控，并透露给其他人，包括执法人员。”这个做法有点书呆子气了。虽然这种方法实现了双方知情同意，解决了不知情条件下的信息采集的法律问题，但也等于同时告知入侵者，你正在入侵的是一个诱骗系统。这样做显然无法实现蜜罐系统的功能目的。

蜜罐系统合法性问题的核心在于能否认定蜜罐系统是一种设陷技术。而对设陷技术的一种司法解释是："由官方人员引起的攻击的概念和计划，而且这次攻击行为如果不是在这位官员的欺骗、劝说和欺诈下是不可能发生的。"注意，这里强调的是"由官方人员引起"。所以就有人认为蜜罐系统记录的攻击行为不是己方诱导发生的，而是攻击者的主观故意的，所以蜜罐系统的取证行为是合法的。

蜜罐系统的合法性还是一个有争议的问题，我们在这里只能简单地做了介绍和分析，具体的法律问题还需要法律专家来进行研究和分析，做出合理的结论。本节我们重点关注蜜罐的实现机理。

9.4.2 蜜罐系统的概念

蜜罐系统最早是在一本小说*The Cuckoo's Egg*中出现的。到了1997年，美国人弗雷德里克·科恩（Frederick B. Cohen）设计实现了第一个公开的蜜罐系统——DTK。2000年成立了密网项目组，同时发布应用真实系统构建的Gen II 蜜网项目（密网的定义我们在后面再给出）。

密网项目组将蜜罐定义为：一种存在价值即为被探测、被攻击和被攻陷的安全资源。该定义表明，蜜罐没有真实业务上的用途，其存在的价值就在于对所有流入流出蜜罐的流量进行记录、分析，用于检测和分析可能的入侵和恶意行为。蜜罐的用途包括网络入侵行为和恶意代码检测、恶意代码样本捕获、安全威胁追踪与分析以及攻击特征提取等。

根据蜜罐的上述用途，可以给出蜜罐的一种基本布置方式，如图9-7所示。

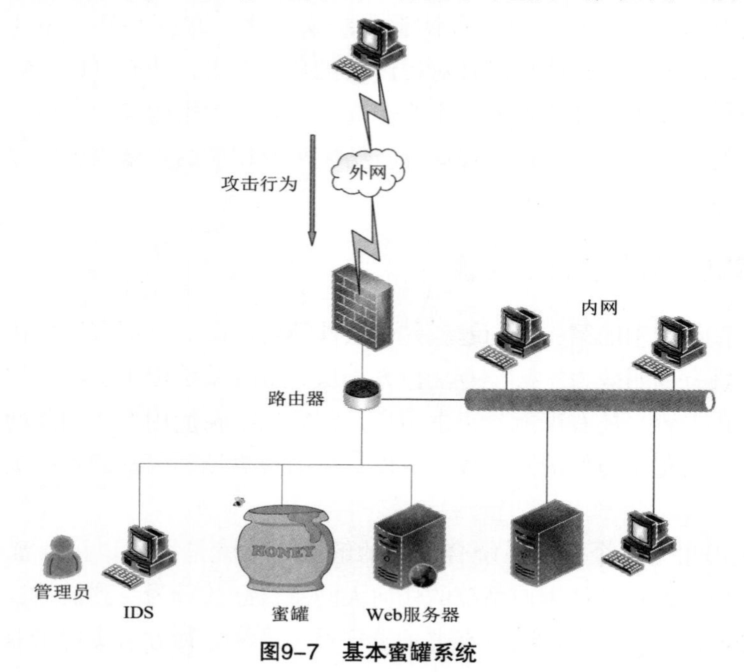

图9–7 基本蜜罐系统

在图9-7中，蜜罐布署在防火墙后的DMZ（隔离区）内，根据不同的业务要求，蜜罐也可以布署在防火墙外，或内部网络中。

9.4.3　蜜罐系统的分类

根据蜜罐部署的目标不同，蜜罐可以分为产品型蜜罐和研究型蜜罐两大类。其中产品型蜜罐主要面向网络安全产品的最终用户方，其主要目的是将攻击流量导引到蜜罐系统，起到保护正常业务流程的作用。

如图9-7中，如果不考虑IDS的话，蜜罐系统就是起到吸引攻击流量，保护Web服务器的作用，当然也有对攻击行为进行取证的功能。而研究型蜜罐的主要用户对象是网络安全公司，主要目的是收集攻击流量、分析攻击行为、确定攻击来源、获得攻击样本，总之是要获得网络攻击行为的第一手资料，用于升级和改进网络安全产品。

根据蜜罐系统模拟真实系统的不同方法，蜜罐系统可以分为低交互型蜜罐、高交互型蜜罐和混合型蜜罐。

低交互型蜜罐只模拟了真实网络服务或主机的部分功能和特征，监听特定的端口，易于部署。在这种方式下，进入蜜罐的流量很容易被捕获和存储。低交互型蜜罐与高交互型蜜罐相比，最大的特点是没有真实系统，所有特征和功能都是模拟产生的，所以它只能对攻击行为产生简单的交互反应，获得的信息也有限。但是它被攻击者控制，成为肉鸡的可能性很低。

高交互型蜜罐往往是一个真实的系统，能够提供真实的服务，而不像低交互型蜜罐那样是模拟出来的。由于是真实的系统，它吸引攻击者的可能性大大提高，可以形成完整的攻击交互过程，所以可以收集到的有用信息更多。但这一类蜜罐通常也存在着部署复杂、自身安全风险较高的缺陷，有可能被控制，成为肉鸡。因此，高交互型蜜罐必须采取具有严格安全策略的防范措施，防止它成为攻击者的跳板。

9.4.4　蜜罐系统的功能和关键技术

根据低交互型蜜罐和高交互型蜜罐的特性，可以总结出蜜罐系统的基本功能如下：

（1）伪装和模拟：蜜罐系统最基本的功能就是伪装成真实的系统，并模拟真实系统与攻击行为产生交互，从而对攻击行为进行分析和记录。

（2）数据捕获：蜜罐系统必须捕获与攻击行为相关的网络流量，以及相应生成的操作记录和日志信息。

（3）数据控制：蜜罐系统应当能够控制数据的流向，保证攻击行为指向蜜罐系统而不是真实系统，并能控制产生相应的攻击响应或交互数据。这是蜜罐系统的第一大功能需求，没有这项功能，蜜罐系统是无法完成任务目标的。

（4）数据分析：蜜罐系统是为了对攻击行为进行取证，或获得攻击行为的特征以更新网络安全产品的，对数据的分析功能是其基础。

根据蜜罐系统的这些基本功能需求，可以得出蜜罐系统的关键技术如下：

（1）欺骗环境的构建机制：如前所述，低交互型蜜罐采用模拟仿真方式构建欺骗环境，高交互型蜜罐采用真实系统构建欺骗环境。构建欺骗环境是为了让攻击者对蜜罐系统产生兴趣，从而引发攻击行为。具体的实现技术包括蜜罐主机、陷阱网络、诱导和欺骗信息设计。

1）蜜罐主机：分为空系统、虚拟系统和镜像系统三大类。空系统是一个无具体业务，但运行着真实完整的操作系统及应用程序的标准机器；虚拟系统是一个基于虚拟机系统实现的无真实业务和业务数据的镜像系统；镜像系统就是真实业务主机的一个镜像系统。

2）陷阱网络：由蜜罐主机、IDS、路由器、防火墙构成的一个让攻击者来攻击的网络，目前主要通过虚拟化和云计算手段实现。

3）诱导设计：是蜜罐的核心价值所在，就是将攻击者的目的诱导到蜜罐系统。具体的做法是在关键信息点布置一些高价值的虚假信息，诱导攻击者进行攻击，然后基于代理或端口映射技术，将攻击数据流导引到蜜罐系统，从而可以在网关或代理服务器上进行攻击数据流的捕获；或者也可以直接在关键信息点部署蜜罐系统。

4）欺骗信息设计：可以根据攻击者的攻击步骤来设计不同的欺骗信息。在攻击者的踩点和信息收集阶段可以暴露出一些配置信息，甚至可以是一些用户信息；在系统中布置一些最新的漏洞、开放有价值的端口等。在攻击突破阶段，可以放置一些低难度的漏洞的系统，诱使攻击者深入攻击；在内网漫游阶段，则可以布置电子邮件系统、OA系统、源代码库等高价值的信息，诱导攻击者进入陷阱。

（2）攻击数据的捕获机制：数据捕获的难点在于如何收集更多的信息而不被攻击者发现。蜜罐系统的数据捕获主要分三层实现。最外层由防火墙对进出蜜罐的信息进行日志记录，记录内容保存在防火墙。第二层由入侵检测系统完成。入侵检测系统对蜜罐系统中网络层的流量进行监控，抓取关键的数据报文。最后一层则由蜜罐主机完成，所有用户的行为过程包括键盘记录、进程访问、屏幕显示等均被记录在日志中。

（3）攻击数据的控制机制：控制攻击者出入蜜罐系统的活动，使其不会以蜜罐为跳板攻击和危害内网的其他主机。因此在设计蜜罐系统的数据控制机制时必须遵循两个原则，一个是纵深防御原则，一个是多重伪装原则。纵深防御原则首先要求蜜罐系统能够在第一时间发现攻击行为，及时根据预定的策略对攻击行为进行限制和记录，减少蜜罐系统被攻陷的可能或及时发现蜜罐系统被攻陷；其次就是要具有充分的预案，防止攻击者提升权限或实施进一步攻击。多重伪装原则的目的则是采用多种、多层次伪装等方法，尽可能地避免攻击者意识到正在攻击的是一个蜜罐系统。蜜罐系统的数据控制功能通常由防火墙和路由器完成。

（4）攻击数据的分析机制：我们在第八章中介绍的入侵检测系统所使用的数据分析方法均可以应用于蜜罐系统，区别在于入侵检测系统是要发现攻击行为，而蜜罐系统则是要还原攻击行为。可视化技术在蜜罐系统的数据分析中也得到了大量的应用，它通过2D或3D动画的方式，直观地向网络安全管理和分析人员呈现攻击行为数据，使其可以快速理解和掌握总体安全态势，发现可能的攻击行为并捕获攻击行为轨迹。

根据蜜罐系统的这些基本功能需求，可以看出蜜罐系统的基本体系结构包括欺骗环境、数据捕获和安全控制三大模块。欺骗环境完成诱导攻击者的功能；数据捕获完成对攻击行为的记录和分析功能；安全控制模块则用于确保蜜罐系统不被攻击方利用，防止蜜罐系统成为攻击者的跳板。

9.4.5　蜜罐部署结构的发展

图9-7所示的蜜罐系统是具有一个诱饵节点的传统蜜罐系统。它模拟的是一个单一的系统，所以它的布置方式比较灵活，可以部署在网络中的任意位置。但是它能够收集的信息内容却比较有限。为了扩大对攻击行为数据的采集范围，出现了将蜜罐系统进行多点部署、统一管理的分布式蜜罐。但在分布式蜜罐中，每个蜜罐单独运行，独立完成对攻击行为的诱导和捕获功能，难以实现真实度比较高的攻击网络环境。如何优化蜜罐系统的部署结构，有效地结合不同应用类型的蜜罐系统，进行大规模的部署，从而扩大监测范围、提升监测能力，已经成为蜜罐技术发展的一个重要方向。较有影响力的蜜罐部署结构有蜜网和蜜场两大类。

1.蜜网

蜜网类似于分布式蜜罐，是在同一个网络中布置多个蜜罐节点。但是多个蜜罐的部署结构是与企业的真实业务环境相关的。参照企业具体环境设置不同的网络结构，根据企业业务流程设置不同的状态更新过程，以实现高真实度的诱骗环境。其部署结构如图9-8所示。

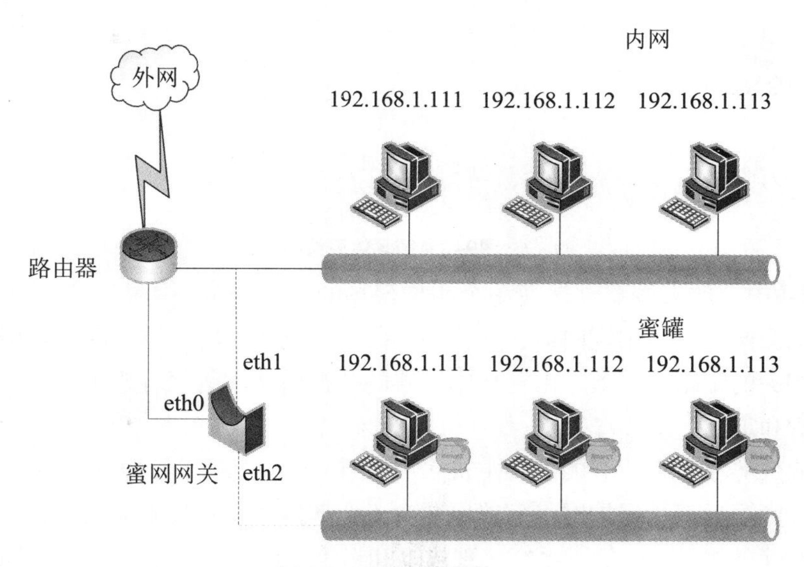

图9-8　蜜网体系结构

在图9-8中，多个不同类型的蜜罐系统构成了蜜网网络。图中最为关键的一个部件就是蜜网网关（Honey Wall）。蜜网网关完成蜜罐系统的数据控制功能。它有三个网络接口：eth0连接外网，具有IP协议栈；eth1和eth2将真实网络和蜜网分开，是一个第二层的网桥设备，没有IP协议栈。蜜网网关将入侵检测系统和防火墙集成到一个设备上，也是蜜网连接外网的唯一接口，所有蜜网与外部网络的数据均经过蜜网网关，所以在密网网关上可以实施完整的数据捕获和数据控制功能。此外，由于eth2没有IP协议栈，也没有MAC地址，不会引起IP报头中TTL字段的改变，可以确保蜜网网关极难被攻击方发现，所以其欺骗性更强，更易于实施。最后，由于蜜网网关的存在，尽管蜜网与真实网络在数据链路层被分隔开，但在第三层向外表现为一个完整的网络，欺骗性更强；蜜网主机也可以与真实服务进程进行交互，攻击者在蜜网中有更多的活动空间，从而保证了安全管理人员可以捕获更多有用的攻击信息。

2.蜜场

蜜场是一种通过代理方式进行诱饵节点部署的蜜罐形态。蜜场概念的引入为大型分布式网络的保护提供了一种新的途径。蜜场的结构如图9-9所示。

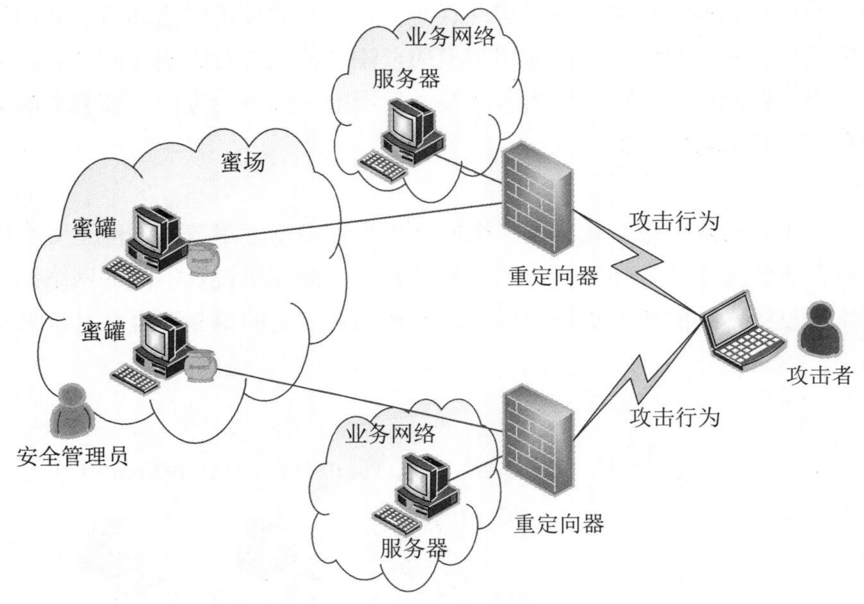

图9-9　蜜场体系结构

在图9-9中，所有蜜罐部署在一个叫作蜜场的诱骗网络环境中。每一个受保护的业务网络内都会配置一个重定向器，当检测到网络受到攻击时，就将攻击导引到蜜场中与业务网络相关的蜜罐主机上，由蜜场中部署的数据捕获和数据分析工具对攻击行为进行收集、分析和定位。

蜜网的优势在于将所有的蜜罐主机集中管理，这使得蜜罐主机的维护、升级和管理比较规范。蜜罐远离受保护网络部署也减少了业务网络受到攻击的风险，并且减少了真实诱饵节点部署数量，降低了系统实现成本和运维难度。

在蜜场的体系结构中，重定向器将攻击行为引导到蜜罐，是影响蜜罐系统能否发挥作用的重要环节。重定向器的实现机制有三种：①重定向机制将所有异常的网络流量均进行重定向；②是将检测到的攻击行为流量进行重定向；③将目标主机上的异常行为和未授权行为进行重定向。重定向机制一定要满足一个前提条件，就是重定向操作不能为攻击者所察觉。蜜场技术框架实现的难点也在于此。重定向网络攻击会话的透明性以及蜜场环境对于分析大量网络攻击连接的可扩展性是蜜场型蜜罐系统的一个重要研究方向。

虽然蜜罐系统在网络安全实践中起到了很重要的作用，但是它并不像传统的防火墙、入侵检测系统那样有明确的功能需求和技术体系，而是体现了攻击者与防御者之间的动态博弈过程，没有明确的技术边界和内涵。这就导致了蜜罐系统没有明确的技术路线，缺乏坚实的理论支撑，而更多地依赖于人员的技巧和经验。这也就导致了蜜罐系统没有形成一个通用的产品形态，无法形成产品系列，往往是以订制产品的形式向用户提供。

蜜罐系统在具体技术上也有一些不足，比如蜜罐系统如何能够在实现高仿真度的同时保证安全的数据控制就是一个难题。高仿真度的蜜罐系统更容易被攻破，控制成为下一轮攻击的跳板。而易于控制的低仿真度的蜜罐又容易被攻击者识破，或无法应对新型的攻击行为。

除了技术方面的不足外，蜜罐系统涉及的法律问题，如引诱犯罪、隐私保护等问题，也限制了它的推广应用。可见，蜜罐系统要成为像防火墙、入侵检测系统那样成熟的安全产品的路还很长。

习题

9.1　请查阅资料，说明网络安全事件是如何分级的，分为几级。

9.2　灾难恢复能力等级是如何划分的？请描述各级对灾难恢复能力的不同要求。

9.3　制订灾难恢复策略应考虑哪些因素？

9.4　如何确定灾难恢复的需求？

9.5　什么是电子证据？与传统物证相比，电子证据有什么特点？

9.6　电子证据的取证原则是什么？取证都有哪些步骤？

9.7　什么是蜜罐？蜜罐有哪些种类？

9.8　请说明一下蜜罐系统都有哪些关键技术。

9.9　请说明蜜罐的主要部署方式，并分析不同部署方式的优缺点。

第十章 新兴技术领域的网络安全

当前，网络已经深度融合到了企业、事业、机构和政府乃至整个社会的日常业务及生产经济活动中。很多的新兴经济增长点和尖端科技都与网络密不可分，如云计算、物联网、工业互联网、人工智能、无人系统等。在这些新兴领域中，网络已经从过去单纯的通信数据链路的提供者，演进成为了新兴技术的有机组成者。网络主动参与到了这些新兴技术的功能实现和服务传输，不仅仅是简单进行交换和路由。这一新特征使得传统的网络安全技术难以直接应用来保障这些新兴技术的安全性。因此，有必要研究新兴技术条件下的网络安全新需求和新特性，以实现将安全集成在新兴技术里，使其在应用时可以更安全、更可靠、更优化。

10.1 云计算安全

10.1.1 云计算的概念

2020年12月4日，“光盘行动”入选2020年度十大流行语。这说明“光盘行动”已经成为全社会，尤其是年青人的共识。“光盘行动”的目的是倡导厉行节约，反对铺张浪费。其实“俭”一直是中华民族的传统美德。早在春秋时期的《左传》中就有“俭，德之共也”的说法，认为节约是品质高尚的人共有的品质。这句话也在后世多个名人家训中被引用，“俭”已经固化为中华民族文化基因的一部分，涉及社会资源各方面的节约。云计算就是在信息系统建设中厉行节约的一种有效手段。

在现代信息社会中，信息优势是一个企业乃至一个国家保持竞争优势的重要基础，所以各企业或机构均投入大量资金和人力建设信息系统。在传统的信息系统建设中，企业或机构需要自己投资建机房、买机器、搭建系统环境、开发应用程序、设置专人维护。这种方式的缺点是投资大、扩容困难、软硬件资源的使用效率低下、维护成本高。

云计算可以很好地解决上述问题。它提供了一种按需付费使用计算资源的业务模式。企业或机构不再自己建设功能完备的信息系统，而是向云计算服务商付费租用相关的计算资源，真正做到“用多少，点多少”，避免信息系统的重复投资建设，实现计算资源的节约和高效利用，有利于建设资源节约型社会。

1.云计算的特点

云计算有利于节约计算资源的特点包括以下几种：

（1）按需服务。云计算的本质就是按需服务，类似于光盘行动中的“吃多少、点多少、做多少”。在云计算模式下，企业或组织不再需要为建立和维护计算基础设施投入大量人力、物力和财力，只需要按照实际需要动态占用资源，并支付相关费用。

（2）资源共享。云计算的最大优势是资源共享。云计算资源（包括内存、存储空间、虚拟机、网络带宽等）由服务提供商集中起来，形成共享资源池，并根据用户的需求动态地分配物理或虚拟的计算资源。用户在任务结束后释放资源。这种做法提高了资源的利用率，可以满足多个用户在不同时段对资源的使用需求，避免按照峰值要求设计系统而造成的资源浪费。

（3）虚拟化。云计算的基础是虚拟化。所谓虚拟化就是通过软件虚拟化或硬件虚拟化技术，将一台硬件配置较高的物理服务器资源虚拟出多台不同架构平台的逻辑计算机，每个逻辑计算机可运行不同的操作系统，运行于其上的应用程序也都相互独立互不影响，构成一个资源池，从而显著提高计算机的工作效率。

（4）快捷、方便。云计算的客户不需要为开展业务投资建设信息系统，可以根据业务的资源需求快速、灵活地从云端获得相应的计算资源，缩短了业务建设周期，便于业务的快速开展。对于一般的用户，只要能联网，就可以在不同的终端平台（例如智能手机、PDA、笔记本电脑等）获得基于云计算的应用服务。

2.云计算的分类

根据云计算提供的计算资源的不同，云计算分为以下3种类型：

（1）软件即服务（Software-as-a-Service，SaaS）。随着大数据时代的到来，许多软件对运行环境有很高的要求，如图形图像处理软件、3D设计软件、高性能仿真软件等。购买和使用这些软件不但要付出昂贵的授权费用，还需要为每一个使用者配置高性能的计算机或工作站。SaaS可以化解这一困境。SaaS就是用户不再购买完整版的软件安装在本地，而是购买软件的使用权。软件安装在云端，用户通过浏览器或轻量化的客户端软件来访问并使用应用程序。著名的财务软件——用友软件就是采用这种方式提供服务的。SaaS为用户提供的功能包括：云计算的服务方负责软件维护、管理和升级；数据在云端受到保护，不会因设备故障而丢失；用户可不限时间、不限地点地使用服务。

（2）平台即服务（Platform-as-a-Service，PaaS）。SaaS面向应用程序的最终用户提供服务，而PaaS是面向应用程序的开发者提供服务。PaaS提供的是一个包含了编程语言和开发工具的基础开发环境。可以认为PaaS就是一个云上的操作系统。PaaS为用户提供开发、测试、运行应用的全套基础架构，使用户专注于应用开发，同时PaaS还支持远程协作开发。

（3）基础设施即服务（Infrastructure-as-a-Service，IaaS）。IaaS相比于PaaS，所提供的服务更为基础，它提供的是虚拟化计算资源，如虚拟机、存储、网络和操作系统。用户可以在其上部署和应用任意的软件。IaaS使用户可以实现具有适应能力的信息系统。IaaS为用户提供的功能包括：用户无须再购买全套的硬件设备；可以根据业务扩展的需求灵活地扩展基础架构；资源位于云端，不存在单点失效的情况。

3.云计算的部署方式

根据云计算服务对象的不同，云计算的部署方式可分为私有云、公有云、社区云和混合云。

（1）私有云：云计算的基础设施仅提供给特定的用户使用。如果私有云的基础设施由云服务提供商拥有、管理和维护，就叫作场外私有云或外包私有云；如果私有云的基础设施由用户自己创建和管理，则称为场内私有云或自有私有云。

（2）公有云：云计算的基础设施对一般公众开放使用，没有客户限制，由云服务提供商拥有、管理和维护。

（3）社区云：由一组具有共同属性（如任务、安全需求、政策、策略等），并且计划共享云计算基础设施的组织、机构或企业的群体共同创建的云。和私有云类似，如果社区云由云服务提供商拥有、管理和维护，就叫作场外社区云或外包社区云；如果社区云的基础设施由群体中的部分成员创建和管理，则称为场内社区云或自有社区云。

（4）混合云：由上述两种或两种以上的云组成，不同的云相互独立，但可能通过标准化的方法绑定在一起，互相之间可以实现数据和应用程序迁移的云。

10.1.2　云计算面临的安全挑战

云计算是一种新兴的网络信息服务方式，而且还在不断地进步发展，除了传统的网络安全问题需要面对外，还出现了一些新的安全问题和挑战。云计算面临的主要安全威胁如下。

1.数据泄露

在2019年的统计中，数据泄露保持了第一的位置，是最为严重的安全威胁。对客户来说，数据泄露也是最致命的安全漏洞，它会严重损害企业的声誉和财物，还可能会导致知识产权损失和重大法律责任。尤其是云端发生的数据泄露，动辄几亿个用户数据遭到外泄，这给企业和用户带来了不可估量的严重后果，如苹果公司的iCloud名人照片泄露事件。而且越来越多的用户选择云计算服务，这使得数据泄露的威胁在云计算环境下会变得更为严重。由于云计算的多用户架构，多个用户的数据通常驻留在同一台计算机上，所以不恰当的配置和漏洞也会使数据泄露的影响范围更广。

针对数据泄露的相应对策有：

（1）实施严格的API访问控制；

（2）对传输和存储的数据实现加密和完整性保护；

（3）采用高强度的加密算法和加密密钥，以及高安全性的密钥分发、存储和销毁方法；

（4）设计实现应用程序式的数据实时保护机制。

2.配置错误

当云计算环境配置不正确时，就会使其易受恶意攻击。这些错误的配置包括不安全的数据存储元素或容器、过度的权限、未更改的默认凭证和配置设置、禁用标准安全控制、使用未打补丁的系统和日志或监视，以及不受限制的访问端口和服务，等等。

云的资源可能是复杂和动态的，所以其配置是复杂的，应当开发自动化配置工具，该工具应能够持续扫描错误配置的资源并实时纠正错误配置。

3.缺乏云安全架构和策略

采用云计算来实现业务的企业或机构需要将其信息系统的基础设施迁移到云端。其运行环境的不同造成安全架构和安全策略的极大不同。不能简单将云下的安全架构和安全策略直接复制到云端。必须针对云计算的环境重新设计安全架构和安全策略。

具体的做法如下：

（1）确保安全架构和安全策略与业务目标相一致；

（2）开发新的安全架构；

（3）确保威胁模型为最新；

（4）部署持续监控功能。

4.身份认证、访问控制及密钥管理的机制不够完善

云安全联盟在其研究报告中指出，云计算环境中，存在对数据、系统和物理资源（如服务器机房和建筑物）的访问管理和控制不足的威胁，企业需要改变与身份和访问管理有关的做法，否则可能会导致攻击者伪装成合法用户读取、修改和删除数据，发布控制平面和管理功能，窃取传输中的数据，发布看似来自合法来源的恶意软件等危害。

相应的对策如下：

（1）使用双重身份验证；

（2）对用户实施严格的身份和访问控制，特别要严格限制管理员用户或超级用户的权限；

（3）基于业务需求和最小授权原则细分用户和组；

（4）定期采用集中式的自动化方式进行密钥更换；

（5）删除未使用的访问凭据和权限。

5.账户劫持

由于有针对性的高效钓鱼攻击的大量存在，发生用户证书被盗、服务被劫持、攻击者获得高特权用户账号的风险日益增大，账户或服务劫持已经成为第五大云威胁。如果攻击者获得了对用户凭证的访问权限，他们就能够窃听用户的活动和交易行为，操纵数据，返回伪造的信息并将客户重定向到非法的钓鱼站点中。一旦攻击者利用截获的用户凭证进入系统，还可能会造成服务中止、数据被盗、财务欺诈等严重危害。

防止账户被劫持的方法如下：

（1）屏蔽用户的云计算服务提供商之间对账户证书的共享；

（2）尽量使用多因子的身份认证机制；

（3）加强对非授权活动的监控和审计；

（4）发生账户被盗时，不能仅仅重置密码，必须进行攻击溯源和漏洞分析。

6.内部威胁

在云计算应用中，用户将安全管理出让给云计算服务提供商，给予了云计算服务提供商极高的信任。因此，服务提供商的内部人员引起的安全威胁就会加剧。内部人员的

威胁不一定都是恶意的，很多无意的疏忽也有可能造成极大的损失。根据波耐蒙研究所（Ponemon Institute）的2018年内部威胁成本研究，64%的内部威胁事件是由于员工或承包商的疏忽所致。一种典型的疏忽就是内部人员使用了错误的配置。

对内部威胁的应对措施如下：

（1）对内部人员开展定期的安全培训和教育，并使安全教育常态化，增强内部人员的安全意识；

（2）定期对云服务器的配置文件进行审核，修复配置错误；

（3）提高对关键系统的访问权限，健全认证授权机制；

（4）加强对异常行为的监控；

（5）加强对特权账号行为监测和审计。

7.不安全的应用程序接口（API）

2019年12月14日，Facebook一个数据库泄露，里面包括用户手机号、姓名、ID，任何人都可以通过网络进入数据库，受影响的用户高达2.67亿人。有研究显示，该数据库中的数据可能是通过某未知API抓取的。2018年，同样发生在Facebook的数据泄露事件已确定是由Facebook提供的“View As”功能所调用的API引起的。API成为安全重灾区的原因如下：

（1）API在部署和开发过程中不可避免产生安全漏洞，导致API被非法调用；

（2）在云计算应用中，服务提供商需要将一部分API对用户开放，以便用户可以管理云服务并与云服务进行交互，但是这类API容易成为攻击者的攻击目标，如API请求参数被篡改、第三方接口非法留存接口数据、网络爬虫通过API爬取数据等等。

应对不安全API的策略如下：

（1）统一API设计规范，减少安全漏洞；

（2）实现API由上线变更到下线的全流程实时监控；

（3）完善API身份认证和访问控制机制，强化安全审核；

（4）加强API数据流的实时监控；

（5）建立健全应急响应和溯源追责机制。

8.共享技术漏洞

云计算服务提供商通过共享基础设施、开发平台或应用程序来提供服务。构成支持云计算服务部署的基础设施组件可能不具备为多租户架构或多客户应用程序提供强大的隔离属性的能力，这可能导致共享的技术漏洞。比如，在存储设备上，一个用户的业务结束后，释放资源。在内存和硬盘等资源的重新分配过程中，内存和硬盘中的数据可能没有完全擦除，那么后一个云计算用户就有可能恢复出前一个用户的内容，造成用户隐私泄露。

相应的对策有以下几种：

（1）对用户数据实施加密和完整性保护；

（2）实施持续的数据流监控；

（3）推进云计算的安全架构设计。

9.滥用或恶意使用云计算

云计算服务提供商面向公众提供服务，因此注册并获得云计算服务的门槛相对较低。有时，为了吸引更多的用户，有些云计算的服务提供商甚至提供免费试用服务。这使得攻击者可以很容易进入云计算的环境，用合法的云服务来从事非法的网络攻击活动。尤其在PaaS中，攻击者很有可能利用平台提供的开发工具实施恶意代码攻击、拒绝服务攻击、分发钓鱼邮件等。

应对这类安全挑战相应的做法如下：

（1）实施严格的注册认证流程，加强对用户的身份认证和审核；

（2）加强监督网络活动，发现并防止滥用行为；

（3）加强对支付工具欺诈和滥用的监控；

（4）建立事件响应框架以应对滥用。

10.2 物联网安全

10.2.1 物联网的概念

物联网（Internet of Things，IoT），即“万物相连的互联网”，就是将各种信息物品通过信息传感设备与互联网连接起来，实现在任何时间、任何地点，人、机、物的互联互通。物联网的目标是要实现世界的数字化，是推动信息技术变革，实现绿色、智能、可持续发展的重要引擎。

1.物联网的发展历史

物联网的概念可以追溯到20世纪80年代初。全球第一台包含了物联网概念的机器是施乐公司设置在卡内基·梅隆大学的可乐售卖机。它连接到互联网，可以在网络上检查库存。

物联网快速发展的基础得益于两篇论文。一篇是马克·维瑟（Mark Weiser）于1991年发表在“Scientific American”的《21世纪的电脑》（*The Computer of the 21st Century*），提出了普及计算的概念。另一篇是雷扎·拉吉（Reza Raji）1994年在“IEEE Spectrum”上发表的《可控制的智能网络》（*Smart networks for control*），提出了“可将少量的数据汇集至一个大的节点，这样就可以集成与控制各种设施，从家用电器乃至于整座工厂”的应用场景设想。到1999年，宝洁公司的凯文·阿什顿（Kevin Ashton）做了一次题为*Internet of things*的演讲，正式提出了物联网的概念。

2005年，国际电信联盟（ITU）在突尼斯召开的信息社会世界峰会上发布了《ITU互联网报告2005：物联网》。在这个报告中物联网的概念和范围发生了重大变化，不再专指基于RFID（射频识别技术）连接的物联网。物联网产业的兴起很大程度上得益于这个报告。这个报告描述了这样的物联网应用场景：当司机出现操作失误时汽车会自动报警，公文包会提醒主人忘带什么东西，衣服会告诉洗衣机对水温的要求，等等。这些场景中有些已经得到实现。

2008年以后，世界各国均开始重视物联网的发展。2009年，美国把新能源和物联网列为振兴经济的两大重点。IBM提出“智慧地球”的概念，就是将传感器嵌入并部署到电网、铁路、桥梁、大坝、公路、建筑、油气管道、水文站等各类设备中，使物体普通互联，形成物联网。2009年8月，温家宝同志提出“感知中国”，物联网被列入国家五大新兴战略性产业之一，物联网在中国也开始蓬勃发展起来。可以预想，未来的物联网可以实现如图10-1所示的应用场景。

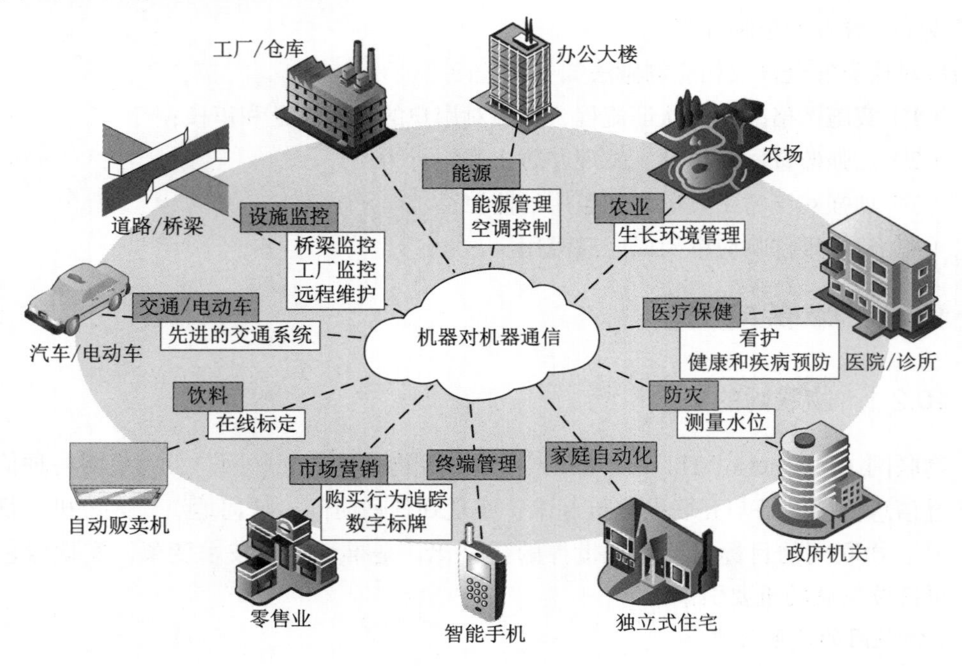

图10-1　物联网应用场景

2.物联网的基本特征

根据物联网的发展历史和应用场景，可以分析出物联网的基本特征如下：

（1）物联网是集成各种技术实现的全面感知网络。物联网通过海量部署的RFID标签、传感器、二维码等，随时随地获取物体的信息，实现多维化、多点化、网络化、周期性采集物体数据。采集的数据具有实时性、全面化的特点，实现对物理世界的普遍感知。

（2）物联网是一种集成各种网络技术的泛在网络。物联网以互联网为骨干，融合各种网络，建立起物联网内实体间的广泛互联。具体表现在各种物体经由多种接入模式实现异构互联，支持对海量数据的实时准确传输。

（3）物联网是具有智能处理与决策能力的智能网络。物联网将传感技术和智能处理相结合，利用云计算、数据融合、模糊识别等智能算法，对海量数据进行分析、加工和处理，对物体实施智能化的控制，实现从物理空间到信息空间，再返回物理空间的过程，形成感知、传输、决策、控制的开放式的循环。

3.物联网的分类

根据服务对象的范围的不同，物联网分为4种类型，分别是私有物联网（Private IOT）、公有物联网（Public IOT）、社区物联网（Community IOT）、混合物联网

（Hybrid IOT）。

（1）私有物联网：一般是指为单一机构服务而建立的内部物联网。私有物联网可以是机构自主建设的，也可以委托第三方实施和维护。私有物联网可以位于机构内部，也可以位于机构之外。

（2）公有物联网：基于互联网向大众或大型用户群体开放并提供服务的物联网。公有物联网一般由专门的机构进行运行和维护。

（3）社区物联网：向一组关联机构群体提供服务的物联网。关联机构群体可以是具有相同或相关职能的不同机关团体，如一个城市政府下属的各职能部门。

（4）混合物联网：上述两种或两种以上物联网的组合，一般由一个统一的实体负责运营和维护。

4.物联网的技术架构

物联网的技术构架分为三层：感知层、网络层和应用层，如图10-2所示。

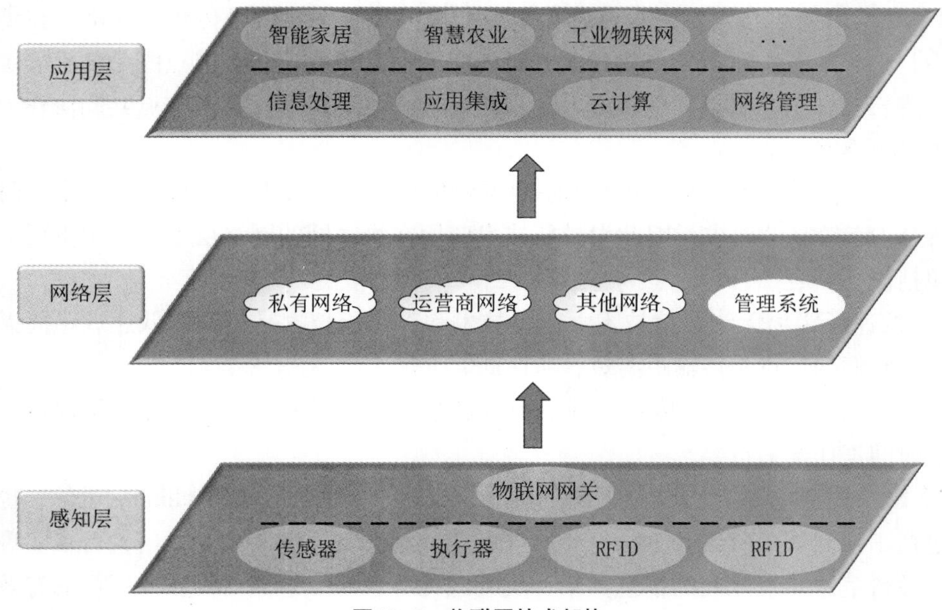

图10-2　物联网技术架构

（1）感知层。感知层是物联网的核心层，主要负责信息的采集和信号处理、识别物体，并通过物联网网关等通信模块将物理实体连接到网络层和应用层，最终实现物与物、物与人的互联。涉及的核心产品包括传感器、电子标签、传感器节点、无线路由器、无线网关等。

（2）网络层。网络层实现信息的传送功能。它由各种私有网络、运营商网络、有线和无线通信网及相关的管理系统组成，负责将感知层获取的信息安全可靠地传输到应用层。物联网网络层将承担比现有网络更大的数据量和更高的QoS（服务质量）要求，所以现有网络尚不能完全满足物联网的需求。网络层主要涉及的技术问题包括不同网络协议的互通、智能路由器、自组织网络等。

（3）应用层。物联网应用层的主要功能是处理网络层传来的海量信息，并利用这些信息为用户提供相关的服务。物联网应用层的核心功能围绕两个方面：一是“数据”，应用层需要完成所有接收的数据的管理和处理工作；二是“应用”，根据行业的需求，开发不同的应用程序或接口。

5.物联网的关键技术

（1）感知层关键技术。

1）传感器技术。传感器是物联网获得信息的主要设备，它采集物理世界的信息，转换为电信号，并最终形成量化为可被计算机处理的数字信号。它是物联网感知物理世界、实现对物体控制的首要环节。

2）RFID技术。RFID全称为Radio Frequency Identification，即射频识别，又称为电子标签，由标签、读写器以及中央信息系统三部分组成。RFID可以作为物品的唯一数字标识。现在的电子不停车收费系统（Electronic Toll Collection，ETC）、超市仓储管理系统、飞机场的行李自动分类系统都采用的是RFID技术。

3）传感器网络技术。大量传感器节点构成的无线网络就是传感器网络。在传感器网络中，每个节点都具有传感器、微处理器以及通信单元。每个节点既是传感器（对物理世界进行感知），又是通信单元，所以传感器网络可以通过多个节点共同协作来获得物理世界更准确的信息。

（2）网络层关键技术。由于物联网需要传输海量的数据，而且对丢包率、时延、带宽等QoS有较高的要求，因此大量新技术应用在物联网的网络层上。其中重要的关键技术包括以下4项：

1）低速近距离无线通信技术：蓝牙技术和ZigBee技术是典型的低速近距离无线通信技术。它们的特点是传输距离短、功耗低。

2）低功耗路由技术：传感器网络中节点通常是无线节点，低功耗对于保持传感器网络长时间工作至关重要。

3）M2M技术：大部分文献指的是机器与机器（Machine to Machine）通信，也有文献还包括了人与人（Man to Man）、人与机器（Man to Machine）通信，旨在实现人、机器与后台信息系统之间的信息共享、交互式无缝连接，达到对设备和资产的有效监控和管理。

4）认知无线电技术：物联网中存在大量无线传感器节点，数量以百计，甚至以千、万计，会造成无线传感器节点访问信道时的碰撞和拥塞，必须引入认知无线电技术，以实现高效的信道接入，从而保证网络QoS。

（3）应用层关键技术。应用层关键技术除了与应用密切相关的关键技术外，主要涉及数据存储、并行计算、信息呈现、海量信息处理、人工智能等。此外，物联网终端数量快速增长，数据流庞大，导致传统的数据中心已经无法保证系统性能，需要引入云计算的大数据技术。

10.2.2 物联网面临的安全挑战

物联网的安全性一直受到各界的质疑，也成为物联网推广应用的重要障碍。物联网除了需要面对传统网络中存在的安全问题外，还有其特殊的安全问题。物联网最主要的安全薄弱来源于多数物联网设备计算能力相当有限，无法使用常见的安全措施。物联网面临的安全挑战如下。

1.测试不足和缺乏更新

目前，全球大约有超过300亿个物联网设备，到2025年底可能会超过600亿个。如此快速和大规模的增长带来的一个问题就是很多制造商都急于生产和发布自己的新产品，没有考虑太多测试。由于设备数量众多，也难以实现对设备进行及时更新，有些设备甚至根本没有更新过。另外，由于技术进步迅速，制造商只有在较短的时间内提供更新，转而专注于新一代设备。因此，物联网设备可能会暴露在无数恶意软件、黑客攻击和其他安全漏洞面前。

相应的对策只能是要求制造商实施定期的自动更新，这对于避免物联网安全问题至关重要。另外一旦发现新的漏洞，制造商有责任更新设备的软件。

2.物联网设备的劫持和勒索软件

随着未来几年物联网设备的数量持续增加，利用这些设备的劫持和勒索软件的数量也将增加。

物联网设备通常是小型化设备，资源有限，无法实施严密的安全措施，这使得物联网设备很有可能成为勒索软件的目标。一旦黑客用勒索软件感染或控制设备，就会要求赎金。

这种安全威胁可能会使可穿戴技术、医疗追踪器和智能家居面临巨大风险。例如房子被锁、智能汽车无法启动、控制摄像头获得隐私数据等，人们往往只能选择支付赎金。勒索软件的攻击不仅会将用户锁在物联网设备和相关平台之外，还会使设备失效并窃取用户数据。全球物联网设备数量的快速增长，使这一问题变得非常严重。例如在特朗普的总统就职典礼前，华盛顿特区大约70%的监控摄像头都感染了勒索软件，使得警方好几天没有能力进行监控和记录。

一种有效的解决方案是将物联网信息都存储在云端，避免恶意软件将有价值的数据锁定，或者可以快速恢复设备。

3.入侵家庭

物联网设备在家庭和办公室大量使用，这催生了智能家居。但智能家居中使用的物联网设备防御机制较差，可能会暴露使用者的IP地址，而IP地址可以精确定位到使用者的住宅地址。这个重要的信息可以被黑客出售给地下网站，造成巨大的潜在威胁。

防御这种物联网安全威胁的方法是通过VPN连接设备，引入多因子身份认证系统，并妥善保护用户的登录凭证。

4.远程控制汽车

除了入侵家庭，远程入侵智联网汽车也是物联网的一大威胁。在物联网设备的帮助下，智联网汽车即将成为现实。然而，由于它与物联网的关联，它也具有更大的汽车劫持风险。熟练的黑客可能会通过远程访问对智联网汽车进行劫持。这显然是对公共安全的巨大威胁，因为它们可以导致事故。此外，远程车辆访问也可能成为勒索软件的目标，因为黑客可能会为解锁汽车而收取费用。

除了物联网设备制造商正在努力解决这个安全漏洞问题外，汽车制造商也在关注这个问题，而且已经提出了一些可行的解决方案。

5.暴力破解和默认口令问题

由于物联网设备数量太大，许多制造商给所有设备设置了默认口令，比如使用"admin"作为用户名和密码，而物联网设备的认证过程比较薄弱，这使得几乎所有物联网设备都容易受到密码攻击和暴力攻击。Mirai僵尸网络（Mirai botnet）就是在物联网中规模大、破坏力大的一种DDoS攻击。Mirai在物联网中泛滥的原因就是它能够识别易受攻击的物联网设备，使用默认用户名和密码登录并感染它们。

对于这种威胁，目前可行的方法只有政府立法要求制造商不要销售带有默认口令或证书的物联网设备。任何在其设备上使用出厂默认口令或凭证的企业或机构，都将其业务、资产、客户及其有价值的信息置于容易受到暴力攻击的风险之中。

6.假冒物联网设备

物联网设备的普及度和产量的急剧上升，使得用户可能会在未经任何授权和不知情的情况下，在安全网络中安装流氓和假冒物联网设备。这些单元要么取代原来的单元，要么集成到网络中，收集机密信息和数据，打破网络的边界。这些设备还可能伪装成无线接入点、摄像机、恒温器和其他类型的设备，在用户不知情的情况下窃取敏感数据。恐怖电影*Child's Play*就受到了这个概念的启发，在电影中，在一个智能家庭系统中控制其他设备的"Chucky"是一个假冒的物联网设备，已经形成对人类生命的威胁。

引入严格的管理制度的认证机制是解决此类威胁的有效方法。

7.不安全的通信

由于物联网设备运算能力的限制，现在许多物联网设备在通信时是不加密的，这是目前存在的最大的物联网安全挑战。

要避免这种威胁，最好的方法是强制要求物联网设备使用传输加密和TLS之类的标准进行加密通信。或者使用VPN，以确保传输的数据是安全和加密的。

8.数据安全和隐私问题

侵犯隐私是物联网安全的另一个突出问题。随着智能终端的普及和智能家居的快速发展，大企业部署了海量的物联网设备，获得了海量的用户数据，并不断地利用、传输、存储和处理数据。现在的一种做法是各大企业之间共享了用户的数据，甚至有的企业将数据出售给不同的公司，这侵犯了用户的隐私权和数据安全。

对此类安全问题，最直接的解决方案就是加强法律建设和监督监管，设置专门的合规和隐私规则，对敏感数据进行编辑和匿名处理，并将存储的数据与用于个人身份识别的信息分离。

9.物联网制造商方面缺乏标准

现在几乎每天都有新的物联网设备出现，但都有未被发现的漏洞。例如，大多数蓝牙设备在第一次配对后仍然可见，智能冰箱可以暴露Gmail登录凭证，智能指纹挂锁可以使用与挂锁设备具有相同MAC地址的蓝牙设备访问，等等。这主要是由于缺乏通用的物联网安全标准，而制造商继续以不合规的方式制造安全性较差的设备。

对于这类现象，需要加强国家层面的法律建设，尽快推出相关行业标准和国家标准。

10.用户对物联网安全意识不足

经过多年的发展，互联网应用已经得到了深入的普及。互联网用户逐渐具备了良好的安全意识。他们会拒绝钓鱼邮件、定期扫描病毒等。但物联网是一项新技术，人们对它还知之甚少。物联网最大的安全风险和挑战之一是用户对物联网功能的无知和缺乏认识。一个特别严重的例子是2010年对伊朗核设施的毁灭性袭击。袭击目标是一款名为"可编程逻辑控制器"的物联网设备，只需一名工作人员将USB闪存驱动器插入一台内部计算机，就可以破坏内部网络与公共网络的隔离，从而使其容易受到攻击。

可见，加强用户的安全培训和教育是物联网安全的当务之急。

10.3　工业互联网安全

10.3.1　工业互联网的概念

工业互联网是一种信息技术与制造业深度融合的新兴技术领域和应用模式。它通过人、机、物的全面互联，高效共享工业经济中的各种人力资源、信息资源、物质资源，构建起全要素、全产业链、全价值链、全面连接的先进制造业体系和现代服务业体系，从而提高效率，推动整个制造服务体系实现数字化、网络化、智能化发展。

工业互联网的实质就是在全面互联的基础上，通过数据流动和分析，形成智能化变革。工业互联网与传统互联网相比，更强调数据，更强调充分的连接，更强调数据的流动和集成以及分析和建模。

1.工业互联网的架构

全球主要经济强国都将将制造业数字化作为强化本国未来产业竞争力的战略方向，也都把参考架构设计作为重要抓手，如德国推出工业 4.0 参考架构 RAMI 4.0、美国推出工业互联网参考架构 IIRA、日本推出工业价值链参考架构 IVRA。

我国先后发布了两版工业互联网体系架构，第一版是发布于2016年8月的《工业互联网体系架构（版本 1.0）》，如图10-3所示，以下简称《体系架构 1.0》。《体系架构 1.0》提出了工业互联网的网络、数据、安全三大体系，其中"网络"是工业数据传输交换和工业互联网发展的支撑基础，"数据"是工业智能化的核心驱动，"安全"是网络与数据在工业中应用的重要保障。

图10-3中的三个闭环分别指的是面向机器设备运行优化的闭环，面向生产运营决策优化的闭环，以及面向企业协同、用户交互与产品服务优化的全产业链、全价值链的闭环。

《体系架构1.0》发布以来，在制定标准、指导研究、形成共识等多个领域发挥了重要作用。但是，在发布《体系架构1.0》的时候，还有很多内容和细节不够完善，因此，2.0版本的提出就很必要了。《工业互联网体系架构（版本2.0）》（以下简称《体系架构2.0》）于2019年10月发布，如图10-4所示。

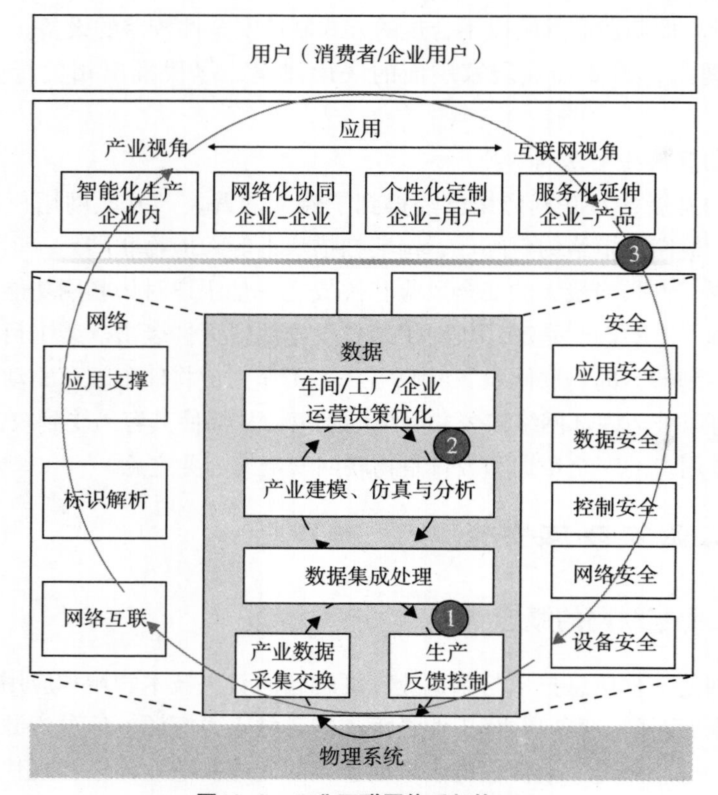

图10-3　工业互联网体系架构1.0

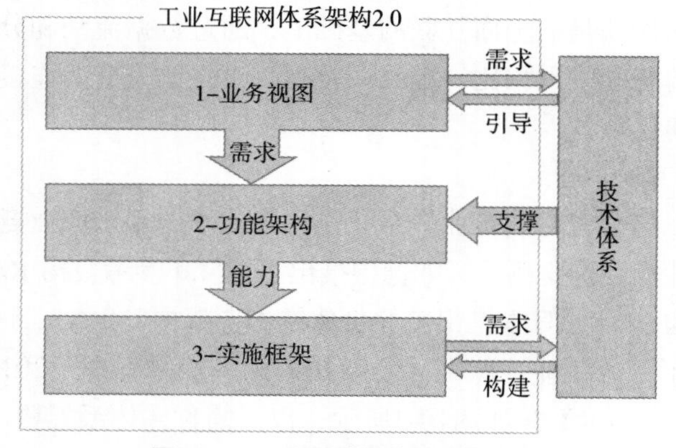

图10-4　工业互联网体系架构2.0

从图10-4中可以看出，《体系架构2.0》包含了业务视图、功能架构、实施框架和技术体系4个板块。其中业务视图、功能架构和实施框架各板块之间以商业目标和业务需求为牵引，明确系统的功能组成和实施方式，自上而下逐层细化和深入。业务视图明确了企业应用工业互联网时的数字化转型目标、方向、业务场景和数字化能力；功能架构明确了支撑业务实现的功能要求，包括基本要素、功能模块、交互关系和作用范围；实施框架描述实现功能的软硬件系统和部署方式，以及功能在企业落地实施的层级结构；技术体系汇聚了支撑工业互联网业务、功能和实施所需的所有关键技术。下面我们再对上述各板块进行较详细的分析和介绍。

2.工业互联网的业务视图

工业互联网的业务视图如图10-5所示。图10-5中，业务视图包括产业层、商业层、应用层、能力层4个子层。

产业层主要是站在宏观和政策层面，说明和阐述产业整体的发展目标、实现途径和支撑基础。

商业层则是站在企业的角度，明确企业实施数字化转型期间的战略方向和具体目标。主要面向企业CEO及决策人员，用于制定企业级战略目标。

业务层则是细化了企业在数字化转型期间的重点领域和具体场景，面向企业的CIO、CTO、CDO等主管或核心人员，确定企业在工业互联网中的具体应用或业务模式。

能力层则描述了企业要实现工业互联网条件下的业务目标所必须建立的数字化能力。一般来说，需要构建泛在感知、智能决策、敏捷响应、全局协同、动态优化五类工业互联网核心能力。

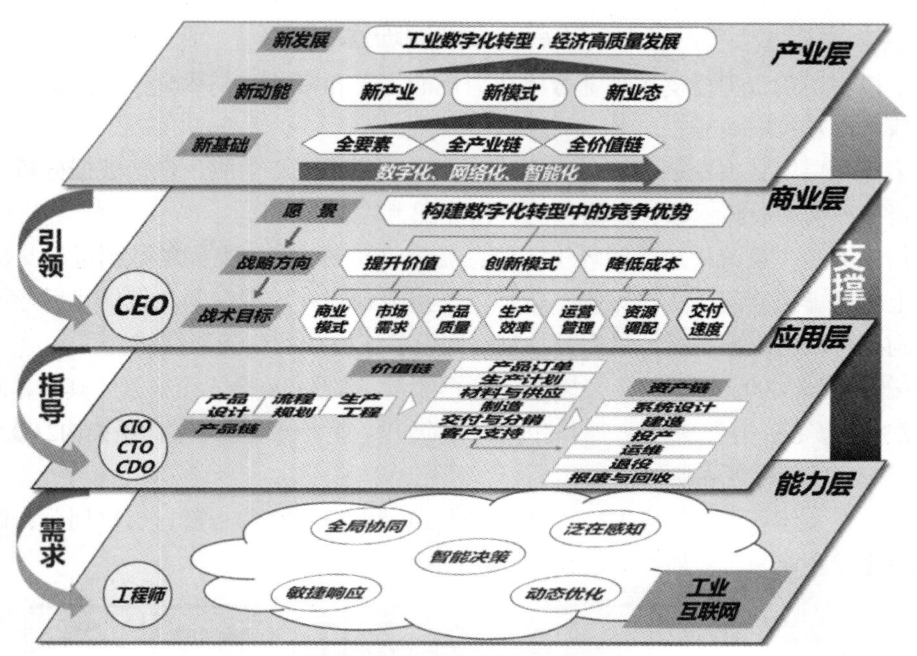

图10-5　工业互联网业务视图

3.工业互联网的功能架构

功能架构是《体系架构2.0》的核心内容，实施框架围绕功能架构而展开。以数据为中心的工业互联网功能体系包含了感知控制、数字模型、决策优化三个层面，还包括一个由自下而上的信息流和自上而下的决策流构成的工业数字化应用优化闭环，如图10-6所示。

图10-6中，感知控制层构建工业数字化应用的底层接口，包含感知、识别、控制和执行四项功能。

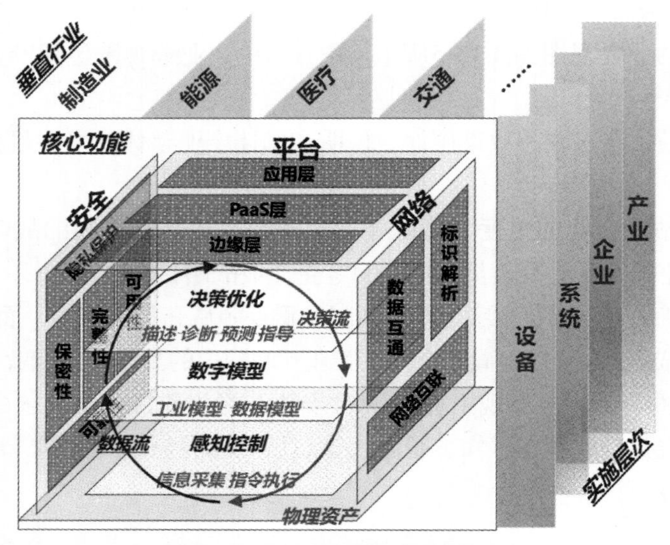

图10-6　工业互联网功能原理

数字模型层负责提供支撑工业数字化应用的工具和资源，具体包括数据集成、模型构架和信息交互三项功能。

决策优化层以数据挖掘为核心，形成工业数字化的核心功能，包括数据分析、状态展示、资产评估和故障诊断、行为预测、指导配置等功能。

在信息流和决策流构成的闭环中，信息流将感知到的物理空间的数据进行集成和分析，并上传到虚拟空间，为决策提供依据。决策流则将在虚拟空间决策优化后形成的指令下发到执行机构或控制器，以提升物理空间设备或资产的功能和性能。

在《体系架构2.0》中，功能架构还包括了网络、数据和安全三个要素。其中，网络是基础、数据是核心、安全是保障。具体内容不再展开，读者可以参考《体系架构2.0》。

4.工业互联网的实施框架

目前，在《体系架构2.0》中，依然以传统制造企业的结构来进行层次划分，确立了设备、边缘、企业和产业四个层次，如图10-7所示。

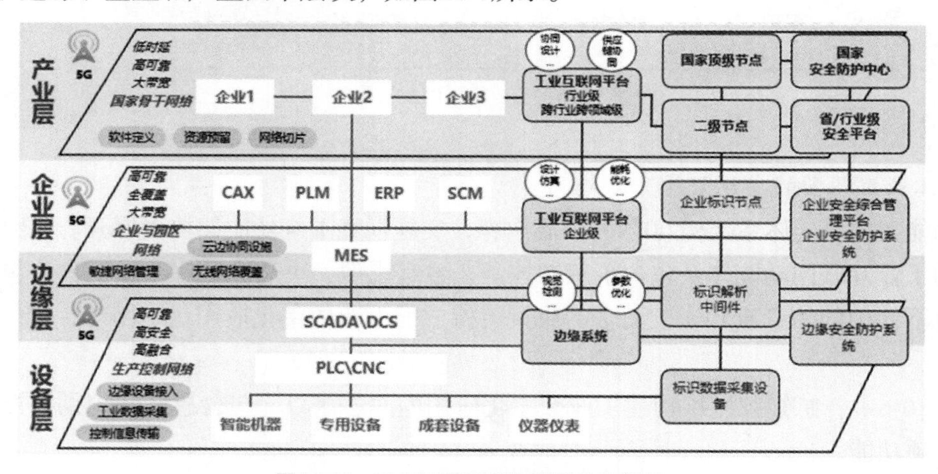

图10-7　工业互联网实施框架总体视图

设备层对应具体设备和产品的运行和维护功能，以及底层设备的监控和故障诊断功能。

边缘层对应生产线或生产车间的运行和维护功能，涉及原材料调度、生产流程优化、质量控制等内容。

企业层则上升到了企业层面，关注企业级的商务关键能力，包括平台建设、订单计划、绩效管理、客户关系等。

产业层则关注资源整合、资源优化配置、供应链协同、跨企业的平台建设、骨干网络及安全建设等。

《体系架构2.0》的实施框架中还说明了在进行系统各层级的功能分布、系统设计与部署时，需要通过“网络、标识、平台、安全”四大实施系统的建设，指导企业实现工业互联网的应用部署。具体实施的内容和方式参见《体系架构2.0》。

5.工业互联网的技术体系

工业互联网的技术体系为功能架构和实施框架的具体实现提供技术支撑。技术体系主要由制造技术和信息技术，以及两大技术的融合技术构成。

具体的工业互联网的技术体系结构如图10-8所示。

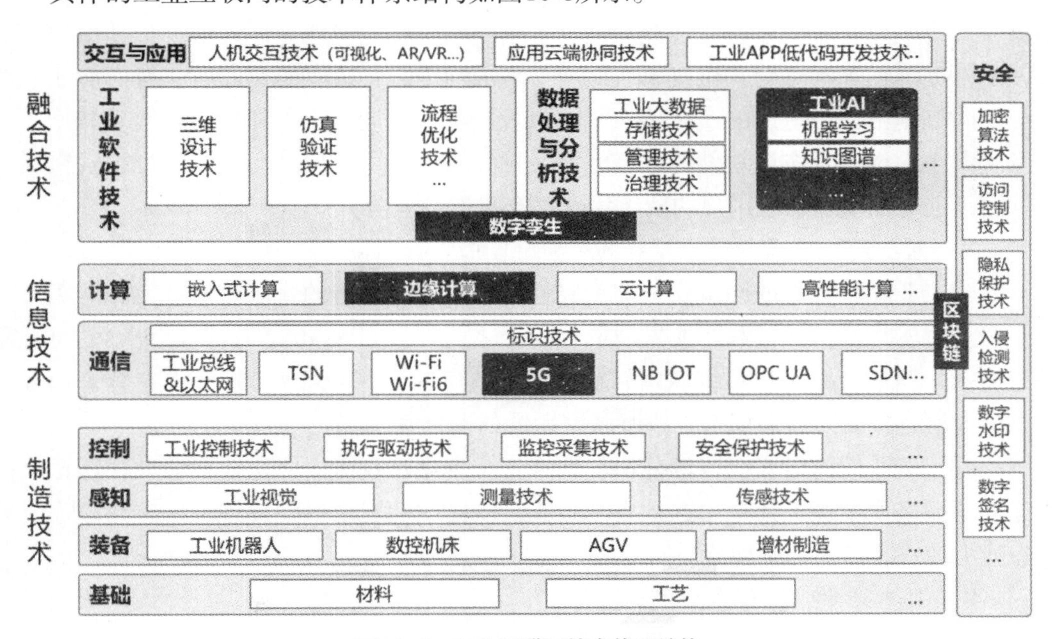

图10-8　工业互联网技术体系结构

制造技术与工业互联网的物理系统相关，涉及基础技术、装备技术、感知技术和控制技术4个子层。其中基础技术涉及最基础的生产原材料和加工工艺技术，是工业互联网，也是传统制造业的基础技术。装备技术则是指面向加工、检测、物流的工业机器人、数控机床、3D打印等技术。感知技术包括传感技术、测量技术以及工业视觉技术。控制技术则是指自动控制、执行器件的控制等对物理设备进行控制的技术。

信息技术描述了工业互联网的数字空间，包括通信技术和计算技术。通信技术用于提供可靠的、快捷的数据传输能力，以及设备节点的标识能力；计算技术以边缘计算、云计算为主，提供分布式、低成本数据处理能力。

融合技术的目标是实现物理空间和数字空间的深度融合。其中数据处理与分析技术在实现海量数据的管理、存储和治理的同时，加强人工智能技术在数据分析和预测方面的优势，建立数字孪生体系。工业软件技术支持数据可视化和流程优化水平的提高。交互与应用技术通过VR/AR技术，改变制造系统的交互方式。总体来讲，融合技术一方面是建立符合工业特点的数据采集、处理、分析体系，推动信息技术不断向工业核心环节渗透；另一方面重新定义工业知识积累、使用的方式，提升制造技术优化发展的效率和效能。

10.3.2 工业互联网面临的安全挑战

工业互联网在概念提出之初就强调了网络安全的重要性，也制定了一些关于网络安全的规范和制度。但是随着工业互联网逐渐开始落地生根，还是暴露出工业互联网的安全保障措施不够完善，存在以下安全隐患。

1.隐私和数据保护还不够完善

工业互联网需要处理的数据具有数量大、种类多、关联性强、价值分布不均匀的特点，使得工业互联网平台在处理数据的安全问题时存在责任主体不清、分类保护难度大、事件溯源困难的难题，还有无线网络带来的网络防护边界模糊问题；身份认证、授权与访问控制不严格造成的违规接入、跳板入侵等也会造成隐私和数据泄露。另外，工业互联网中的设备及应用软件的数量庞大，种类繁杂，协议标准不统一，难以实施统一的管理，这也使得企业或用户的敏感信息存在泄露的风险。

2.安全防护能力还需要进一步提高

尽管工业互联网中的网络安全的重要性已经得到了充分的肯定，但在具体落实时，很多企业依然将经济效益和产业发展放在安全之前。根据Positive Technologies公司研究数据显示：当前全球工控系统联网暴露组件总数量约为22.4万个，这使得有越来越多的攻击者能够直接利用漏洞损害工业互联网系统的安全性。

同时，专业的网络安全咨询公司、网络安全企业在我国的体量还不够大，还无法提供充分的网络安全服务渠道。这造成在工业互联网中的安全风险发现、应急处理等安全保障能力较弱，需要加强建设。

3.安全可靠性难以得到充分保证

工业互联网设备和系统通常是嵌入式系统设备，计算和存留资源有限，难以实施复杂的网络安全策略和措施，难以保证设备和系统的安全可靠运行。此外，工业互联网设备还可能存在漏洞、缺陷、不规范使用及后门缺陷。截止到2019年12月，CNVD收录的与工业控制系统相关的漏洞高达2 306个，其中中高危漏洞占比高达92.8%。

除了设备和软件问题，人员管理也存在安全挑战。由于缺乏足够的和有针对性的安全培训和安全规范，内部人员的有意或无意的不安全行为，都有可能造成重大的安全事件，使工业互联网系统的安全可靠性难以得到充分保证。

工业互联网产业联盟显然也认识到了网络安全问题的严重性，在《体系架构2.0》中专门对网络安全的实施架构做出了规范，如图10-9所示。

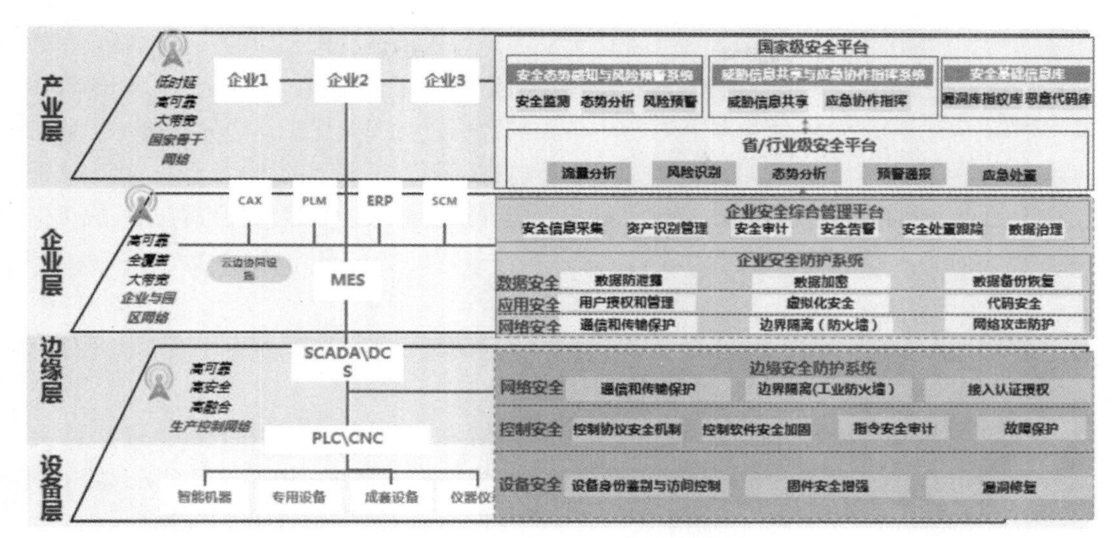

图10–9　工业互联网安全实施架构

图10-9中，工业互联网安全实施架构规范了一个设备层、边缘层、企业层、产业层层层递进的安全体系框架。在此框架下实现了包括边缘安全防护系统、企业安全防护系统和企业安全综合管理平台，以及省/行业级安全平台和国家级安全平台的安全体系结构。

1.边缘安全防护系统

边缘安全防护系统涉及设备安全、控制安全和网络安全三方面，为物理空间的设备和生产控制流程提供分层分域的安全保护。

（1）设备安全：从设备身份鉴别与访问控制、固件安全增强、漏洞修复三方面入手，建立完善的安全策略，保护生产设备、产品以及智能终端的安全。对于接入工业互联网现场的设备要支持唯一的、硬件的身份标识，并基于此标识实施严格的身份认证和访问控制，确保只有符合安全条件的设备才能接入工业互联网，才能与上层设备进行数据交互。从操作系统内核、协议栈等方面采取措施，增强固件安全性，实现设备固件自主可控，防止恶意代码传播。必须保证定期对生产现场的设备和系统进行漏洞扫描，发现漏洞并及时修补。

（2）控制安全：主要在控制协议安全机制、控制软件安全加固、指令安全审计、故障保护等方面制定安全策略，提高系统安全性。在控制协议安全机制方面，首先要确保只有经过身份认证的用户才能执行控制命令，而且必须对用户进行分级，只有满足安全级别要求的用户才能执行对应级别的控制命令；控制协议的通信过程也必须保证机密性和完整性。在控制软件安全加固方面，要求对控制软件的漏洞进行及时修补并提供替代方案。在指令安全审计方面，要求对控制软件的运行进行全流程检测和审计，及时发现安全事件，避免发生安全事故，并为安全事故的调查提供数据支撑。在故障保护方面，要求明确操作人员在系统受到网络攻击或断电、火灾等自然灾害时能够采取有效措施检测故障并有效处理。

（3）网络安全：总体上讲与传统信息系统的网络安全没有本质区别，只是重点强调在通信和传输保护、边界隔离（工业防火墙）、接入认证授权方面的安全策略。在通信和传输保护方面，除要求在传输过程中保证机密性和完整性外，还要求在标识解析体系中对解析节点中存储以及在解析过程中传输的数据进行安全保护。边界隔离（工业防火墙）则是要求在操作安全域之间的边界进行监视，阻断边界上的入侵行为。接入认证授权方面要求所有接入的设备均有唯一标识，能够阻断非法设备接入并报警，形成可信接入机制。

2.企业安全防护系统

企业安全防护系统的目标在于提高企业的安全防护水平，降低安全风险。在具体部署内容方面，包括网络安全、应用安全和数据安全三方面。

（1）网络安全：包括通信和传输保护、边界隔离（防火墙）、网络攻击防护三个方面。通信和传输保护就是传统的保护传输过程的机密性和完整性。边界隔离（防火墙）则是指信息域之间的逻辑隔离。网络攻防方面强调身份鉴别和登录过程的严格控制。

（2）应用安全：包括用户授权和管理、虚拟化安全、代码安全等安全策略。用户授权和管理策略根据工业互联网平台用户分属不同企业的特点，在确保数据资产按不同模块分享给不同用户的同时，确保用户不能越权访问。在虚拟化安全方面，由于工业互联网大量使用了云计算和边缘计算技术，需要根据虚拟化的特点实现不同层次不同用户的有效隔离，可以通过虚拟化加固的方法来实现。在代码安全方面，主要要求对代码进行严格的安全管控和代码审计，避免引入安全漏洞，并引入代码修订措施。

（3）数据安全：包括数据防泄露、数据加密、数据备份恢复三个方面。数据防泄露就是保证数据在传输和存储过程中的机密性、完全性和可用性。与传统的数据防泄露相比，工业互联网还要求虚拟机之间、虚拟机与存储资源之间的数据防泄露保护。数据加密方面，要求用户根据数据敏感度采取分级加密存储措施。密钥的生成、使用和管理必须遵守国家密码委的相关规定。数据备份策略要求工业互联网服务提供商对用户数据有妥善的备份机制，以及发生数据泄露、丢失和损毁时的补救措施。

3.企业安全综合管理平台

强化企业的综合安全管理能力，建立安全风险可知、可视、可控的安全防护体系。重点对企业的网络出口进行监测，实现企业的安全信息采集、资产识别管理、安全审计、安全告警、安全处置跟踪以及数据治理等功能，并实现与省/行业级安全平台的对接。其中安全信息采集是指对企业内部的安全态势信息进行实时监测、采集和汇总。资产识别管理通过对网络出口流量的监测和分析，发现并识别企业内网的资产并进行集中管理。安全审计则是通过分析日志数据，发现可改进的系统设置，防止攻击行为发生，为攻击溯源提供支持。安全告警就是对发现的安全问题及时发出警报信息。安全处置指通过安全事件的溯源机制，确定相关责任人。数据治理是指对采用到的数据进行统计和分析，为企业决策提供依据。

4.省/行业级安全平台

省/行业级安全平台的目标是保障省内或行业内工业互联网平台的安全运行。具体手段和做法是通过对接入本地网络的数据进行采样和监测，实现工业资产探测、流量分析、风险识别、态势分析、预警通报、应急处置等。上述措施需要覆盖省内或行业内的企业工业互联网平台，实现企业基础数据管理功能、策略/指令下发、情报库共享、信息推送等功能。另外还要与国家级安全平台和企业安全综合管理平台实现对接。

5.国家级安全平台

国家级安全平台致力于提升国家级工业互联网安全综合管理和保障能力，加强国家与省/行业级安全平台的系统联动、数据共享、业务协作，形成国家整体安全综合保障能力。国家级安全平台涉及的具体安全策略包括：第一，建立安全态势感知与风险预警系统。在全国范围内，跨省协同开展安全监测、态势分析、风险预警工作，并与省/行业级安全平台对接。第二，建立威胁信息共享与应急协作指挥系统。在全国范围内共享工业互联网安全威胁信息，支持工业互联网企业上报并共享安全风险、预警发布、事件响应等信息。建立应急协作指挥中心，形成综合研判、决策指挥和过程跟踪能力，全面提升国家级工业互联网安全综合管理和保障能力。第三，建立安全基础信息库，对现有资源进行分析和整合，形成包括安全漏洞库、指纹库、恶意代码库在内的安全基础数据库。最后，还要实现与省/行业级安全平台的系统联动、数据共享、业务协作，形成国家整体安全综合保障能力。

10.4　人工智能安全

10.4.1　人工智能的概念

人工智能（Artificial Intelligence，AI）是计算机科学的一个分支，它企图了解人类思维的本质，利用计算机模拟、延伸人的智能，生产出能够以人类的思维方式对环境进行感知，并做出反应的机器。人工智能起源于对人类智能的模拟，但也可以超越人类的智能。

人工智能被认为是21世纪三大尖端科技（基因工程、纳米科学、人工智能）之一。2020年5月，我国《政府工作报告》把人工智能和5G都列入了新基建领域。随后我国25个省市发布新基建政策方案，预计将投入30多万亿元，推动人工智能建设。可以预想到人工智能将在我国得到快速蓬勃发展。未来人工智能将和水、电、气一样，成为基础设施的一部分，但这也对人工智能的安全性提出了更高的要求。

2021年年初，一则新闻更是把人工智能的安全问题暴露在公众视野之下。这个新闻就是清华的RealAI（瑞莱智慧）实现了一种简单的攻击技术，在一副眼镜的攻击下，19款使用2D人脸识别的国产安卓手机无一幸免，全部被快速破解。具体而言，就是RealAI团队选取了20款手机做了攻击测试，覆盖不同价位的低端机与旗舰机，除了iPhone 11以外，其他19款手机均被解锁成功。

测试者佩戴了一副含有在A4纸上打印的对抗样本图片的眼镜，如图10-10所示。图10-10中，左侧为含有对抗样本图片的眼镜，右侧为戴上眼镜的测试者。

根据RealAI团队的算法人员们介绍，他们在拿到被攻击者的照片后，通过算法在眼部区域生成干扰图案，然后打印出来裁剪为“眼镜”的形状贴到镜框上，测试人员戴上就可以实现破解，整个过程只花费15 min左右。

这是一个典型的人工智能算法的安全性影响网络身份认证安全性的实例，其实人工智能在网络安全领域还有更多的安全挑战。

图10-10 RealAI 团队人脸识别攻击

10.4.2 人工智能面临的安全挑战

人工智能已经在网络安全领域发挥了重要作用，如入侵检测、恶意软件检测、攻击溯源等各方面。但人工智能也是一把双刃剑，在帮助用户提高网络系统的安全性的同时，也有可能造成网络安全隐患或网络安全事件。如上文讲到的对人脸识别的攻击，就是损坏了网络身份认证机制。

人工智能对网络安全带来威胁和挑战主要表现在以下几方面。

1.人工智能产品本身可能含有安全漏洞

目前国内的人工智能产品主要基于第三方的学习框架和组件开发，并且基于第三方提供的数据集进行训练。而这些学习框架、组件和数据集即使是知名科技巨头开发的，也不可避免地存在着大量漏洞。如2020年9月，360公司公开披露了谷歌公司的开源框架平台TensorFlow就存在24个安全漏洞；同年，麻省理工学院的研究人员证实了CIFAR-100-LT、ImageNet-LT、SVHN-LT等广泛使用的数据集存在严重不均衡的问题。这些漏洞可能导致系统信息泄露、决策失误甚至系统崩溃。

2.人工智能可能导致更大的信息泄露的风险

（1）人工智能算法依赖于数据集的采集和训练。在数据采用的过程中，可能会存在过度采集数据或数据非授权使用的问题。这都可能造成信息泄露。

（2）人工智能算法本身的推理能力和数据挖掘分析能力，使得人工智能算法可以基于若干看似不相关的数据片段，分析得到用户的隐私信息，甚至识别出用户的个人特征，使得个人隐私数据更容易被泄露。例如，在2018年的Facebook的泄露事件中，根据分析就是利用了已公开的个人信息，通过关联分析，获得5 000万个用户的个人资料数据，来创建档案，并在2016总统大选期间针对这些人进行定向宣传。这在当时造成了极其恶劣的影响，Facebook公司的股价一度缩水360多亿美元。

（3）由于人工智能算法需要对训练数据和采集数据进行记录，攻击者可以采用逆向工程技术获得用户的隐私数据。例如Fredrikson等人可以针对人脸识别系统使用的梯度下降方法还原训练数据集中的特定面部信息。

3.人工智能可以提升网络攻击的效率

过去的恶意软件是通过攻击者手工完成的，但是由于人工智能技术的引入，恶意代码的生成实现了自动化，恶意代码可以快速生产。而且基于人工智能算法，可以在恶意代码中加入部分对抗代码，绕过安全检测。2017年8月，安全公司 EndGame发布了可修改恶意软件绕过检测的人工智能程序，通过该程序进行轻微修改的恶意软件样本即可以16%的概率绕过安全系统的防御检测。

人工智能算法也使攻击更有效率。人工智能算法的自我学习能力可以使攻击工具自动发现系统中的漏洞。恶意代码也变得更加智能，可自主地执行命令、发动攻击。群智能的引入也使得攻击工具可以形成规模化、智能化的主动网络攻击，给信息系统安全带来更大的安全威胁。

4.人工智能存在滥用或恶意应用的风险

人工智能算法的滥用或恶意应用指的是：第一，不当使用或恶意使用人工智能技术导致安全威胁或安全事件；第二，使用人工智能技术造成了不可控的安全风险。例如，智能推送算法可能导致不良信息的快速传播。人工智能可以合成虚假信息实施网络诈骗。2018年5月8日，谷歌公司在I/O开发者大会上展示的聊天机器人，在与人进行电话互动时对话自然流畅、富有条理，已经完全骗过了人类。这意味着“机器人骗子”已经快问世了。

人工智能技术也有可能大大削弱现有的网络安全防护手段。例如可以利用人工智能技术破解登录验证码。2018年，美国西北大学团队就基于人工智能技术实现了一个验证码破解器，仅利用500个目标验证码优化求解器，就可在0.05 s内攻破验证码。

可见，人工智能在保障网络空间安全、提升网络风险防控能力的同时，又带来了冲击网络安全的技术问题。如何积极推动人工智能在网络安全领域的积极作用还有很长的路要走。

10.5　无人系统安全

10.5.1　无人系统的概念

无人系统近年发展势头迅猛，已成为国民经济新的增长点、新质战斗力的重要源头和国防科技新的战略制高点，它也是国家空天地海一体化战略中重要的一环，已上升至我国的国家战略层面。

无人系统的平台包括无人机、无人潜航器和无人车三大种类，根据西北工业大学徐德民院士的分析，无人平台的水平决定了无人系统的性能，目前无人平台的发展趋势是向通用、共用方向发展，向全天候、长周期的强适应性、高可靠性方向发展，向轻量化、微小型化方向发展，向跨域应用、一体化方向发展；面向军用的智能无人平台向超声速、高超声速、隐身化方向发展。而智能化是无人系统的发展方向。随着近年来云计算、人工智能、微电子技术、新能源技术的不断发展，智能无人系统已由个体智能向群体智能方向发展。

我国在无人系统领域的开发和应用方面具有很大的优势。我国有望成为全球最大的无人驾驶汽车市场和第一大机器人市场。无人机军民市场需求旺盛，近五年全球年复合增长率在36%以上。智能无人系统正加速成为我国支柱型产业之一。

近两年，世界各国均加强了基于无人系统的军用装备的研究。

在无人机装备方面，重点提升无人机组网能力，形成无人机集群。在2020年阿塞拜疆和亚美尼亚的局部战争中，无人机集群已经在战场上发挥了重要作用，美国的媒体称亚阿之战是无人机的胜利。可见，无人机集群作战已经成为无人系统在军事领域的一个重要应用方向。图10-11展示了无人机集群作战的一个应用场景。无人机集群可以实施对地攻击（如亚阿之战中无人机对坦克的攻击），也可以形成空中对抗能力。

图10-11　无人机集群作战场景

在无人潜航器装备方面，近年来重点发展无GPS支持条件下执行深海自主搜索任务的无人潜航器、超大型无人潜航器，以及可以形成“鱼群”的超轻型无人潜航器。另外，一些仿生无人潜航器也是一个发展亮点，如西北工业大学的“魔鬼鱼”仿蝠鲼智能水下航行器，如图10-12所示。

图10-12　“魔鬼鱼”仿蝠鲼智能水下航行器

在地面无人系统装备方面，除了无人车和军用机器人外，还重点研制具有感知、理解、分析、通信、规划能力的半自主和自主地面无人系统，以提高“非接触作战”能力。此外，一些新型和微型无人系统注重引入仿生技术，能够使地面无人系统在复杂地形条件下，以机械腿步行方式行走。例如美国的“大狗”和“猎豹”仿生机器人，如图10-13所示。

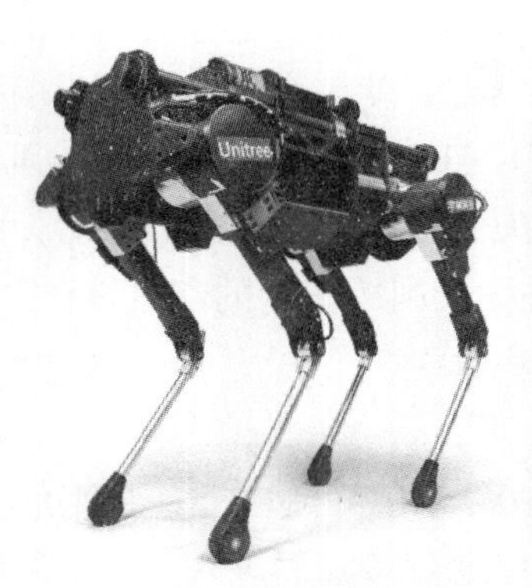

图10-13 “大狗”和“猎豹”仿生机器人

无人系统的应用领域越来越广，尤其是军事领域，已经成为未来战争的主要形式，无人系统的安全问题将给个人生命财产安全、国家国防安全等带来严重后果。因此无人系统安全问题已成为亟待解决的问题。

10.5.2　无人系统面临的安全挑战

无人系统，尤其是无人集群的工作高度依赖于网络连接和高效的频谱接入，因此它更加依赖于网络安全来保证其安全、有效和一致地工作。在美国国防部2018年公开的《无人系统综合路线图（2017—2042）》中，也将网络安全问题列为无人系统领域发展的四大主题之一。

虽然完全自主的智能无人系统是无人系统的发展目标，但现阶段无人系统的智能水平还无法满足自主执行任务的要求。目前大部分无人系统的工作模式依然以指挥中心受控或有人/无人协同方式为主。这种情况下，无人平台与指挥中心之间、无人平台内部不同部件之间，以及无人系统之间的通信过程就成为攻击者关注的焦点。例如2018年西安的千架无人机表演就受到了定向干扰，使表演受到很大影响。无人系统的安全威胁主要包括以下几个方面。

1.无人系统的导航系统易于受到攻击

无人系统依赖于高精度的导航来规划和执行任务，因此对导航系统的攻击会使无人系统完全丧失工作能力。目前已知的对导航系统的攻击形式有对GPS定位系统的攻击、对陀螺仪的攻击、对执行电机的攻击等。具体而言，对GPS的攻击就是攻击者向无人系统发送与GPS信号同频的大功率伪造信号，使无人系统的定位发生错误，或者发送与GPS信号同频的干扰信号，使无人系统无法接收正常的GPS信号。对陀螺仪的攻击就利用陀螺仪的工作原理，向无人系统发送声波使陀螺仪发生共振，使陀螺仪输出错误的位移或速度信息。韩国先进科学技术研究院已经成功进行了利用扬声器使无人机坠毁的试验。对执行电机的攻击就是利用浪涌攻击，使无人系统的执行电机超限运行或停转，造成无人系统工作失常。

2.无人系统的通信链路易于受到干扰

无人系统的通信链路暴露在开放的无线频谱空间中，易于受到干扰或欺骗攻击。针对无人系统的无线电干扰攻击易于实现，干扰器只要能够发射足够大功率的干扰信号即可覆盖正常通信。如果能够再与导航系统攻击相结合，就可取得出人意料的效果。如伊朗劫持美国RQ-170S无人机的手法，就是先对RQ-170S无人机的通信进行强力干扰，切断其与后方指挥中心的通信。RQ-170S无人机在失去与指挥中心的联系后，按照预定程序进入自动驾驶状态并执行返航。此时伊朗则进一步利用伪造的GPS信号，欺骗RQ-170S降落在错误的地点，从而实现了近乎完美的俘获过程。

3.无人系统的软件系统存在易于攻击的漏洞

无人系统的基础软件和控制软件中不可避免地会存在可被攻击者利用的漏洞。例如，无人机飞控系统Maldrone软件漏洞，攻击者可以通过该漏洞进入无人机系统。著名的“虫洞”攻击，利用了无人系统集群组网中路由协议的漏洞，攻击节点声称自己具有更佳的路由，在两个无人平台之间建立一条通过攻击节点的“虫洞”路由，使正常无人平台之间的通信都经过攻击节点。这样既可以窃听信息，也可以干扰无人系统集群正常的组网过程。

可见，无人系统由于其工作环境的特点，更易受到攻击，需要不断加强无人系统的网络安全建设，确保无人系统正常执行任务。

现有的一些网络安全方案有以下4种。

1.无人平台安全技术

无人系统的安全威胁很大程度上来源于无人系统的软硬件系统上存在的漏洞。建立一个安全的无人平台是实现无人系统安全的第一步。

建立安全的无人平台目前主要从两方面着手：①形式化验证；②可信计算。

形式化验证就是通过数学的方法证明无人平台是安全的、无漏洞的。其原理是建立无人平台的硬件、软件数学模型，限定无人平台的硬件、软件在不同时刻应该有的状态，以及不应该有的状态。然后用这些数学规则去限定软硬件的设计和实现。美国加州大学、卡内基梅隆大学已经将形式化验证技术引入无人机系统中，用于验证控制器等模块功能的正确性。由于硬件设计周期长、成本高，一旦定型就很难再做出修改，因此，将形式化验证应用于无人平台的硬件设计将更有实用价值。

可信计算就是在无人平台中嵌入TPM（可信平台模块）和可信协议栈，确保无人平台中的关键硬件、软件以及交互的信息都是安全可靠的，防止无人平台被攻击者劫持或毁坏。

2.无线链路的抗干扰、低截获技术

仅仅依赖传统的扩频或跳频通信来提高抗干扰、低截获能力的空间有限。而扩/跳频综合技术和认知无线电等技术的出现为提高无人系统的抗干扰通信能力提供了新的技术支撑，可将扩频、跳时、高效编译码、频谱感知相结合，实现高效的抗干扰通信能力。

低截获技术和隐身无人平台一样，是避免无人平台被敌方发现，从而提高执行的成功率。对于低截获通信，目前的做法主要有定向通信、功率控制和低截获波形设计。

3.无人系统轻量级认证技术

无人系统，尤其是无人集群系统工作在动态网络环境中，难以实施复杂的身份认证协议，轻量级身份认证是无人系统身份认证的研究重点。

根据无人系统工作模式的不同，可以采取不同的身份认证方案。如果无人系统受控于控制中心，则由控制中心负责身份认证以及密钥分发，方案较为成熟。如果无人系统的工作模型为自主无人集群系统，此时没有认证中心，身份认证方案就需要仔细设计，这也是近期无人系统网络安全的研究热点问题。已有的较成熟的做法是采用门限密码体制，由多个共同节点共同参与身份认证和密钥生成。这样，攻击者必须同时控制多个无人平台才能破坏认证机制，提高了身份认证方法的安全性。

4.安全路由及组网技术

由于无人系统工作在开放、对抗的环境中，存在恶意节点冒充正常节点干扰正常组网的可能。如女巫攻击，一个恶意的无人机节点通过创建大量的虚假身份充当网络中多架无人机，从而干扰无人系统的组网过程。上文提到的“虫洞”攻击也是攻击的正常组网过程。

安全组网技术重点解决上述问题，主要采用基于行为监测或信任机制的安全路由方法，其基本原理是对节点的行为进行评估，建立其信任度，只有高于信任度阈值的节点才能参与组网工作。

总之，无人系统在民用和军事领域得到了广泛使用，它也是国家空天地海一体化战略中重要的一环，已上升至我国的国家战略层面。其网络安全问题也逐渐突出，特别是在空天地海无人系统一体化的趋势下，任何环节的安全问题将给整个网络安全造成威胁。因此无人系统安全问题已成为事关国家安全的重要问题。

习题

10.1　云计算的三种服务模式是什么？不同模式的应用场景是什么？

10.2　简要描述云计算面临的安全威胁和相应的安全对策。

10.3　物联网的技术框架是什么？都有哪些关键技术？

10.4　简要描述物联网面临的安全威胁和相应的安全对策。

10.5　比较工业互联网体系架构2.0与工业互联网体系架构1.0之间的区别。

10.6　简要描述工业互联网体系架构2.0中的技术框架。

10.7　简要描述工业互联网安全实施架构。

10.8　简要描述人工智能所面临的安全威胁和相应的安全对策。

10.9　简要描述无人系统在国民经济中的地位和作用。

10.10　简要分析无人机系统/无人机集群所面临的安全威胁和相应的安全对策。

参考文献

[1] STALLINGS W. 网络安全基础：应用与标准[M].5版.北京：清华大学出版社，2014.

[2] 张焕国，韩文报，来学嘉，等.网络空间安全综述[J].中国科学：信息科学，2016，46(2)：125-164.

[3] SCHWARTAU W. Time-Based Security[M]. [S.l.]: Interpact Pr, 1999.

[4] 张世永.网络安全原理与应用[M].北京：科学出版社，2003.

[5] 计算机信息系统安全保护等级划分准则：GB 17859—1999 [S].北京：中国标准出版社，2004.

[6] 信息安全技术：信息系统通用安全技术要求：GB/T 20271—2006 [S].北京：中国标准出版社，2006.

[7] 信息安全技术：操作系统安全技术要求：GB/T 20272—2006 [S].北京：中国标准出版社，2006.

[8] 信息安全技术：数据库管理系统安全技术要求：GB/T 20273—2006 [S].北京：中国标准出版社，2006.

[9] SCHNEIER B. 应用密码学：协议、算法与C语言源程序[M].北京：机械工业出版社，2000.

[10] STINSON D R.密码学原理与实现[M].冯登国，译.北京：电子工业出版社，2003.

[11] 王炳锡，陈琦，邓峰森. 数字水印技术[M]. 西安：西安电子科技大学出版社，2003.

[12] 柴晓光，岑宝炽. 民用指纹识别技术[M]. 北京：人民邮电出版社，2004.

[13] 路世翠. 电子凭据服务系统的多元身份管理机制研究[D]. 西安：西安电子科技大学，2019.

[14] 信息安全技术：公钥基础设施数字证书格式：GB/T 20518—2006 [S].北京：中国标准出版社，2006.

[15] 那什.公钥基础设施和管理电子安全[M].张玉清，译.北京:清华大学出版社，2002.

[16] 刘平.数字证书的概念和作用[J].电子商务，2006 (3)：65-68.

[17] The Kerberos Network Authentication Service(V5): RFC 4120[S/OL].USA:IETF, 2005[2020-09-14]. https://www.ietf.org/rfc/rfc4120.html.

[18] A Generalized Framework for Kerberos Pre-Authentication: RFC 6113[S/OL].USA: IETF, 2011[2020-09-15]. https://www.ietf.org/rfc/rfc6113.html.

[19] The S/Key One-time Password System(OTP): RFC 1760[S/OL]. USA: IETF, 1995[202-09-16]. https://www.ietf.org/rfc/rfc1760.html.

[20] MC LAUGHLIN L. Philip Zimmermann on What' s Next after PGP[J]. IEEE Security & Privacy, 2006, 4(1): 10-13.

[21] RAMSDELL B, TURNER S.Secure/Multipurpose Internet MailExtensions (S/MIME) Version 3.2: RFC 5751[S].Americ: Wiley Press, 2007: 10-12.

[22] KUOBIN D. PGP E-Mail Protocol Security Analysis and Improvement Program[C]//2011 International Conference on Intelligence Science and Information Engineering, Wuhan, China. [S.l.: s.n.], 2011: 45-48.

[23] TURNER S. Secure/Multipurpose Internet Mail Extensions[J]. IEEE Internet Computing, 2010, 14(5): 82-86.

[24] Privacy Enhancement for Internet Electronic Mail: Part I: Message Encryption and Authentication Procedures: RFC 1421 [S/OL]. USA: IETF, 1993[2020-10-17]. https://www.ietf.org/rfc/rfc1421.html.

[25] Privacy Enhancement for Internet Electronic Mail:PartII:Certificate-Based Ke Management: RFC 1422[S/OL]. USA: IETF, 1993[2020-10-17]. https://www.ietf.org/rfc/rfc1422.html.

[26] Privacy Enhancement for Internet Electronic Mail:PartIII:Algorithms, Modes and Identifiers: RFC 1423[S/OL].USA: IETF, 1993[2020-11-25]. https://www.ietf.org/rfc/rfc1423.html.

[27] The Transport Layer Security (TLS) Protocol Version 1.2: RFC 5246 [S/OL].USA: IETF, 2008[2020-11-25]. https://www.ietf.org/rfc/rfc5246.html.

[28] The Secure Sockets Layer (SSL) Protocol Version 3.0: RFC 6101[S/OL].USA: IETF, 2011[2020-11-25].https://www.ietf.org/rfc/rfc6101.html.

[29] Secure Electronic Transaction (SET) Supplement for the v1.0 Internet Open Trading Protocol (IOTP) : RFC 5338[S/OL].USA: IETF, 2003[2020-11-25]. https://www.ietf.org/rfc/rfc5338.html.

[30] HTTP Over TLS: RFC 2818[S/OL].USA: IETF, 2000[2020-11-25]. https://www.ietf.org/rfc/rfc2818.html.

[31] Security Architecture for the Internet Protocol: RFC 2401[S/OL]. USA: IETF, 1998[2020-11-25]. https://www.ietf.org/rfc/rfc2401.html.

[32] IP Authentication Header: RFC 2402[S/OL]. USA: IETF, 1998[2020-12-01]. https://www.ietf.org/rfc/rfc2402.html.

[33] IP Encapsulating Security Payload (ESP) : RFC 2406[S/OL]. USA: IETF, 1998[2020-12-01]. https://www.ietf.org/rfc/rfc2406.html.

[34] Internet Security Association and Key Management Protocol (ISAKMP) : RFC 2408[S/OL]. USA: IETF, 1998[2020-12-01]. https://www.ietf.org/rfc/rfc2408.html.

[35] The Internet Key Exchange (IKE) : RFC 2409[S/OL]. USA: IETF, 1998[2020-12-01]. https://www.ietf.org/rfc/rfc2409.html.

[36] Security Architecture for the Internet Protocol: RFC 4301[S/OL].USA: IETF, 2005[2020-12-01]. https://www.ietf.org/rfc/rfc4301.html.

[37] IP Authentication Header: RFC 4302[S/OL]. USA: IETF, 2005[2020-12-01]. https://www.ietf.org/rfc/rfc4302.html.

[38] IP Encapsulating Security Payload (ESP): RFC 4303[S/OL]. USA: IETF, 2005[2020-12-01]. https://www.ietf.org/rfc/rfc4303.html.

[39] Extended Sequence Number (ESN) Addendum to IPsec Domain of Interpretation (DOI)for Internet Security Associationand Key Management Protocol (ISAKMP) :RFC 4304[S/OL]. USA: IETF, 2005[2020-12-02]. https://www.ietf.org/rfc/rfc4304.html.

[40] Internet Key Exchange (IKEv2) Protocol: RFC 4306[S/OL].USA: IETF, 2005[2020-12-03]. https://www.ietf.org/rfc/rfc4306.html.

[41] IP Security (IPsec) and Internet Key Exchange (IKE) Document Roadmap: RFC 6071[S/OL]. USA: IETF, 2011[2020-12-04]. https://www.ietf.org/rfc/rfc6071.html.

[42] 陈波，于泠.防火墙技术与应用[M].北京：机械工业出版社，2017.

[43] 张艳，沈亮，陆臻，等.下一代安全隔离与信息交换产品原理与应用[M].北京：电子工业出版社，2016.

[44] 杨东晓，熊瑛，车碧琛.入侵检测与入侵防御[M].北京：清华大学出版社，2020.

[45] 信息安全技术：防病毒网关安全技术要求和测试评价方法：GB/T 35277—2017 [S].北京：中国标准出版社，2017.

[46] 杨东晓，张锋，段晓光，等.漏洞扫描与防护[M].北京：清华大学出版社，2019.

[47] 信息安全技术：信息系统等级保护安全设计技术要求：GB/T 25017—2010 [S].北京：中国标准出版社，2010.

[48] 信息安全技术：信息安全风险评估规范：GB/T 20984—2007 [S].北京：中国标准出版社，2007.

[49] 信息安全技术：信息安全管理体系要求：GB/T 22080—2016 [S].北京：中国标准出版社，2016.

[50] 信息安全技术：信息系统灾难恢复规范：GB/T 20988—2007 [S].北京：中国标准出版社，2007.

[51] 信息安全技术：云计算服务安全指南：GB/T 31167—2014 [S].北京：中国标准出版社，2014.

[52] 信息安全技术：云计算服务安全能力要求：GB/T 31168—2014 [S].北京：中国标准出版社，2014.

[53] 信息安全技术：工业控制系统安全控制应用指南：GB/T 32919—2016 [S].北京：中国标准出版社，2016.

[54] 工业互联网体系架构（版本1.0）[R]. 北京:工业互联网产业联盟，2016.

[55] 工业互联网体系架构（版本2.0）[R]. 北京:工业互联网产业联盟，2020.